风力发电职业培训教材
Vocational Training Materials for Wind Farm

第三分册

风电场生产运行
Wind Farm Operation

龙源电力集团股份有限公司　编

U0246710

中国电力出版社
CHINA ELECTRIC POWER PRESS

内 容 提 要

为了提高风电从业人员的职业技能水平，特编写了本套《风力发电职业培训教材》，该教材共分四个分册，《风力发电基础理论》《风电场安全管理》《风电场生产运行》《风力发电机组检修与维护》。

《风力发电运行管理》分册共分 7 章，内容包括风电场运行管理模式及主要工作内容、风电场电气设备、风电场运行监控、操作与故障处理、风电场巡视检查等运行管理制度和要求等内容。

本套教材内容丰富，图文并茂，条理清晰，实用性强，编写人员是有丰富经验的行业专家。本套书可作为风电行业新入职员工、安全管理人员、风电场运行检修人员技能培训教材使用，也可供职业院校风电专业师生及从事风电行业的科研、技术人员自学使用。

图书在版编目（CIP）数据

风力发电职业培训教材. 第 3 分册，风电场生产运行/龙源电力集团股份有限公司编. —北京：中国电力出版社，2016.3（2025.4 重印）

ISBN 978 - 7 - 5123 - 8975 - 5

Ⅰ. ①风… Ⅱ. ①龙… Ⅲ. ①风力发电-职业培训-教材 ②风力发电-发电厂-生产运行-职业培训-教材
Ⅳ. ①TM614 ②TM62

中国版本图书馆 CIP 数据核字（2016）第 039953 号

出版发行：中国电力出版社
地　　址：北京市东城区北京站西街 19 号（邮政编码 100005）
网　　址：http://www.cepp.sgcc.com.cn
责任编辑：孙　芳（010 - 63412381）
责任校对：黄　蓓
装帧设计：郝晓燕
责任印制：吴　迪

印　　刷：三河市航远印刷有限公司
版　　次：2016 年 3 月第一版
印　　次：2025 年 4 月北京第九次印刷
开　　本：787 毫米×1092 毫米　16 开本
印　　张：14
字　　数：318 千字
印　　数：15001—16000 册
定　　价：80.00 元

编辑委员会

序　言

随着以煤炭、石油为主的一次能源日渐匮乏，全球气候变暖、环境污染等问题的不断加剧，人类生存环境面临严峻挑战。有鉴于此，风力发电作为绿色清洁能源的主要代表，已成为世界各主要国家一致的选择，在全球范围内得到了大规模开发。龙源电力集团股份有限公司是中国国电集团公司所属，以风力发电为主的新能源发电集团，经过多年的快速发展，2015年6月底以1457万千瓦的风电装机规模，成为世界第一大风电运营商。

在风电持续十多年的开发建设中，风力发电设备日渐大型化，机型结构和控制策略日新月异，设备运行、检修和管理的标准、规程逐步完善，并网技术初成系统。然而风电场地处偏远、环境恶劣、机型复杂、设备众多，人员分散且作业面广。随着装机容量和出质保机组数量的逐年增加，安全生产局面日趋严峻，如何加速培养成熟可靠的运行、检修人员，成为龙源电力乃至整个行业亟待解决的问题。

为强化风电运行和检修岗位人员岗位培训，龙源电力组织专业技术人员和专家学者，历时两年半，三易其稿，自主编著完成了《风力发电职业培训教材》。该套教材分为《风力发电基础理论》《风电场安全管理》《风电场生产运行》《风力发电机组检修与维护》四册，凝聚了龙源电力多年来在风电前期测风选址、基建工艺流程、安全生产管理以及科学技术创新的成果和积淀，填补了业内空白！

教材的主要特点有：一是突出行业特色，内容紧跟行业最新的政策、标准、规程及新设备、新技术、新知识、新工艺；二是立足岗位技能教育，贴合现场生产实际，结合风电运行、检修具体工作，图文并茂地介绍相应的知识和技能，在广度和深度上适用于各级岗位人员；三是文字通俗易懂，内容详略得当，具有一定的科普性。教材对其他机电类书籍已包含的内容不作详细介绍，不涉及深层次的风电研发、设计理论和推导，便于运检人员阅读和自学。

龙源电力作为国内风电界的领跑者，全球第一大风电运营商，国际一流的新能源上市公司，肩负着节能减排、开拓发展、育人成才的重任，上岗培训教材和其他系列培训教材的陆续出版将为风电行业的开发经营、人才培养起到积极作用！

编　者

前 言

风能是一种取之不尽的可再生能源。近几年来，我国的风力发电技术日趋成熟。目前，我国累计风电装机容量排名世界第一，这就需要加快培养风力发电专业人才的步伐。龙源电力集团股份有限公司是国内风力发电专业运营企业之一，为适应行业发展，其根据多年运营管理经验，组织编撰风电专业系列丛书，旨在提高行业基层技术人员工作技能，夯实企业经营管理基础，推进行业持续健康发展。

本书编者均为风力发电企业专业技术人员，通过多年从事风电企业运行工作实际经验，结合风力发电场运行工作标准中规定的工作要求，归纳、整理相关知识内容，编写出本书。本书可作为风力发电专业生产一线人员培训和自学的教材，也可作为风电技术人员的学习参考资料。

本书的写作特点是：结合风电企业运营实际工作要求，切实按照解决风电企业运营工作中"做什么、怎么做"的工作标准，强化一线生产人员的实际工作能力。从一线员工的工作岗位需求及后续发展能力培养出发，遵循以风电场生产运行过程为主线，以典型工作任务为导向设计课程的整体框架。为保证风电运行岗位所需知识与技能的完整性和实用性，依据专业基础知识来设置相关内容，本书分为7个章节，即风电场运行管理模式和主要工作内容、风电场电气设备、风电场运行监控、风电场运行操作、风电场巡视检查、风电场运行管理、风电场运行故障分析与事故处理，每个章节均为风电场现场运行人员在实际工作的必备业务知识。

本书第1章由冯宝平编写，第2章由吴金城、魏亮、江建军编写，第3章由岳俊红、徐海华编写，第4章和第5章由徐海华、司松编写，第6章由寇福平编写，第7章由江建军、魏亮编写；全书由杜杰、吴金城共同完成统稿并审定全书。

在本书的编写过程中，得到了龙源电力人力资源部朱炬兵、胡宾、汤涛祺的大力支持和帮助，多次组织专家审阅校核，才得以如期完成编写任务。同时，在编写过程中很多领导和专家也对本书提供了很多宝贵的经验和技术支持。在此一并表示真挚的感谢。在本书编写过程中，我们还参阅了大量参考文献和资料，但由于风力发电技术涉及面广，技术发展迅猛，知识更新快且编者水平局限，书中内容难免有不足和疏漏之处，恳请读者批评指正。

编 者

目 录

风电场运行管理模式和主要工作内容

从21世纪初以来，风力发电开始在全国范围内快速发展。2006年，《中华人民共和国可再生能源法》颁布后，风力发电得以更加迅猛地发展。机组的单机容量从千瓦级发展到了兆瓦级，风力发电场（以下简称风电场）的规模也发展到了万千瓦级和十万千瓦级甚至百万千瓦级。随着风电场规模和数量的急剧扩大，风力发电企业对风电场运行管理的科学性、规范性和标准性都提出了更高的要求。

相比火力发电和水力发电，风力发电机组容量小、数量多、分布广、专业分工少、人员精简，因此在运行管理模式上与其他类型发电企业有着很大的区别。如何找到适合风电企业的运行管理模式不能一概而论，应结合风电场的规模、地理位置、数量分布、人员结构等特点综合考虑。为适应现代风电场运行管理的要求，风电行业的从业人员除应具备相关的专业知识和技能外，还应全面了解、掌握运行工作的内容和要求。本章将对风电场的运行模式和运行主要工作内容做一梳理，为风电企业确定风电场的运检模式提供参考。

1.1 风电场运行管理模式介绍

1.1.1 国内现有典型运行管理模式

目前，国内风电场的运行管理模式主要有运检合一、运检分离、运检外委、区域远程监控等管理模式。从实际情况看，容量十万千瓦及以下的风电场较多采用运检合一管理模式，容量十万千瓦以上风电场较多采用运检分离模式。部分企业在同一区域建立多个风场，存在点多面广、人员分散、资源不能有效利用的情况，因此采用了远程集中控制、区域检修维护、现场少人值守、规范统一管理的集中监控管理模式。

1. 运检合一模式

运检合一模式是指风电场运检人员同时负责风电场运行、检修工作，风电场运检人员由场长管理。此种模式下，运行和检修人员无明确分工，共同负责风电场的安全运行与检修维护。该模式对现场人员综合能力要求较高，要求现场人员具备倒闸操作、设备运行参数及告警信息监视、风电机组运行数据统计与分析、设备巡检、异常故障处理、风机定检、风机维护、设备异常状况分析、变电设备简单维修的能力。该种模式下运检人员综合技能水平提高较快，有利于综合技能人才的培养，企业管理机构相对简单。

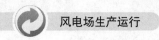

2. 运检分离模式

随着风电场规模的不断扩大，当达到一定规模后，运检合一模式就逐渐显现出运检人员检修工作量过大、专业分工不明确等诸多问题。为找到更合适的运检模式，风电企业开始尝试运检分离模式，它是指运行人员负责风电场升压站及风电机组的运行检查和现场复位及其他基础性管理工作，检修人员负责风电机组检修工作的一种模式，运检分离又可分为 3 种模式。但无论哪种分离模式都对风电企业的人员管理和设备管理提出了更高的要求。

（1）风电场级的运检分离，即在一个风电场内分运行班组与检修班组。这种分离模式目前在国内应用较多，从专业划分角度出发，运行检修各尽所责，有利于提高风电机组的维护管理水平和变电设备的运行管理水平。缺点是由于风电场人员数量有限，大型检修工作对场内检修人员的要求较高，队伍建设需要相当长的时间，检修人员只在一个场内流动，不利于对有多个风电场的风电企业人才资源的利用。

（2）公司级的运检分离，即一个风电企业建立自己公司级的检修队伍，专门负责公司内各风电场风电机组的检修工作，风电场的运行工作由风电场自行负责开展。该种模式克服了风电场级运检分离的缺点，从专业分工及人才资源利用角度出发具有较大的优势，尤其适合风电场数量多、机型少的风电企业。该模式的缺点是人才队伍建设需要较长时间，风电场企业的检修管理相对复杂。

（3）检修外委的运检分离，专业的风电机组检修维护公司目前有两种形式，一种是承揽各个故障风电机组的维修工作，收取维修费用；另一种是以年为单位承包风电机组每年的定检和维护工作，风电公司以年为单位付给专业公司承包费，检修维护公司承包风电机组后，必须保证该年度所有风电机组的正常运行，如果出现风电机组故障和损坏，维护成本超出了承包费，也将由检修维护公司承担。这种模式下，检修维护公司必须有很强的技术力量和专用工具，以满足检修的需要。

（4）运检分离的总体优势。

1）运检分离，可以解决风电企业机构臃肿、人力资源浪费等情况，满足企业减员增效的要求，提高企业全员劳动生产率。可以解决新建单位技术力量不足和检修维护人员配置问题，节约了大量人力和物力。同时，解决了制造厂家技术封锁等问题。

2）按照传统管理模式，运行和检修是两个平行的生产管理部门，但还是"一家人"。检修质量的验收仍然属于自己检修、自己监督、自己验收，不符合现代化管理的要求。实行"运检分离"，对检修维护公司的检修实现全过程管理和监督，做到规范化管理，风电公司可以集中精力做好定检维护、科技、技改项目的管理工作。

3）成立专业化、社会化检修队伍，可以逐步做到备品备件和专用工器具的集中管理。社会化、网络化管理更可以减少资金积压、库存压力、人员开支和检测费用。

3. 运检外委模式

风力发电机组（以下简称风电机组）是按照无人值守、高度自动化、高可靠性原则设计的发电设备。而现阶段国内大多数风电公司仍按照旧的管理体制来管理，检修人员的编制和风电机组的检修按老的设备大、小修管理办法来安排。因此当风电机组运转进入平稳期后，平时的设备维护工作量少，检修人员任务不饱满。而当风电机组需要批量检修时，工作量又大量增加，检修人员又显不足，往往因抢工期而忽略安全和质量。随着装机容量的不断增加，此种矛盾更加突出。

随着国内风电产业的不断发展，风电场的建设规模越来越大，一些专业投资公司也开始更多地涉足风电产业。而有些风电企业由于自身检修力量不够，因此更希望将维护检修工作委托给专业检修公司，或是只愿意参与风电场的运行管理，而不希望进行具体运行维护工作。业主便将风电场的运行维护工作部分或者全部委托给专业检修公司负责。目前，这种运行管理方式在国内还处于起步阶段。

（1）运检外委的优势。

一般来说，外包维修要比自行维修便宜，不仅可以减少检修费用，还能使员工的工作量保持均衡。运行人员兼顾维修工作，负责正常的运行和一般缺陷消除。而定检、科技项目、技改工程等委托专门的检修公司进行。这样做有如下优势：

1）专业公司人员稳定、技术力量雄厚、工器具齐全、检修经验丰富。相对于风电公司来说能更快、更好、更省、更专业地完成各项检修维护任务。

2）风电公司人员结构更加合理，避免了机构人员臃肿，提高了效率，减少了成本，符合精简机构和缩减人员的要求。

3）运行人员参与检修工作有利于运行人员熟悉和了解设备和存在的问题，从而提高运行水平。同时运行人员能够及时发现问题并采取措施，可以避免问题的扩大，减少了维修工作量和成本，确保了设备安全运行。

（2）运检外委的不足。

无论是建立独立的检修公司还是委托管理，目的是走专业化管理道路。在实际操作中，由于种种复杂的关系，常使委托合同流于形式，难以严格执行，服务质量大受影响，使得专业化管理难以真正实现。实行运检外委管理模式，业主可能要面临以下一些主要问题：

1）单位千瓦维护成本较高，一次性支付金额较大。

2）技术监督工作完全依赖或受控于外委单位。

3）运行工作完全依赖于外委单位，不利于运行经验的积累。

4）生产指标统计准确性和分析深度受影响。

5）外委单位理解和适应业主的管理思路需要一段时间。

1.1.2　运行管理模式的新方向和国外专业化管理介绍

1. 区域远程监控模式

区域远程监控模式，即根据实际情况划定某一区域实施集中监控，实现全部机组的远程启停操作控制。随着风电企业发展到一定规模，如何管理好已有风电场，是风力发电公司生产管理中的重要问题，集中化、区域化管理模式可以有效地改善和解决目前生产模式中存在的一些问题。SCADA 的逐步完善也为远控系统的实现提供了条件，利用基于信息化平台的生产管理系统，人们全面系统地提出了"远程集中控制、区域检修维护、现场少人值守、规范统一管理"这一新型风电企业生产运行管理模式，即将多个风电场运行工况和生产信息统一接入一个控制室实现集中控制，做到风电场的少人值守或无人值守运行，实现经济运行。

区域检修维护，即统一实现区域巡检和维护，建立区域巡检维护队伍，实施分级检

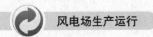

修，实现巡检、维护和检修的一体化、专业化管理。风电企业大多具有项目分布范围广、现场维护周期长的特点，客观上增加了风电检修的成本和难度，因此需要建立独立的区域检修部门。这种做法的好处是结合风电企业部分项目呈区域集中的特点，一方面可以为风力发电企业减员增效，另一方面可以利用风电维护工作不均衡的特点，使专业检修合理分配检修任务。专业化管理不仅可以避免任务的不均衡，还能提高检修质量和安全可靠性。

集中监控系统投运初期，集控中心主要是对风电场设备的运行状况进行监视，培养和提高集控中心人员的技术水平和业务能力；设备主要操作仍然以风电场运行人员为主，集控中心则只进行一些计划内试验性和演习性的简单操作。风电场运行人员将视集中监控系统运行状况和集控中心人员技术水平的状况，有计划地逐步减少，最终取消风电场的运行值班，只保留少数的值守人员。采用先进的网络技术确保网络安全运行，在设计、招标、施工、运行管理等各个环节充分考虑网络安全问题，制定具体的技术措施、组织措施、管理措施。

合理解决集中监控系统与各风机厂家的通信接口规约问题。在风机设备招标协议中，要与厂家明确风机对外接口的标准及版本，提供接口数据类型和更新率要求，确保通信接口满足远程监控的安全及技术要求。已投产项目要与厂商沟通、协调好相关技术问题。风电管理模式在新能源企业中具有通用性，可以广泛应用于中小水电和太阳能产业。

在实现远程集中监控和区域集中巡检维护后，适时减少现场人员，实施生产现场少人值守。现场留守人员仅负责完成设备停送电、倒闸操作、设置安全措施、简单缺陷处理以及安全保卫等职能。

规范统一管理，在全企业层面建立一套符合新能源特色的安全生产管理制度，编制统一的规章、制度、规程及考核标准，统一管理模式，统一管理要求，实现优势互补、资源共享。

与现有一些风电管控模式相比，实施"远程集中监控、区域检修维护、现场少人值守、规范统一管理"的生产运行管理新模式后，一是提供了信息共享、技术支持、信息化管理平台，实现了对不同控制系统的风机在同一平台下统一监控、统一管理和调度，使风电场效率达到最大化，有效提高了风电发电效率；二是优化人力资源配置，集中现有优秀风电专业技术人才于集控中心，充分发挥专业人才潜力，为风电运行提供强有力的技术保障；三是提高风电生产工艺过程自动化程度，降低劳动强度，提高劳动效率；四是便于决策人员及时掌控所有风电场的生产运行，及时做出正确的判断，提高管理层指导风电场生产工作的及时性、针对性和科学性；五是人员配置和机构设置将比实施前大幅减少，交通车辆、外购电量、生活消耗、基建成本等也将有所下降。

2. 国外专业化管理介绍

在国外，由于发电设备维修的社会化和专业化体系已日臻完善，因此风电机组的维护保养甚至运行等都已实现社会化和专业化管理。所谓社会化，就是将设备日常维护保养工作交由社会公用的专业检修公司来承担。专业化是指专业检修公司通过合同方式，按区域或风电机组类别对风电企业进行设备检修。例如，美国企业一般都由第三方专业公司来负责运行和维护，自己仅负责日常的故障排除和一些临修工作，定期检修或者大修则由专业公司来完成。这些公司包括咨询顾问公司、检修公司、备品备件公司等。在德国，专业化和社会化的维修服务也相当普及。专业化公司可以提供全面的维修改造咨询，维修计划编制与实施、监理，设备安装及改造，事故分析处理等。法国的企业也已普及推行专业化的维修服务，中小发电企业一般不设置专门的维修部门，大型企业也只配备少量维修人员，维修任务大多依靠社会力量。

1.2 风电场运行主要工作内容

风电场的运行工作主要包括输变电设备、风电机组及其他相关设备的运行。

1.2.1 输变电设备运行主要工作内容

风电场的输变电设备将风电以高电压、大电流方式输送到电网，对这些高压设备的操作并确保这些设备工作正常就是输变电设备运行所要做的工作。

风电场地处偏远，自然环境都较为恶劣，输变电设施在设计时就应充分考虑到高温、严寒、高风速、沙尘暴、盐雾、雨雪、冰冻、雷电等恶劣气象条件对输变电设备的影响。风电场的输变电设施地理位置分布相对比较分散，设备负荷变化较大，规律性不强，并且设备高负荷运行时往往气象条件比较恶劣，这就要求运行人员在日常的运行工作中应加强巡视检查的力度。在巡视时应配备相应的检测、防护和照明设备，以保证工作的正常进行。

与风电设备的运行相似，输变电设备的运行工作主要包括电气设备的运行状态监视、运行操作、巡视及常见故障判断处理。

（1）运行状态监视。

输变电设备的所有运行状态都通过变电监控计算机呈现，运行人员需要对这些设备的运行参数和运行状态进行监视，发现异常及时处理。

（2）运行操作。

电气设备的倒闸操作是运行人员的一大工作内容。另外，设备的定期切换试验、定期检查、设备的参数调节和更改，包括系统电压和功率的调节等都属于运行操作的范畴。

（3）巡视。

运行人员需要定时对电气设备进行巡视，观察设备运行中有无异常现象，如异常气味、异常光亮等现象，判断设备的健康状态。

（4）常见故障判断处理。

升压站变电设备的可靠性日益提高，但输变电系统的常见故障并不会消失，运行人员必须掌握常见故障的处理方法，如直流系统接地的故障查找、小电流接地系统单相接地的故障查找、设备缺陷的认定与查找等。

1.2.2 风电机组运行主要工作内容

风电机组的日常运行工作主要包括通过中控室的监控计算机，监视风电机组的各项参数变化及运行状态，并按规定填写风电场运行日志。当发现异常现象时，应对该机组的运行状态连续监视，根据实际情况采取相应的处理措施。遇到常规故障，应及时通知维护人

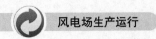

员，根据当时的气象条件检查处理，并在运行日志上做好相应的故障处理记录及质量记录；对于非常规故障，应及时通知相关部门并积极配合处理；定期对风电场内房屋建筑物、生活辅助设施进行检查、维护和管理；及时记录风电场内生产设备的原始记录，做好图纸及资料管理。

风电场应当建立定期巡视制度，运行人员对监控风电场安全、稳定运行负有直接责任，应按要求定期到现场通过目视观察等直观方法对风电机组的运行状况进行巡视检查。所有外出工作（包括巡检、启/停风电机组、故障检查处理等）出于安全考虑均需两人或两人以上同行。检查工作主要包括风电机组在运行中有无异常声响、叶片运行的状态、偏航系统动作是否正常、塔架外表有无油迹污染等。巡检过程中要根据设备近期的实际情况有针对性地重点检查故障处理后重新投运的机组，重点检查启停频繁的机组，重点检查负荷重、温度偏高的机组，重点检查带"病"运行的机组，重点检查新投入运行的机组。若发现故障隐患，则应及时报告处理，查明原因，从而避免事故发生，减少经济损失。同时在运行日志上做好相应巡视检查记录。

当天气情况变化异常（如风速较高、天气恶劣等）时，若机组发生非正常运行，则巡视检查的内容及次数由值长根据当时的情况分析确定。当天气条件不适宜户外巡视时，应在中央监控室加强对机组的运行状况的监控。通过温度、出力、转速等主要参数的对比，确定应对的措施。涉及风电设备的运行工作主要有监视、操作和巡视3部分。

（1）监视。

风电场运行人员每天关注和记录当地天气预报，做好风电场安全运行的事故预想和对策，每天定时通过主控室计算机的屏幕监视风电机组各项参数变化情况，根据计算机显示的风电机组运行参数，检查分析各项参数变化情况，发现异常情况应通过计算机屏幕对该机组连续监视，并根据变化情况做出必要处理，同时在运行日志上写明原因，进行故障记录与统计。

（2）操作。

操作主要包括机组的启/停操作、故障的远程和就地复位、机组的参数更改和调节等。

（3）巡视。

运行人员应定期对风电机组、风电场测风装置、升压站、场内高压配电线路进行巡回检查，发现缺陷及时处理，并登记在缺陷记录本上。检查风电机组在运行中有无异常响声、叶片运行状态、偏航系统动作是否正常、电缆有无绞缠情况，检查风电机组各部分是否渗油，当气候异常、机组非正常运行或新设备投入运行时，需要增加巡回检查内容和次数。

1.2.3 风电场其他运行主要工作内容

风电场其他运行工作的主要内容如下：

（1）学习和执行现场运行规程和各种规章制度，主动完成安排的各项任务。

（2）及时、准确、全面填报运行报表、记录、运行日志、检修技术记录及设备台账。

（3）监控中心现场监盘，监视设备正常运行，掌握运行方式和风电机组运行情况。进行拟票或审票、操作监护或倒闸操作工作。

（4）交班前负责安全用具、工器具、仪表、备品备件、消防器具、钥匙、各种记录的清点整理。

（5）日报表、月报表、对标分析，发现问题找出原因，制定措施，不断提高设备的利用率。

（6）对设备运行中所出现的异常现象和影响安全、经济运行的设备缺陷及时进行处理。

（7）负责统计本风电场月度发生的设备缺陷，并且有重点地分析频发性缺陷的原因，提出整改意见。

（8）编制本风电场年度、月度风电场培训（安全、专业技术）计划、风电场的设备年度检修计划，加强本风电场员工的现场技术培训工作，定期组织员工开展季度安全、专业技术理论考试。

（9）做好风电场库房管理，做到账卡物相符，摆放有序；做好备品备件的出、入库手续；每月向公司安生部上报本月出入库清单，同时上报下月备品备件采购计划。

（10）每月上报本风场月度报表、对标分析、两票统计分析和月度工作小结、缺陷月报。

（11）对生产现场发生的不安全事件要及时汇报公司领导和职能管理部门，同时要及时组织分析。不安全事件汇报内容包括运行方式、经过、暴露出的问题、采取措施、责任认定、考核意见等。

（12）参加公司月度安全生产例会和各种培训活动。

1.2.4 海上风电场运行工作的特殊要求

海上风电场指建设于潮间带、浅海、深海区域的风电场，其特殊地理位置决定了场内交通条件明显区别于陆上型风电场。交通受气象、潮汐等自然环境的制约，最为明显的特征是有效工作时间大为缩短。海上风电场区别于陆上型风电场另一明显特征即环境特殊性，发电设备位于相对湿度大、腐蚀严重的海域，设备防腐要求高，因此对风电场的运行提出了一些特殊的要求。

海上风电发电设备特点是容量大，技术成熟度低于陆上型机组，设备集中紧凑，设备维护作业空间小；汇集电缆均为海缆，海缆的制造成本高、维护难度大。海上风电设备另一特征是基础结构主要为钢结构，施工工艺与陆上型机组区别较大，防腐工作量大、难度大、要求高。

海上风电场安全区别于陆上型风电场的特征包括海域交通安全、机位上下安全、受自然灾害影响大、应对突发事件难度高、可操作性低等。

思考题

1. 我国风电场的运行管理模式主要有哪几种？
2. 国内运检分离分为哪几种模式？
3. 专业运行维护公司维护的优点有哪些？
4. 分析各运行管理模式的优缺点。
5. 风电场运行工作的主要内容有哪些？

风电场电气设备

　　各级运行人员做好风电场运行管理工作的前提是必须具备电力系统的基本知识，了解风电场相关设备的原理、结构，掌握风电场设备运行技术参数以及性能特点，本章进行详细介绍。

2.1　电力系统及风电场电气系统

2.1.1　电力系统

　　电能是现代化人们生产和生活的重要能源，它属于二次能源。发电厂将一次能源（风能、太阳能、原煤、原油、水能、地热能等）转换成电能，再经输、变电系统及配电系统将电能供应到各负荷中心，通过各种设备再转换成动力、热、光等不同形式的能量，为地区经济和社会生活服务。这些生产、输送、分配、使用电能的发电机、变压器、电力线路及各种用电设备组成的统一整体，就是电力系统，如图2-1所示。

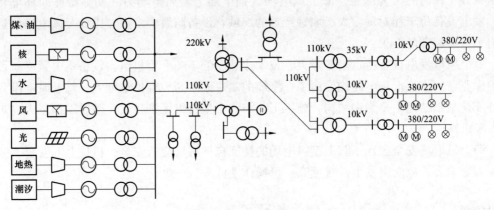

图2-1　电力系统

　　与电力系统相关联的还有电力网络和动力系统。电力网络或电网是指电力系统中，除发电机和用电设备之外的部分，即电力系统中各级电压的电力线路及其联系的变配电所；动力系统是指电力系统加上发电厂的动力部分，动力部分包括水力发电厂的水库、水轮机，热力发电厂的锅炉、汽轮机，核电厂的反应堆，风电场的风机叶轮等。电力网络是电力系统的一个组成部分，电力网络按其功能可简单分为配电网和输电网，输电网电压较高，110~220kV 的输电网称为高压输电网，330~750kV 的输电网称为超高压输电网，1000kV 及以上的输电网称为特高压输电网。

2.1.2　电力系统的特点及其要求

1. 电力系统运行的特点

（1）同时性：发电、变电、输电、配电、用电同时完成，不能大量储存。

（2）整体性：发电厂、变电站、高压输电线路、配电线路和用电设备在电网中是一个整体，不可分割。

（3）快速性：电能输送过程迅速，以光速传播。

（4）连续性：电能需要时刻的调整。

（5）实时性：电网事故发展迅速，涉及面大，需要时刻安全监视。

（6）随机性：在运行中负荷随机变化，异常情况以及事故具有随机性。

2. 对电力系统运行的基本要求

对电力系统运行的基本要求可以简单地概括为安全、可靠、优质、经济。

（1）保证供电的安全、可靠性。

保证供电的安全、可靠性是对电力系统运行的基本要求。按照电力系统目前的技术水平，要绝对防止事故的发生是不可能的，而各种用户对供电可靠性的要求也不一样。因此，应根据电力用户的重要性不同，区别对待，以便在事故情况下把给国民经济造成的损失限制到最小。

（2）保证良好电能质量。

频率、电压和波形是电能质量的 3 个基本指标。当系统的频率、电压和波形不符合电气设备的额定要求时，往往会影响设备的正常工作，危及设备和人身安全，影响用户的产品质量等。因此要求系统所提供电能的频率、电压及波形必须符合其额定值的规定。

（3）保证电力系统运行的稳定性。

当电力系统的稳定性较差，或对事故处理不当时，局部事故的干扰有可能导致整个系统的全面瓦解，而且需要长时间才能恢复，严重时会造成大面积、长时间停电。因此，稳定问题是影响大型电力系统运行可靠性的一个重要因素。

（4）保证运行人员和电气设备工作的安全。

保证运行人员和电气设备工作的安全是电力系统运行的基本原则。合理选择设备，按规程要求及时地安排对电气设备进行预防性试验，及早发现隐患，及时进行维修。在运行和操作中要严格遵守有关的规章制度。

（5）保证电力系统运行的经济性。

电能成本的降低不仅会使各用电部门的成本降低，更重要的是节省了能量资源，因此会带来巨大的经济效益和长远的社会效益。

2.1.3　电力系统的电压等级

电力系统中的电机、电器和用电设备都规定有额定电压，只有在额定电压下运行时，

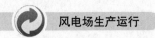

其技术经济性能才最好，也才能保证安全、可靠。

因为用电设备运行时，电力线路要有负荷电流流过，所以在电力线路上引起电压损耗，造成电力线路各点电压略有不同，如图2-2所示。但成批生产的用电设备其额定电压不可能按使用地点的实际电压来制造，只能按线路首端与末端的平均电压，即电力线路的额定电压来制造。因此，规定用电设备的额定电压与各级电力线路的额定电压相同。

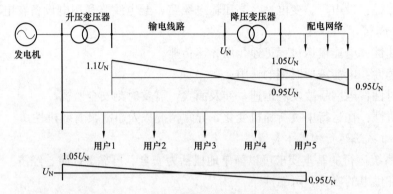

图2-2 电力系统各部分电压分布

GB/T 156—2007《标准电压》规定，3kV及以上的交流三相系统的标称电压值及电气设备的最高电压值如表2-1所示。所谓最高运行电压即电气设备正常运行时工作电压不能超过的最高值。

表2-1

标　准　电　压

系统的标称电压（kV）	电气设备的最高电压（kV）
3（3.3）	3.6
6	7.2
10	12
20	24
35	40.5
66	72.5
110	126（123）
220	252（245）
330	363
500	550
750	800
1000	1100

注　1. 表中为线电压。
　　2. 圆括号中的数值在用户有要求时使用。

从新的国家标准电压可知，变压器的额定电压与标准电压相同，分一次绕组和二次绕组额定电压。

（1）当电力变压器直接与发电机相连，则其一次绕组的额定电压应与发电机额定电压相同，即高于同级线路额定电压的5％，如3.15、6.3、13.8、20、26kV。

（2）当变压器不与发电机相连，而是连接在线路上，其一次绕组的额定电压应与线路额定电压相同，如3、10、35、110、330、500kV。

（3）风电场常用电压等级为10、35、66、110、220、330kV。

变压器二次绕组的额定电压是指变压器一次绕组接上额定电压，而二次绕组开路时的电压即空载电压。

各级电压电力网的输送能力如表2-2所示。

表2-2　　　　　　　　　　各级电压电力网的输送能力

标称电压 （kV）	经济输送容量 （MW）	输送距离 （km）	标称电压 （kV）	经济输送容量 （MW）	输送距离 （km）
0.38	0.1以下	0.6以下	110	10～50	50～150
3	0.1～1.0	1～3	220	100～500	100～300
6	0.1～1.2	4～15	330	200～1000	200～600
10	0.2～2.0	6～20	500	1000～1500	200～850
35	2.0～10	20～50	750	2000～2500	500以上
66	6.0～30	30～80	—	—	—

2.1.4　风电场电气系统

1. 风电场电气系统组成

风电并网的方式主要有两种：以分布式电源的方式接入配电网和大规模风电场集中接入输电网。大规模风电场必须接入电力系统运行。

风电机组生产的电能经变电站、输电线路输送给用户或并入电网，这些将风电机组与用户或输电网相连的输、变电设备及其测量、保护、控制、通信设备称为风电场电气设备，广义的风电场电气设备还应包括风电机组。

风电场电气系统组成可分为下列几部分，如图2-3所示。

风电场电气设备按类别分为一次设备和二次设备。

一次设备构成风电场的主体，是直接生产、输送、分配电能的设备，包括风电机组、电力变压器、断路器、隔离开关、母线、电力电缆、输电线路等。

二次设备是对一次设备进行控制、调节、保护和检测的设备，它包括控制设备、继电保护和自动装置、测量仪表、通信设备等。

二次设备通过电压互感器和电流互感器与一次设备进行联系。一次设备及其连接的回路称为一次回路。二次设备按照一定的规则连接起来以实现某种技术要求的电气回路称为二次回路。

2. 风电场电气系统作用

风电场电气系统按其基本功能又可分为风电机组、集电系统、变电站、站用电系统。

（1）风电机组的作用是将风能转变为电能，主要由风轮、传统系统、偏航系统、发电

图 2-3　风电场电气系统

1—风机叶轮；2—传动装置；3—发电机；4—变流器；5—机组升压变压器；6—升压站低压配电装置；

7—升压站升压变压器；8—升压站高压配电装置；9—架空线路

机、变流器、控制系统等主要部分组成，风电机组出口电压通常为 690V。

（2）集电系统的作用是将风电机组产生的电能通过升压变压器初次升压，按照就近分组或按一定原则高压侧并联，最后通过电缆或架空线路将电能汇集后送入变电站。集电系统包括单台风电机组的机端升压变压器、电缆、架空线路以及相应的防雷、接地装置。国内风电场集电系统电压等级主要为 10、35kV，且以 35kV 系统居多。

（3）变电站的作用是变换电压等级、汇集电流、分配电能、控制电能的流向、调整和稳定电压。变电站主要设备包括主变压器、断路器、隔离开关、无功补偿装置、电流互感器、电压互感器、继电保护和安全自动装置、调度通信装置等。

（4）站用电系统用以提供生产公用电、照明用电、站内动力电源、站内生活用电等。风电场站用电系统与场用电系统一般为同一系统，但部分风电场变电站与风电场办公区完全分离，使用独立的两套供电系统。

2.1.5　风电机组电气系统

风电机组电气系统包括发电机系统、变频器系统、升压变压器以及升压配电装置。

各种风电机组的电气系统各不相同，以下举例简单介绍常用的风电机组的电气系统，同时也列出低电压穿越技术解决系统低电压原理简图。

如图 2-4 和图 2-5 所示，双馈发电机的定子绕组接工频电网，转子绕组通过双向可逆专用变频器接入电网。双馈发电机则通过控制转子电流的大小和频率，来建立机械扭矩和旋转速度的理想值。

如图 2-6 所示，低速直驱或中高速直驱（半直驱）系统均采用永磁同步发电机。风轮转动直接带发电机就是低速直驱，而风轮转动带齿轮增速（半直驱）后再带发电机就是中高速直驱，亦即半直驱机组。同步发电机输出六相变压、变频的交流电，而后通过六相

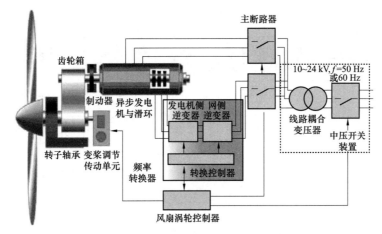

图 2-4　双馈风电机组的电气系统

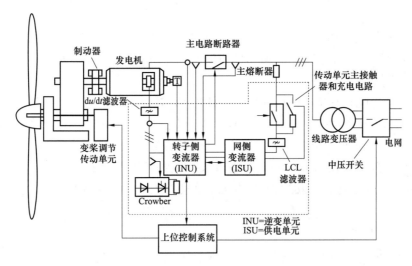

图 2-5　带低电压穿越双馈风电机组的电气系统

整流器、升压调整器、并网逆变器，得到定频（同步电网频率）、定压的交流电，再经过并网开关连接到升压变压器，然后将电能送入电网。

2.1.6　风电场接入系统若干技术要求

电力系统安全稳定运行本质上要求发电与负荷需求之间必须时刻保持平衡。电力系统如果不能进行有效控制而出现供需失衡，将影响可靠性甚至可能引起系统大范围的事故。风力发电因其具有间歇性、随机性的特性，风电场接入电网后，在向电网提供清洁能源的同时，对电力系统安全、稳定运行及电能质量均可能产生一定影响。

为了应对大规模风电的接入，确保风电接入后的电力系统运行的可靠性、安全性、稳定性。2011 年 12 月 30 日，GB/T 19963—2011《风电场接入电力系统技术规定》正式颁布，提出了对通过 110（66）kV 及以上电压等级线路与电力系统连接的新建或扩建风电场的技术

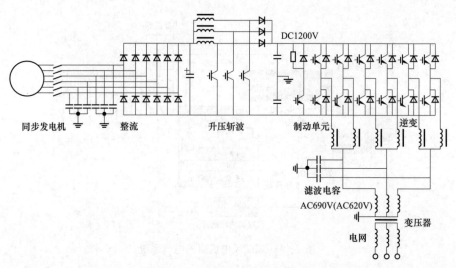

图 2-6　直驱（含半直驱）风电机组的电气系统

要求。该标准对风电场的有功功率及频率、无功功率及电压、风电机组低电压穿越能力、电能质量、模型参数、通信及接入测试等方面做了详细的规定，要点如下。

1. 风电场有功功率

（1）风电场应配置有功功率控制系统，具备有功功率调节能力。

（2）当风电场有功功率在总额定出力的 20％以上时，对于场内有功出力超过额定容量的 20％的所有风电机组，能够实现有功功率的连续平滑调节，并参与系统有功功率控制。

（3）风电场应能够接收并自动执行电力系统调度机构下达的有功功率及有功功率变化的控制指令，风电场有功功率及有功功率变化应与电力系统调度机构下达的给定值一致。

2. 风电场无功容量

（1）风电场的无功电源包括风电机组及风电场无功补偿装置。风电场安装的风电机组应满足功率因数在超前 0.95～滞后 0.95 的范围内动态可调。

（2）风电场要充分利用风电机组的无功容量及其调节能力；当风电机组的无功容量不能满足系统电压调节需要时，应在风电场集中加装适当容量的无功补偿装置，必要时加装动态无功补偿装置。

（3）对于直接接入公共电网的风电场，其配置的容性无功容量能够补偿风电场满发时场内汇集线路、主变压器的感性无功及风电场送出线路的一半感性无功之和，其配置的感性无功容量能够补偿风电场自身的容性充电无功功率及风电场送出线路的一半充电无功功率。

（4）对于通过 220kV（或 330kV）风电汇集系统升压至 500kV（或 750kV）电压等级接入公共电网的风电场群中的风电场，其配置的容性无功容量能够补偿风电场满发时场内汇集线路、主变压器的感性无功及风电场送出线路的全部感性无功之和，其配置的感性无功容量能够补偿风电场自身的容性充电无功功率及风电场送出线路的全部充电无功功率。

3. 风电场电压控制

（1）风电场应配置无功电压控制系统，具备无功功率调节及电压控制能力。根据电力系统调度机构指令，风电场自动调节其发出（或吸收）的无功功率，实现对风电场并网点电压的控制，其调节速度和控制精度应能满足电力系统电压调节的要求。

（2）当公共电网电压处于正常范围内时，风电场应当能够控制风电场并网点电压在标称电压的97%～107%范围内。

（3）风电场变电站的主变压器宜采用有载调压变压器，通过主变压器分接头调节风电场内电压，确保场内风电机组正常运行。

4. 风电场低电压穿越

（1）风电场并网点电压跌至20%标称电压时，风电场内的风电机组应保证不脱网连续运行625ms。

（2）风电场并网点电压在发生跌落后2s内能够恢复到标称电压的90%时，风电场内的风电机组应保证不脱网连续运行。

5. 风电场运行适应性

（1）当风电场并网点电压在标称电压的90%～110%之间时，风电机组应能正常运行；当风电场并网点电压超过标称电压的110%时，风电场的运行状态由风电机组的性能确定。

（2）当风电场并网点的闪变值满足 GB/T 12326《电能质量　电压波动和闪变》、谐波值满足 GB/T 14549《电能质量　公用电网谐波》、三相电压不平衡度满足 GB/T 15543《电能质量　三相电压不平衡》的规定时，风电场内的风电机组应能正常运行。

（3）系统频率在49.5～50.2Hz，风电场应连续运行；每次频率低于49.5Hz，但高于48 Hz时要求风电场具有至少运行30min 的能力；每次频率高于50.2Hz 时，要求风电场具有至少运行5min 的能力，并执行电力系统调度机构下达的降低出力或高周切机策略，不允许停机状态的风电机组并网。

6. 风电场电能质量

（1）风电场并网点电压正、负偏差绝对值之和不超过标称电压的10%，正常运行方式下，其电压偏差应在标称电压的−3%～+7%范围内。

（2）风电场所接入公共连接点的闪变干扰值应满足 GB/T 12326 的要求，其中风电场引起的长时间闪变值 P_{1t} 的限值应按照风电场装机容量与公共连接点上的干扰源总容量之比进行分配。

（3）风电场所接入公共连接点的谐波注入电流应满足 GB/T 14549 的要求，其中风电场向电力系统注入的谐波电流允许值应按照风电场装机容量与公共连接点上具有谐波源的发/供电设备总容量之比进行分配。

2.2　电气主接线

2.2.1　电气主接线的基本概念

在发电厂、变电所、电力系统中，各种电气设备必须被合理组织连接以实现电能的汇集和分配,而根据这一要求由各种电气设备组成,并按照一定方式由导体连接而成的电路称为电气主接线,又称一次接线或电气主系统。用一次设备特定的图形符号和文字符号将发电机、变压器、母线、开关电器、测量电器、保护电器、输电线路等有关设备,按工作顺序排列,详细标示一次电气设备的组成和连接关系的单线接线图,称为电气主接线图。表2-3所示为一次电气设备在电气主接线图中常用的图形符号。

表2-3　　　　　　　　一次电气设备在电气主接线图中常用的图形符号

序号	设备名称	图形符号	文字符号	序号	设备名称	图形符号	文字符号
1	交流发电机		G	11	小车开关		T
2	双绕组变压器		T	12	电压互感器	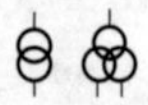	TV
3	三绕组变压器	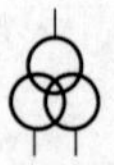	T	13	电流互感器	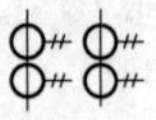	TA
4	星形-三角形连接的具有有载分接开关的三相变压器		T	14	电缆终端头		—
5	熔断器		FU	15	跌落式熔断器		FD
6	高压隔离开关		QS	16	接地消弧线圈		L
7	负荷开关		Q	17	放电间隙		F
8	高压断路器		QF	18	避雷器		F
9	电容器		C	19	接地		E
10	普通电抗器		L	20	带电显示器		K

发电厂的电气主接线应满足 5 点基本要求：运行的可靠性；具有一定的灵活性；操作应尽可能简单、方便；经济上合理；应具有扩建的可能性。

2.2.2 电气主接线的基本形式

电气主接线的基本形式可以分为两大类：有汇流母线和无汇流母线。汇流母线，简称母线，是汇集和分配电能的设备。

无汇流母线的接线形式使用开关电器较少，占地面积小，但只适用于进、出线回路少，不再扩建和发展的发电厂或变电站。无汇流母线的接线形式包括单元接线、桥形接线、角形接线等。

采用有汇流母线的接线形式便于实现多回路的集中。接线简单、清晰、运行方便，有利于安装和扩建。配电装置占地面积较大，使用断路器等设备增多，因此更适用于回路较多的情况，一般进、出线数目大于 4 回。有汇流母线的接线形式包括单母线、单母线分段、双母线、双母线分段、带旁路母线等。

风电场电气主接线主要采用单元接线和单母线，虽然设计有单母线分段，但鉴于风电的特殊性，在实际运行中几乎不使用此接线方式。

1. 单元接线

单元接线是最简单的接线形式，即发电机和主变压器组成一个单元，发电机生产的电能直接输送给变压器，经过变压器升压后送给系统。常用的单元接线如图 2-7 所示。实际风电场中风电机组与机端升压变压器的接线就是单元接线的一种形式。

2. 单母线接线

单母线以一条母线作为配电装置中的电能汇集节点，是有母线接线形式中最简单的接线形式。风电场一般用此种接线形式，如图 2-8 所示，其优点是简单、清晰、设备少、投资小、运行操作方便且有利于扩建，以及便于采用成套配电装置。缺点是：母线或母线隔离开关检修时，连接在母线上的所有回路都将停止工作；当母线或母线隔离开关上发生短路故障或断路器靠母线侧绝缘套管损坏时，将造成全部停电；检修任一电源或出线断路器时，该回路必须停电。单母线接线适用于电源数目较少、容量较小的场合。

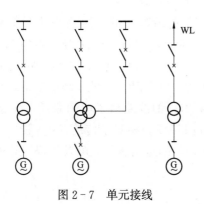

图 2-7 单元接线

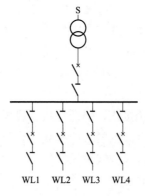

图 2-8 单母线接线

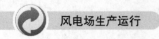

2.2.3 风电场电气主接线

风电场的电气主接线主要包含风电机组机端主接线、变电站电气主接线、站用电系统电气主接线。

1. 风电机组机端主接线

目前，主流风电机组出口电压为690V，经过升压变压器将电压升高到10kV或35kV后并入集电线路。风力发电机组与机端升压变压器的组合有一机一变、多机一变两种接线方式，如图2-9所示。风力发电机组机端主接线属于典型的单元接线或扩大单元接线，其优点是：开关电器较少，占地面积小。缺点是：一旦升压变压器或与升压变压器相连的断路器、隔离开关、负荷开关、熔断器、电缆发生故障，或设备检修，与其配套的风电机组必须全部停电，系统可靠性较低，运行方式单一。

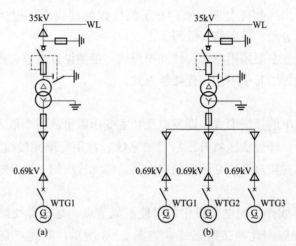

图2-9 风电机组机端主接线

2. 变电站电气主接线

风电场变电站与传统变电站相比具有一定的特殊性，在风电机组不发电时，潮流是从电网到变电站，风电场作为用电负荷，这时风电机组及空载变压器均为耗电设备；在风电机组发电时，潮流是从风电场到电网，风电场作为发电厂，集电系统将风电机组发的电能按组汇流起来，通过变电站的主变压器再次升压后汇入电网。

风电场接入系统的电压等级与装机规模、输送距离、就近变电站的电压等级有关，通常容量为100MW及以下的风电场通过110kV（66kV）接入电力系统；容量为100MW以上的风电场通过220kV及以上电压等级接入电力系统。目前，国内风电场变电站的最高电压等级为330kV，单回线理论经济输送能力为1000MW。为便于风电场的运行管理与控制，简化系统接线，降低造价，风电场通常采用一回线路接入电力系统，主接线方式如图2-10所示，主要为单母线接线或单母线分段接线。相对于传统发电厂的主接线来说，风电场的主接线方式可靠性较低，运行方式单一，因送出线路故障及检修导致的风电场机组全停情况时有发生。

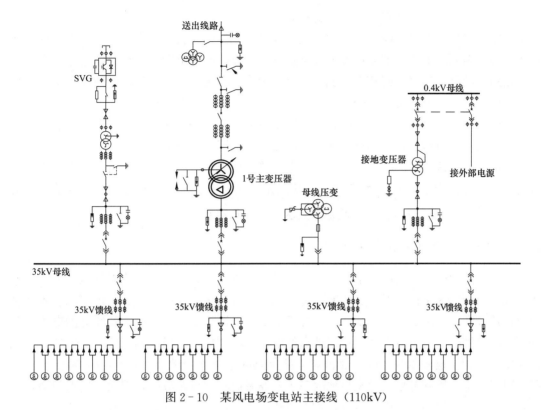

图2-10　某风电场变电站主接线（110kV）

2.3　电力系统中性点接地方式

在星形连接的三相电路中，其3个线圈（或绕组）连在一起的一点称为中性点。电力系统的中性点是指三相电力系统中绕组或线圈采用星形连接的电力设备（如发电机、变压器等）各相的连接对称点和电压平衡点，其对地电位在电力系统正常运行时为零或接近于零。电力系统中性点接地方式是一个涉及供电的可靠性、过电压与绝缘配合、继电保护、通信干扰、系统稳定诸多方面的综合技术问题，这个问题在不同的国家和地区，不同的发展水平可以有不同的选择。

电力系统中性点接地是一种工作接地。在我国，电力系统中性点接地方式有两大类：一类是中性点直接接地或经过低阻抗接地，称为大电流接地系统；另一类是中性点不接地，经过消弧线圈或高阻抗接地，称为小电流接地系统。其中采用最广泛的是中性点不接地、中性点经过消弧线圈接地和中性点直接接地等3种方式。

2.3.1　中性点不接地系统

中性点不接地系统发生单相接地故障时，非故障相的对地电压升高，在接地点入地的接地电流为正常电容电流的1～3倍。在架空线为主的输电系统中，接地电流非常小，系统的线电压仍保持对称且大小不变，因此，对接于线电压的用电设备的工作并无影响，并不一定要立即中断对用户供电。

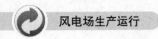

但是，这种电网长期在一相接地的状态下运行，也是不能允许的，因为在中性点不接地系统中，当接地的电容电流较大时，在接地处引起的电弧就很难自行熄灭。在接地处还可能出现所谓间隙电弧，即周期地熄灭与重燃的电弧。由于电网是一个具有电感和电容的振荡回路，间歇电弧将引起相对地的过电压，其数值可达 $2.5 \sim 3U_N$。这种过电压会传输到与接地点有直接电连接的整个电网上，更容易引起另一相对地击穿，而形成两相接地短路，将严重地损坏电气设备。所以，在中性点不接地电网中，必须设专门的监察装置，以便使运行人员及时地发现一相接地故障，从而切除电网中的故障部分。

中性点不接地系统的优点：这种系统发生单相接地时，三相用电设备能正常工作，允许暂时继续运行 2h，因此可靠性高。其缺点是：这种系统发生单相接地时，其他两相对地电压却升高相电压的 $\sqrt{3}$ 倍，因此绝缘要求高，增加绝缘费用。

2.3.2　中性点经消弧线圈接地系统

当一相接地电容电流超过了系统允许值时，可以用中性点经消弧线圈接地的方法来解决，该系统即称为中性点经消弧线圈接地系统。该方式就是在中性点和大地之间接入一个电感消弧线圈，如图 2-11 所示，在系统发生单相接地故障时，利用消弧线圈的电感电流补偿线路接地的电容电流，使流过接地点的电流减小到能自行熄灭的范围，它的特点是在线路发生单相接地故障时，可按规程规定满足电网带单相接地故障运行 2h。对于中压电网，因接地电流得到补偿，单相接地故障不会发展成相间短路故障，因而中性点经消弧线圈接地方式大大提高了供电可靠性，这一点优越于中性点经小电阻接地方式。

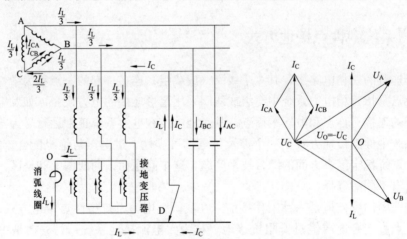

图 2-11　中性点经消弧线圈接地系统单相接地的情况

中性点经消弧线圈接地，保留了中性点不接地方式的全部优点。由于消弧线圈的电感电流补偿了电网接地电容电流，使得接地点残流减少到 5A 及以下，降低了故障相接地电弧恢复电压的上升速度，以致电弧能够自行熄灭，从而提高供电可靠性。经过消弧线圈接地系统的过电压幅值不超过 $3.2U_N$，因此接有消弧线圈的电网，称为补偿电网。经消弧线圈接地的电网称为谐振接地系统，它有自动跟踪补偿方式和非自动跟踪补偿方式两种。

中性点经消弧线圈接地系统的优点：除有中性点不接地系统的优点外，还可以减少接地电流。其缺点类同中性点不接地系统。

2.3.3　中性点经电阻接地系统

风机箱变压器高压侧通常为三角形接线，为满足在风电场 35kV 系统中性点经电阻接地要求，通常通过接地变压器高压侧中性点连接电阻柜接地，升压如图 2-12 所示。35kV系统中性点经电阻接地，当安装中性点接地电阻柜后，当系统发生非金属性接地时，受接地点电阻的影响，流过接地点和中性点的电流比金属性接地时有显著降低，同时，非故障相电压上升也显著降低，零序电压值约为单相金属性接地的一半。由此可见，采用中性点经电阻接地，有接地故障时可起到限流降压作用。有试验表明，由于中性点电阻能吸附大量的谐振能量，在有电阻器的接地方式中，从根本上抑制了系统谐振过电压。

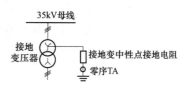

图 2-12　35kV 系统中性点
经接地电阻接地

2.3.4　中性点直接接地系统

对于高压系统，如 110kV 以上的供电系统，电压高，设备绝缘所占成本很大，如果中性点不接地，当单相接地时，未接地的二相就要能够承受 $\sqrt{3}$ 倍的过电压，瓷绝缘子体积就要增大近一倍，不但制造起来不容易，安装也是问题，会使设备投资大大增加。

中性点直接接地系统中性点的电位在电网的任何工作状态下均保持为零。在这种系统中，当发生一相接地时，这一相直接经过接地点和接地的中性点短路，一相接地短路电流的数值最大，因而应立即使继电保护动作，将故障部分切除。

中性点直接接地系统的优点：发生单相接地时，其他两完好相对地电压不升高，因此可降低绝缘费用，保证安全。其缺点是：发生单相接地短路时，短路电流大，要迅速切除故障部分，从而使供电可靠性差。

2.3.5　风电场集电系统中性点接地方式

在 2011 年以前，风电场集电系统中性点接地方式多按配电网设计标准执行，即电容电流小于标准值时采用不接地方式，大于标准值时采用经消弧线圈接地方式。个别风电场尽管 35kV 集电系统电容电流已大于 30A，但考虑到成本问题，仍采用不接地方式，并配置了消弧消谐柜，以限制谐振过电压。消弧消谐柜并非一种中性点接地方式，而是当发生非金属性接地故障之后自动将接地相转为金属性接地来避免谐振过电压的一种保护装置。实践证明，此类设计给风电场集电系统的稳定运行带来了很多安全隐患，目前该设计已基本淘汰。

在风电场实际运行中发现，采用中性点不接地的方式，在电缆绝缘薄弱点容易发展为两相、三相短路，所以集电系统中性点不接地使得风电场安全运行的风险增大。为最大限度保证电网的安全、稳定运行，风电场汇集线系统应采用经电阻或消弧线圈接地方式，不应采用不接地或经消弧消谐柜接地方式。

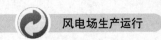

由于风电场运行方式的多样化及弧光接地点的随机性，消弧线圈要对电容电流进行有效补偿有难度，且消弧线圈仅仅补偿了工频电容电流，而实际通过接地点的电流不仅有工频电容电流，而且包含大量的高频电流及阻性电流，严重时仅高频电流及阻性电流就可以维持电弧的持续燃烧。另外当集电线路发生断线、非全相、同杆线路的电容耦合等非接地故障时，集电线路的不对称电压升高，可能导致消弧线圈的自动调节控制器误判集电线路发生接地而动作，这时将会在集电线路中产生很高的中性点位移电压，造成系统中一相或两相电压升高很多，以致损坏电网中的其他设备。而采用电阻接地方式，一旦发生单相接地故障，其继电保护装置能够可靠迅速地检测并瞬时切除故障，从而有效地保证了电网的安全稳定运行。从技术性和经济性综合考虑，采用经电阻接地方式具有明显的优越性，风电场集电系统中性点接地方式将逐渐全面采用电阻接地方式。

2.4　一次设备

直接生产、输送、分配和使用电能的设备，称为一次设备，主要包括以下几种：

（1）生产和转换电能的设备：如将机械能转换成电能的发电机，变换电压、传输电能的变压器，将电能变成机械能的电动机等。

（2）接通和断开电路的开关设备：如高低压断路器、负荷开关、熔断器、隔离开关、接触器、磁力启动器等。

（3）保护电气设备：如限制短路电流的电抗器、防御过电压的避雷器等。

（4）载流导体：如传输电能的软、硬导体及电缆等。

根据一次设备的定义，一次设备主要有发电机（电动机）、变压器、断路器、隔离开关、接触器、母线、输电线路、电力电缆、电抗器等。此外，电流互感器、电压互感器作为一次设备与二次设备的联络设备，由于其一次绕组接入一次回路，通常也将其归入到一次设备。

2.4.1　变压器

变压器是一种静止的电气设备，是用来将某一数值的交流电压（电流）变成频率相同的另一种或几种数值不同的电压（电流）的设备。它是利用电磁感应原理工作的，一、二次电压之比与一、二次绕组的匝数成正比，一、二次电流之比与一、二次绕组的匝数成反比，有功功率不变。

1.　变压器的结构

变压器主要由铁芯、绕组、变压器油、油箱、冷却装置、绝缘套管以及其他附件等部分构成，如图 2 - 13 所示。

（1）铁芯：铁芯是变压器的重要部件。其作用有二：一是在一次绕组交流电流的作用下形成工频交变磁通 Φ；二是通过铁芯中的交变磁通感生出二次绕组中的电动势，形成低压电源。

（2）绕组（俗称线圈）：绕组是变压器的电路部分，一般采用外包绝缘纸的铜线或铝线绕成，包含一次绕组、二次绕组两组。

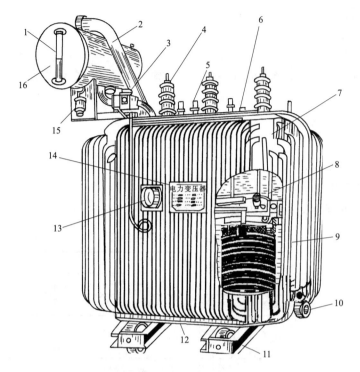

图 2-13 电力变压器的结构

1—油位计；2—安全气道；3—气体继电器；4—高压套管；5—低压套管；6—分接开关；

7—油箱；8—铁芯；9—绕组及绝缘；10—放油阀门；11—小车；12—接地螺栓；

13—信号式温度计；14—铭牌；15—吸湿器；16—储油柜

（3）油箱和附件：

1）油箱：支持器身及附件的重量。变压器油具有良好的抗氧化性及良好的电气性能，主要起绝缘、散热的作用。

2）油枕（膨胀器储油柜或储油器）：减少油与空气的接触面，保证油箱中始终充满油。

3）吸湿器：提供储油柜内部气体和大气交换的通道，以便在变压器正常运行时，平衡油箱内因温度变化而产生的压力增减，并对进入储油柜内部的大气进行净化干燥。吸湿器内的吸附剂通常使用变色硅胶，它是一种强吸附性物质。

4）油位计：观察及监视油位，通常有几根表示不同温度下油面高度的刻度线。

5）目前，变压器已采用压力释放阀代替安全气道。

6）净油器：对油起过滤净化作用，延长油的使用期限，也称滤油器，其中装有吸附剂（硅胶、活性氧化铝等）。

7）气体继电器：即瓦斯继电器，反映电力变压器的内部故障，是变压器的主要保护组件。

8）分接开关：通过变换线圈的分接头位置达到调压的目的，分无载和有载两种。

9）绝缘套管：保证绕组引出线与油箱的绝缘，常用的有瓷绝缘套管、充油套管、电容式套管等。

10）信号式温度计：测量监视上层油温。

2. 变压器的型号、分类及参数

（1）变压器的型号。

变压器的型号由字母和数字两部分组成，一般可表示为①②—③/④。

其中：

①——变压器的分类型号，由多个字母组成；

②——设计序号；

③——额定容量（kVA）；

④——高压绕组电压等级（kV）。

变压器型号中符号及其含义如表2-4所示。

表2-4   变压器型号中符号及其含义

型号中符号排列顺序	含义		代表符号
	内容	类别	
1	线圈耦合方式	自耦降压或升压	O
2	相数	单相	D
		三相	S
3	冷却方式	油浸自冷	—
		干式空气自冷	G
		干式浇注绝缘	C
		油浸风冷	F
		油浸水冷	S
		强迫油循环风冷	FP
		强迫油循环水冷	SP
4	线圈数	双线圈	—
		三线圈	S
5	导线材质材料	铜导线	—
		铝导线	L
6	调压方式	无励磁调压	—
		有载调压	Z
7		加强干式	Q
		干式防火	H
		移动式	D
		成套	T

例如，SFP11-360000/220型号变压器表示三相油浸风冷式强迫油循环式电力变压器，其设计序号为11，额定容量为360000kVA，额定电压220kV。

（2）变压器的分类。

1）按用途分为升压变压器（使电力从低压升为高压，然后经输电线路向远方输送）和降压变压器（使电力从高压降为低压，再由配电线路对近处或较近处负荷供电）。

2）按调压方式分为无载调压变压器和有载调压变压器。

3）按冷却介质和冷却方式分为油浸式变压器和干式变压器。

目前风电场变电站主变压器为升压变压器，它将 10kV 或 35kV 电压变为 110、220kV 或 330kV，输送给电网，它一般多为三相、双绕组、铜线、有载、油浸式变压器；风电场风机箱式变压器为升压变压器，在风电机组发电时，它将机组出口 690V 或 620V 电压升压为 10kV 或 35kV，在风机不发电，向电网吸收电时，它将 10kV 或 35kV 电压降为 690V 或 620V，供发电机励磁，它一般多为三相、双绕组、铜线、无载、油浸式变压器；风电场场用变压器为降压变压器，它将 10kV 或 35kV 电压降为 400V，供给变电站设备操作电源、主变压器风扇电源及动力照明电源等，它一般多为三相、双绕组、铜线、无载、油浸式变压器或干式变压器。风电场在选用变压器时，首先应根据其用途进行选择，其次结合用途选择变压器的绕组数、相数、调压方式，最后根据容量大小选用冷却方式。

（3）变压器的铭牌参数。

为了保证变压器的运行安全、经济、合理，制造厂规定了额定参数。额定参数大都标注在设备铭牌上。变压器的主要额定参数有额定容量 S_N、额定电压 U_N、额定电流 I_N、额定温升 r_N、阻抗电压百分数 $U_d\%$。此外，在铭牌上还标有相数、接线组别、额定运行时的效率及冷却介质温度等参数或要求。

1）额定容量：额定工作状态下变压器输出的视在功率值，单位为 kVA。

2）额定电压：变压器长时间运行时所能承受的工作电压，单位为 kV。

3）额定电流：在额定电压和额定环境温度下各部分温升不超过允许值的长期允许通过电流，单位为 A。

4）额定频率：我国规定的标准工业频率为 50Hz。

5）空载损耗：当以额定频率的额定电压施加在一个绕组的端子上时，其余绕组开路时所吸取的有功功率。

6）空载电流：当变压器在额定电压下二次侧空载时，一次绕组中通过的电流。一般以额定电流的百分数表示。

7）负荷损耗：把变压器的二次绕组短路，在一次绕组额定分接位置上通入额定电流，此时变压器所消耗的功率。

8）阻抗电压：把变压器的二次绕组短路，在一次绕组慢慢升高电压，当二次绕组的短路电流等于额定值时，此时一次侧所施加的电压。一般以额定电压的百分数表示。

9）相数：三相开头以 S 表示，单相开头以 D 表示。

10）温升与冷却：变压器绕组或上层油温与变压器周围环境的温度之差，称为绕组或上层油面的温升，油浸式变压器绕组温升限值为 65K、油面温升为 55K。

11）联结组标号：根据变压器一、二次绕组的相位关系，把变压器绕组连接成各种不同的组合，称为绕组的联结组。国家规定的标准连接组标号有（双绕组）Y，yn0、Y，d11，YN，d11，Y，y0 及 YN，y0 5 种。

（4）变压器的特性参数。

1）允许温度。变压器的允许温度主要与绝缘等级有关，油浸变压器的允许温度还与冷却介质有关。变压器绕组绝缘等级与允许温度对应关系如表 2-5 所示。

表 2-5　　　　　　　变压器绕组绝缘等级与允许温度、温升限值

绝缘等级	变压器绕组绝缘系统温度允许上限（℃）	性能参考温度（℃）	干式变压器额定电流下绕组平均温升限值（K）
Y	90		
A	105	80	60
E	120	95	75
B	130	100	80
F	155	120	100
H	180	145	125

油浸电力变压器通常采用 A 级绝缘材料，允许温度为 105℃，为防止绝缘及寿命受到影响，规定变压器上层油温最高不超过 95℃，而正常运行时，为使油不过速氧化，上层油温不应超过 85℃。

2）允许电压波动：如果电源电压的波动不超过±5%，不论电压分接头在任何位置，变压器可带额定负荷。

3）运行效率：与变压器的负荷率及负荷的功率因数有关。通常变压器的额定功率愈大，效率就愈高。

4）绝缘电阻：表示变压器各绕组之间、各绕组与铁芯之间的绝缘性能。绝缘电阻的高低与所使用的绝缘材料的性能、温度高低和潮湿程度有关。

2.4.2　箱式变电站

1. 箱式变电站的结构组成及性能特点

箱式变电站由高压开关设备、电力变压器、低压开关设备等部分组合在一起，构成的户外变配电成套装置，具有成套性强、占地面积小、投资小、安装维护方便、造型美观、耐候性强等特点。

箱式变电站的高压室一般由高压负荷开关、高压熔断器和避雷器等组成，可以进行停/送电操作并且设有过负荷和短路保护。低压室由低压空气开关、电流互感器、电流表、电压表等组成。电力变压器室一般采用 S9、S10、S11 型等油浸式变压器。箱式变电站中的电气设备元器件，均选用定型产品，元器件的技术性能均满足相应的标准要求。另外，箱式变电站还都具有电能检测、带电显示、计量的功能，并能实现相应的保护功能，还设有专用的接地导件，并有明显的接地标志。

箱式变电站有欧式变电站和美式变电站两种类型，一般风电场常使用美式变电站。图 2-14 所示为欧式变电站的结构，其有一层外壳，有操作空间，便于现场维护；美式变电

图 2-14　箱式变电站（欧式）

站的高压负荷开关和熔断器直接在油箱里，利用油绝缘，有体积小、结构紧凑、价格便宜等优点。集成在风电机组机舱内的箱式变压器一般选用干式变压器。

风电场专用箱式变电站：风电场专用箱式变电站是将风力发电机组发出的 0.6～0.69kV 电压升高到 11kV 或 37.5kV 后，并网输出的专用设备。其具有成套性强、占地面积小、投资小、安装维护方便、造型美观、耐候性强等特点。它的出现适应了全国大范围建立风电场的趋势，是风力发电系统的最佳配套产品。

2. 箱式变电站的容量参数

目前风电机组的装机容量有 750、850、1000、1500、2000、2300、2500、3000、3600、5000、6000kW 等，箱式变电站相对应的容量有 800、900（850kW 机组选用）、1250、1600、2350（2300kW 级机组选用）、2500、3000、4000（3000kW 级机组选用）、5500（5000kW 机组级选用）、6500kVA。箱式变电站的电压等级有 0.69/35kV，0.69/10kV 两种。

3. 风电机组出口箱变保护设置

（1）高低压侧防雷及浪涌保护。

（2）高压插入式全范围保护熔断器反时限过电流速断保护。

（3）低压断路器短路瞬时延时、接地故障等保护。

（4）温度、压力参数保护。

（5）变压器电流监视及报警，变压器油温及高温报警、变压器油位状态监视及报警；变压器油箱压力监视及报警；变压器高压负荷开关、低压断路器位置监视及报警。

4. 箱式变电站总体结构要求

（1）箱体具有足够的机械强度，在运输、安装中不发生变形。外壳油漆喷涂均匀，抗暴晒、抗腐蚀、抗风沙，并有牢固的附着力。防护等级 IP54。

（2）箱式变电站外壳全封闭（无百叶窗、底部封堵、门框加密封条等）。

（3）高压开关柜及低压开关柜为全密封结构。

（4）接地：箱式变电站设置 2 个直径不小于 12mm 的铜质螺栓的接地体，箱式变电站的金属骨架，高、低压配电装置及电力变压器等设备的金属支架均应有符合技术条件的接地端子，并用专用接地导体可靠地与风电机组接地网连接在一起。接地电阻应满足 $R \leqslant 4\Omega$，并在定期检查时查验。

（5）高压室门加装电磁锁和带电显示器，箱式变电站外门加装机械锁。

（6）箱式变电站保护信号：变压器装设温度计和油位指示装置，变压器装设压力表计和压力释放阀，变压器装设放油阀和取油样装置。

（7）高压出线：高压采用电缆出线，在高压室预留位置，电缆出线在箱式变电站底部。

（8）低压进线：低压侧为低压断路器＋避雷器＋母线铜排，低压侧母线铜排应考虑能接多根电缆连接机组。

2.4.3 高压断路器

1. 高压断路器的分类

高压断路器是发电厂及电力系统中非常重要的一次设备，它具有完善的灭弧结构，因此具备足够的灭弧和断流能力，按其采用的灭弧介质，断路器可分为六氟化硫（SF_6）断路器、真空断路器、油断路器。风电场中应用的高压断路器以六氟化硫断路器和真空断路器为主。

2. 高压断路器的工作原理

（1）六氟化硫断路器。

六氟化硫断路器是利用具有优良的灭弧和绝缘性能的 SF_6 气体来吹灭电弧的断路器，图 2-15 所示为户外型六氟化硫断路器。其工作原理为断路器进行分闸时，动触头、活塞一起运动。动、静触头分开后产生电弧，活塞移动时使气体受压缩，产生气流通过喷嘴对电弧进行纵吹，使电弧熄灭。此后，灭弧室内的气体通过静触头内孔和冷却器排入断路器本体内。断路器进行合闸时，操作机构带动动触头、喷嘴和活塞运动，使静触头插入动触头插座内，使动、静触头有良好的电接触，达到合闸的目的。断路器内充满 SF_6 气体作为断路器的内绝缘。它的灭弧室基本结构由动静触头、绝缘喷嘴和压气活塞连在一起，通过绝缘杆由操作机构带动。

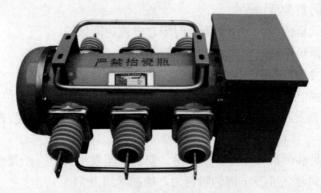

图 2-15　户外型六氟化硫断路器

（2）真空断路器。

真空断路器是触头在真空中开断、接通，在真空条件下灭弧的断路器。其工作原理：合闸时，当机构接到合闸信号时（开关处于断开，已储能），合闸电磁铁的铁芯被吸向下运动，拉动定位杆向逆时针转动，解除储能维持，合闸弹簧带动储能轴套逆时针方向转动，带动连扳及摇臂动作，使摇臂扣住半轴，使机构处于合闸状态，此时，连锁装置锁住定位件，使定位件不能逆时针方向转动；分闸时，分闸电磁铁接到信号，铁芯吸合，分闸脱扣器中的顶杆向上运动，使脱扣轴转动，带动顶杆向上运动，半轴与摇臂解扣，在分闸弹簧的作用下，断路器完成分闸操作。

3. 高压断路器的基本结构

虽然高压断路器有多种类型，具体结构也不相同，但其基本结构类似，如图 2-16 所示。其基本结构主要包括电路通断元件、绝缘支撑元件、操作机构及基座等几部分。电路通断元件安装在绝缘支撑元件上，而绝缘支撑元件则安装在基座上。电路通断元件是其关键部件，承担着接通

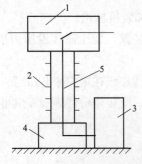

图 2-16　高压断路器基本结构
1—电路通断元件；2—绝缘支撑元件；
3—操作机构；4—基座；5—传动元件

和断开电路的任务，它由接线端子、导电杆、触头（动、静触头）及灭弧室等组成；绝缘支撑元件起着固定通断元件的作用，并使其带电部分与地绝缘；操作机构起控制通断元件的作用，当操作机构接到合闸或分闸命令时，操作机构动作，经传动元件驱动动触头，实现断路器的合闸或分闸。

电路通断元件：主灭弧室、主触头系统、主导电回路、辅助灭弧室、辅助触头系统、并联电阻（并联电容），其功能为开断及关合电力线路，安全隔离电源。

绝缘支撑元件：鼓形绝缘子、瓷套管、绝缘管等构成的支柱本体、拉紧绝缘子等，其功能为保证通断元件有可靠的对地绝缘，承受通断元件的操作力及各种外力。

传动元件：各种连杆、齿轮、拐臂、液压管道、压缩空气管道等，其功能为将操作命令传递给通断元件的触头和其他部件。

操动机构：弹簧（T）、液压（Y）、电磁（D）、气动（Q）及手动机构的本体及其配件，其功能为通断元件分合闸操作提供能量，并实现各种规定的操作。

基座：由钢架组成。绝缘支撑元件以及传动主轴都固定在底座上，底座应可靠规范接地。

4. 高压断路器的型号及主要技术参数

（1）高压断路器的型号。高压断路器的型号表示为如下形式：

$$\square\square\square-\square\square/\square-\square$$
$$1\ 2\ 3\ -4\ 5/\ 6\ -7$$

型号含义表达如下：

1——S（少油断路器）、D（多油断路器）、Z（真空断路器）、L（六氟化硫断路器）、C（磁吹断路器）、K（空气断路器）。

2——安装地点，W（户外）、N（户内）。

3——设计序号。

4——额定电压（kV）。

5——其他标志，G（改进型）、Ⅰ型（断流容量 300MVA）、Ⅱ型（断流容量 500MVA）、Ⅲ型（断流容量 750MVA）。

6——额定电流（A）。

7——额定开断电流（kA）。

例如，某开关型号为 SN10 - 10Ⅰ，表示少油、户内、设计序号 10、额定电压 10kV、断流容量 300MVA 的断路器。

（2）高压断路器的主要技术参数。

1）额定电压：额定电压是指高压电器（包括高压断路器）设计时所采用的标称电压，用 U_N 表示。所谓标称电压是指国家标准中列入的电压等级，对于三相电器是指其相间电压，即线电压。我国高压电器采用的额定电压有 3kV、6kV、10kV、35kV、63kV、110kV、220kV、330kV、500kV 等。

考虑到输电线路的首、末端运行电压不同及电力系统的调压要求，国家标准对高压电器又规定了与其额定电压相应的最高工作电压 U_{alm}。当 $U_N \leqslant 220kV$ 时，$U_{alm} = 1.15U_N$；当 $U_N \geqslant 330kV$ 时，$U_{alm} = 1.1U_N$。

2）额定电流：额定电流是指高压电器（包括高压断路器）在规定的环境温度下，能长期通过且其载流部分和绝缘部分的温度不超过其长期最高允许温度的最大标称电流，用 I_N 表示。对于高压断路器，我国采用的额定电流有 200、400、630、1000、1250、1600、2000、2500、3150、4000、5000、6300、8000、10000、12500、16000、20000A。

3）额定开断电流：高压断路器进行开断操作时首先起弧的某相电流，称为开断电流。在额定电压 U_N 下断路器能可靠地开断的最大短路电流，称为额定开断电流，用 I_{Nbr} 表示。它表示断路器的开断能力。我国规定的高压断路器的额定开断电流为 1.6、3.15、6.3、8、10、12.5、16、20、25、31.5、40、50、63、80、100kA 等。

4）热稳定电流 I_t：t 秒热稳定电流 I_t，是在保证断路器不损坏的条件下，在规定时间 t 秒（2s、4s、5s、10s 等）内允许通过断路器的最大短路电流有效值。它表明断路器承受短路电流热效应的能力，当断路器持续通过 t 秒时间的 I_t 时，不会发生触头熔接或其他妨碍其正常工作的异常现象。一般产品给出的 4s 热稳定电流与额定开断电流相等。

5）动稳定电流 i_{es}：动稳定电流 i_{es} 是断路器在闭合状态下，允许通过的最大短路电流峰值，又称极限通过电流。它表明断路器承受短路电流电动力效应的能力。当断路器通过这一电流时，不会因电动力作用而发生任何机械上的损坏。动稳定电流决定于导体及机械部分的机械强度，并与触头的结构形式有关。i_{es} 的数值约为额定开断电流 I_{Nbr} 的 2.5 倍。

6）额定关合电流 i_{Ncl}：如果在断路器合闸之前，线路或设备上已存在短路故障，则在断路器合闸过程中，在触头即将接触时即有巨大的短路电流通过（称预击穿），要求断路器能承受而不会引起触头熔接和遭受电动力的损坏；而且在关合后，由于继电保护动作，不可避免地又要自动跳闸，此时仍要求能切断短路电流。所以，用额定关合电流 i_{Ncl}，来说明断路器关合短路故障的能力。额定关合电流 i_{Ncl} 是在额定电压下，断路器能可靠地闭合的最大短路电流峰值。它主要决定于断路器灭弧装置的性能、触头构造及操作机构的形式。在断路器产品目录中，一般给出的额定关合电流 i_{Ncl} 与动稳定电流 i_{es} 相等。

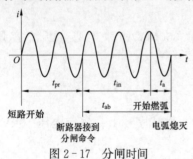

图 2-17　分闸时间

7）分闸时间：分闸时间是表明断路器开断过程快慢的参数。断路器开断电路时的有关时间，如图 2-17 所示。其中，t_{pr} 为继电保护动作时间，t_{in} 为断路器固有分闸时间，t_a 为燃弧时间，t_{ab} 为断路器全分闸时间。

5. 高压断路器的性能要求

根据断路器的作用，一般要求其具有以下性能：

（1）断路器应能远方和就地操作，其间应有闭锁。就地操作的操作电源与分、合闸回路间应设有单相双极刀闸，与后备分、合闸回路间也应装设刀闸。断路器应配备就地指示分、合闸位置的红、绿灯。

（2）断路器应设有两套相同而又各自独立的分闸装置，每一套分闸装置动作时，或两套装置同时动作时均应保证设备的机械特性。对于配用电流互感器的断路器，互感器特性也应满足上述要求。

（3）断路器应具有可靠的防止跳跃、防止非全相合闸和保证合分时间的性能。

（4）六氟化硫断路器应具备高、低气压闭锁装置。

6. 高压断路器正常运行的条件

（1）断路器运行条件符合制造厂规定的使用条件，如户外户内、防污等级、环境温度、相对温度、相对湿度、海拔高度等。

（2）断路器的各种参数、性能符合国家标准或行业标准的要求及有关技术条件的规定。

（3）断路器应该具备能长期承受最高工作电压，而且还能承受操作过电压和大气过电压，最大工作电流不得超过其额定电流，额定开断容量必须大于安装地点的最大短路容量，并且有足够的动稳定性和热稳定性。

（4）断路器的外观油漆完整、相序色标正确，表面清洁无杂物，瓷套或支柱绝缘子无缺损、脏污、闪络放电现象。

（5）断路器外壳、支架、机构箱应有明显的接地标志，并可靠接地，断路器相连接的引线牢固、接触良好，符合规范要求。

（6）断路器本体及操作机构的分、合闸机械指示正确，并与断路器的实际位置信号相符。机构箱应该具有防尘、防雨、防潮、防小动物的措施，照明、加热、除湿装置工作正常，箱门关闭良好。

（7）断路器油位、油色正常，SF_6 气体压力、绝缘介质在合格范围内。

（8）断路器室通风系统运作正常，门或遮拦应关闭良好，五防闭锁装置应正确完备，无异常声音、异常气味等。六氟化硫断路器室内空气监测装置指示在合格范围内。

（9）断路器的操作机构应有合格的操作电源，分、合闸无卡涩，动作可靠。

（10）断路器各项试验合格。

2.4.4 高压开关柜

高压开关柜是指用于电力系统发电、输电、配电、电能转换和消耗中起通断、控制或保护作用的设备。

高压开关柜应满足交流金属封闭开关设备标准的有关要求，由柜体和断路器二大部分组成，柜体由壳体、电器元器件（包括绝缘件）、各种机构、二次端子及连线等组成。高压开关柜具有架空进出线、电缆进出线、母线联络等功能，在风电场得到广泛应用。金属铠装封闭式高压开关柜如图 2-18 所示。

1. 柜内设备

柜内常用的一次电气元器件（主回路设备）有电流互感器、电压互感器、接地开关、避雷器（阻容吸收器）、隔离开关、高压断路器（少油型、真空型、六氟化硫型）、高压接触器、高压熔断器、绝缘件（触头盒、绝缘子、绝缘热冷缩护套）、负荷开关等。

柜内常用的主要二次元器件辅助设备，是指对一次设备进行监察、控制、测量、调整和保护的低压设备，常见的有如下设备：继电器、电能表、电流表、电压表、功率表、功率因数表、频率表、熔断器、空气开关、转换开关、信号灯、电阻、按钮、微机综合保护装置等。

2. 五防功能

（1）防止带负荷合闸：高压开关柜内的真空断路器小车在试验位置合闸后，小车断路

图 2-18　金属铠装封闭式高压开关柜

器无法进入工作位置。

（2）防止带接地线合闸：高压开关柜内的接地开关在合位时，小车断路器无法进行合闸。

（3）防止误入带电间隔：高压开关柜内的真空断路器在合闸工作时，盘柜后门用接地开关上的机械与柜门闭锁。

（4）防止带电合接地线：高压开关柜内的真空断路器在合闸工作时，合接地开关无法投入。

（5）防止带负荷拉隔离开关：高压开关柜内的真空断路器在工作合闸运行时，无法退出小车断路器的工作位置。

2.4.5　高压负荷开关

1. 高压负荷开关的原理及分类

（1）高压负荷开关的原理。高压负荷开关是一种介于高压断路器和高压隔离开关的高压电器。它和高压隔离开关一样，在分断线路时，会有一个明显的断开点。它具有简单的灭弧功能，可以断开负荷电流。所以它在电力系统中又有类似断路器的功能。由于高压负荷开关的灭弧能力不及高压断路器，所以它只能开断负荷电流，而不能开断短路电流。为保证设备安全起见，往往将高压负荷开关和高压熔断器串接在一起，以保证开断短路电流。

高压负荷开关的工作过程如图 2-19 所示。

（2）高压负荷开关的分类。高压负荷开关种类很多，按结构可分为六氟化硫高压负荷开关（见图 2-20）、真空高压负荷开关（见图 2-21）、油高压负荷开关、压气式高压负荷开关和压气型高压负荷开关等；按操作方式分为手动操作高压负荷开关和电动高压负荷开关两类。风电场美式箱变压器高压侧大多使用油高压负荷开关，负荷开关直接浸泡在变压器油内。

2. 高压负荷开关运维注意事项

（1）高压负荷开关运行前应进行数次空载分、合闸操作，各转动部分无卡阻，合闸到位，分闸后有足够的安全距离。

（2）高压负荷开关合闸时接触良好，连接部位无过热现象，巡检时应注意检查绝缘子有无脏污、裂纹、掉瓷、闪烁放电等现象；开关不能用水冲洗（户内型）（一台高压柜控制一台变压器时，更换熔断器时最好将该回路高压柜停运）。

（3）高压负荷开关只能切断和接通规定的负荷电流，一般不允许在短路情况下操作。

（4）高压负荷开关的操作比较频繁，应注意检查并预防紧固零件在多次操作后

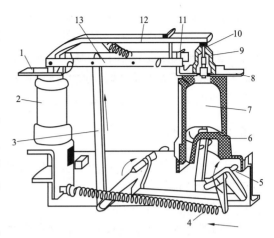

图 2-19 压气式高压负荷开关结构

1—进线；2—瓷绝缘子；3—绝缘拉杆；4—分闸弹簧；
5—主轴；6—活塞；7—气缸；8—出线；9—喷口；
10—灭弧触头；11—主触头；12—灭弧刀闸；13—主刀闸

松动；对轴销等活动部位应加强润滑，以保证操作灵活及防止腐蚀和生锈；对不适于频繁操作要求的负荷开关，应注意不得超过规定的操作次数。

图 2-20 六氟化硫高压负荷开关

图 2-21 真空高压负荷开关

（5）高压负荷开关操作到一定次数后，将逐渐损伤灭弧腔，使其灭弧能力降低，甚至不能灭弧，造成接地或相间短路事故。因此，必须定期停电检查灭弧腔的完好情况。

（6）对油浸式负荷开关要检查油面，缺油时要及时加油，以防操作时引起爆炸。

（7）辅助开关触头使用一段时间后，宜将其动、静触头的电源极性交换，以减少触头由于金属移迁而形成的凹坑和尖峰，从而延长其电寿命。

（8）当负荷开关出现开断（或关合）故障电流后，应对设备进行检查，有问题需更换零部件（如灭弧室、压气缸、隔离开关触头等）后方可继续运行。

2.4.6　高压隔离开关

隔离开关没有灭弧装置，不能用来接通和断开负荷电流和短路电流，一般只能在电路断开的情况下才能操作。

1. 高压隔离开关的作用

（1）隔离电源：在电气设备停电或检修时，用隔离开关将需停电设备与电流隔离，形成明显可见的断开点，以保证工作人员和设备安全。

（2）倒闸操作（改变运行方式）：将运用中的电气设备进行 3 种形式状态（运行、备用、检修）下的改变，将电气设备由一种工作状态改变成另一种工作状态。

（3）拉、合无电流或小电流电路的设备。高压隔离开关虽然没有特殊灭弧装置，但触头间的拉合速度及开距应具备小电流和拉长拉细电弧灭弧能力，对以下电路具备拉合。

1）拉、合电压互感器与避雷器回路。

2）拉、合空母线和直接与母线相连接设备的电容电流。

3）拉、合励磁电流小于 2A 的空载变压器：一般电压为 35kV，容量为 1000kVA 及以下变压器；电压为 110kV 容量为 3200kVA 及以下变压器。

4）拉、合电容电流不超过 5A 的空载线路，一般电压为 10kV，长度为 5km 及以下的架空线路；电压为 35kV，长度为 10km 及以下的架空路线。

5）高压隔离开关的接地开关可代替接地线，保证检修工作安全。

2. 高压隔离开关的结构

基本组成部分。高压隔离开关主要由导电部分、绝缘部分、传动部分、底座部分、操作机构组成。

图 2-22 所示为 GW6-220GD 型单柱式户外隔离开关（一相）和 GW4-110 型双柱式户外隔离开关（一相）。

户外型隔离开关的工作条件较恶劣，并承受母线或线路拉力，因而对其绝缘及机械强度要求较高，要求其触头应制造得在操作时有破冰作用，并且不致使支持瓷绝缘子损坏。户外型隔离开关一般均制成单极式。

3. 高压隔离开关的型号

高压隔离开关的型号含义如图 2-23 所示。

4. 高压隔离开关的主要性能参数

（1）额定电压（kV）：指隔离开关最高工作电压，是线电压，也表示其承受绝缘支撑强度。

（2）额定电流（A）：指隔离开关在 40℃时最大工作承载电流。

（3）额定短路时耐受电流（热稳定）（kA/s）：指隔离开关触头在流过短路电流，而所在 3～4s 内所抗拒短路这一电流造成的热熔焊而不损坏的能力。

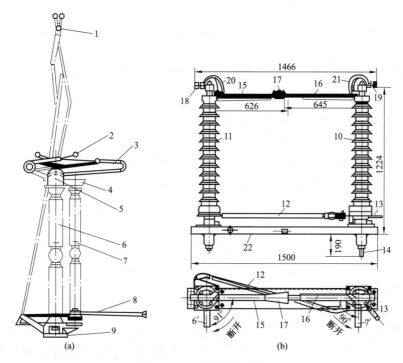

图 2-22 高压隔离开关

(a) GW6-220GD 型单柱式隔离开关；(b) GW4-110 型双柱式户外隔离开关

1—静触头；2—动触头；3—导电折架；4—传动装置；5—接线板；6、10、11—支持鼓形绝缘子；

7—操作鼓形绝缘子；8—接地开关；9、22—底座；12—交叉连杆；13—操作机构牵引杆；

14—鼓形绝缘子的轴；15、16—刀开关；17—触头；18、19—接线端子；20、21—挠性连接导体

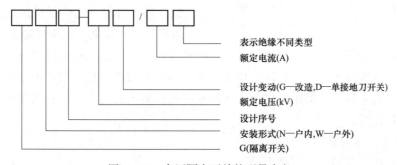

图 2-23 高压隔离开关的型号含义

（4）额定峰值耐受电流（动稳定）（kA）：指隔离开关在承受短路时短路电流所造成的斥动力而不发生损坏的能力。

（5）回路接触电阻（μΩ）：指隔离开关导电回路中各电接触形式下的导电性能，是检验及设计、制造工艺装配的技术能力。

5. 高压隔离开关的维护要求

（1）高压隔离开关的维护工作应根据运行记录、缺陷情况，制定相应的维护措施，并尽可能配合停电机会进行，对负荷特别重的高压隔离开关应根据运行情况，制定应急处理方案。

（2）对各导电部分及引线加以紧固，保证接触良好。

（3）清扫绝缘子表面，检查法兰及铁瓷结合部位；对110kV及以上隔离开关支柱绝缘子按规定进行绝缘子探伤检查。

（4）清除传动机构各部分锈蚀，检查传动杆件、拐臂连接是否可靠，并对传动机构转动点加注润滑脂。

（5）检查操作机构内各元器件是否完好，且安装牢固，二次回路接线正确，接触良好；清除机械活动部分锈蚀，按规定加注润滑脂。

（6）电动、手动操作灵活，动作准确，分、合闸位置正确。

（7）按规定完成高压隔离开关预防性试验项目要求的各项内容。

2.4.7 高压熔断器

熔断器是最简单和最早使用的一种保护电器，用来保护电路中的电气设备，使其免受过载和短路电流的危害。熔断器不能用来正常地切断和接通电路，必须与其他电器（隔离开关、接触器、负荷开关等）配合使用。

1. 高压熔断器的结构及原理

熔断器的结构如图2-24所示。它主要由熔管1、刀型触头5、金属熔体6及绝缘支持

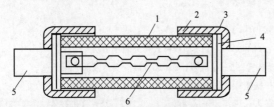

图2-24 熔断器（RM型）的结构
1—熔管；2—管夹；3—管帽；4—盖板；
5—刀型触头；6—熔体

件等组成。管体为纤维或瓷质绝缘管。熔体是熔断器的核心，是一个易于熔断的导体，在500V及以下的低压熔断器中，熔体往往采用铅、锌等材料，这些材料的熔点较低而电阻率较大，所制成的熔体截面也较大；在高压熔断器中，熔体往往采用铜、银等材料，这些材料的熔点较高而电阻率较小，所制成的熔体截面可较小。

高压熔断器的保护特性：熔体熔化时间的长短，取决于熔体熔点的高低和所通过的电流的大小。熔体的熔点越高，熔体熔化就越慢，熔断时间就越长。熔体熔断电流和熔断时间之间呈现反时限特性，即电流越大，熔断时间就越短，其关系曲线称为熔断器的保护特性，也称安秒特性。

2. 高压熔断器的分类

常用的高压熔断器有以下两大类：

（1）户内高压限流熔断器。最高额定电压能达40.5kV，主要用于保护电力线路、电力变压器和电力电容器等设备的过载和短路。风电场主要有3种：

1）插入式熔断器，如图2-25所示。额定电流为0.5A的专用熔断器，用于风电场电压互感器的过载及短路保护。其串在电压互感器一次回路中，当高压熔体熔断时，根据声光信号及电压互感器二次电路中仪表指示的消失来判断。

2）插入式高压限流熔断器，用于风电场箱式变压器的过载及短路保护，安装在箱式变压器高压室内。

3）跌落式熔断器，如图2-26所示。用于风电场箱式变压器高压侧的过载和短路保

护，安装在集电线路上。

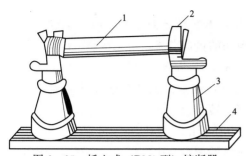

图 2-25 插入式（RN1 型）熔断器
1—瓷质熔管；2—触座；3—绝缘子；4—底座

图 2-26 跌落式（RW11 型）熔断器

（2）户外高压喷射式熔断器。此类熔断器在熔体熔断产生电弧时，需要等待电流过零时才能开断电路，无限流作用。其在一定条件下还可以分断和关合空载架空线路、空载变压器和小负荷电流。

3. 高压熔断器的运行与维护

（1）熔断器的每次操作必须仔细认真，不可大意，特别是合闸操作，必须使动静触头接触良好。检查熔断器转动部位是否灵活，是否锈蚀、转动不灵，零部件是否损坏，弹簧是否锈蚀。

（2）熔管内必须使用标准熔体，禁止用铜丝、铝丝代替熔体，更不准用铜丝、铝丝及铁丝将触头绑扎住使用。

（3）对新安装或更换的熔断器，要严格验收工序，必须满足规程质量要求，熔管安装角度达到 25°左右的倾下角。

（4）熔体熔断后应更换新的同规格熔体，不可将熔断后的熔体连接起来再装入熔管继续使用。

（5）定期对熔断器进行巡视，每月应不少于一次，巡视时应查看熔断器有无放电火花和接触不良现象，有无放电的声响；检查与熔断器相连的绝缘子，底座是否连接紧密，金具是否有锈蚀情况。

2.4.8 互感器

1. 电流互感器

（1）电流互感器的作用。

电流互感器，文字符号为 TA，顾名思义起到电流变换的作用。其具体作用如下：①将一次系统的交流大电流变成二次系统的交流小电流（5A 或 1A），供电给测量仪表和保护装置的电流线圈；②使二次回路可采用低电压、小电流控制电缆，实现远方测量和控制；③使二次回路不受一次回路限制，接线灵活，维护、调试方便；④使二次设备与高压部分隔离，且互感器二次侧均接地，从而保证设备和人身安全。

（2）电流互感器的工作原理。

电力系统广泛采用电磁式电流互感器和六氟化硫电流互感器，其工作原理与变压器相

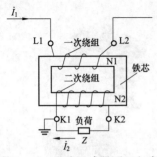

图 2-27　电流互感器原理电路

似，属于特种变压器的一种，原理电路如图 2-27 所示。其特点如下：

1）一次绕组与被测电路串联，匝数很少，流过的电流 I_1，是被测电路的负荷电流，与二次侧电流 I_2 无关。

2）正常运行时，二次绕组近似于短路工作状态。由于二次绕组的负荷是测量仪表和继电器的电流线圈，阻抗很小，因此相当于短路运行。

（3）电流互感器的变流比。

电流互感器的额定一次电流 I_{N1} 与额定二次电流 I_{N2} 之比，称为电流互感器的额定变流比，用 K_i 表示。根据磁通势平衡原理，K_i 近似与一、二次绕组的匝数 N_1、N_2 成反比，即

$$K_i = \frac{I_{N1}}{I_{N2}} \approx \frac{N_2}{N_1}$$

因为 I_{N1}、I_{N2} 已标准化（I_{N1} 为一次额定电流，I_{N2} 统一为 5A 或 1A），所以 K_i 也已标准化。

（4）电流互感器的准确级。

电流互感器的准确级是根据测量时电流误差的大小来划分的，而电流误差的大小与一次电流 I_1 及二次负荷阻抗 Z_2 有关。准确级是指在规定的二次负荷变化范围内，一次电流为额定值时的最大电流误差百分数。保护用（P）电流互感器主要是在系统短路时工作，因此，在额定一次电流范围内的准确级不如测量级高，但为保证保护装置正确动作，要求保护用电流互感器在可能出现的短路电流范围内，最大误差限值不超过 10%。稳态保护用电流互感器的标准准确级有 5P 和 10P 两种。例如，5P10 表示当一次电流是额定一次电流的 10 倍时，互感器绕组的复合误差小于等于±5%。测量用的电流互感器的标准准确级有 0.1、0.2、0.5、1、3、5 及特殊用途的 0.2S、0.5S 级，按照标准，风电场与电网企业的结算点应按Ⅰ类计量点设置，必须使用 0.2S 级电流互感器。

（5）电流互感器的分类。

电流互感器根据绝缘、用途、安装地点、安装方式、接线方式等有不同的分类。以下只介绍按绝缘和接线方式分类。

1）按绝缘分：

干式：用绝缘胶浸渍，用于户内低压。

浇注式：用环氧树脂作为绝缘，浇注成型，目前仅用于 35kV 及以下的户内。

油浸式（瓷绝缘）：多用于户外。

气体式：用 SF_6 气体绝缘，多用于 110kV 及以上的户外。

2）按接线方式分：

单相接线：单相接线如图 2-28（a）所示，这种接线用于测量对称三相负荷中的一相电流。

星形接线：星形接线如图 2-28（b）所示，这种接线用于测量三相负荷，监视每相负荷不对称情况。

不完全星形接线：不完全星形接线如图 2-28（c）所示，这种接线用于三相负荷对称

或不对称系统中，供三相两元件功率表或电能表用。流过公共导线上的电流为 A、C 两相电流的相量和，所以通过公共导线上的电流表可以测量出 B 相电流。

上述 3 种接线也用于继电保护回路。另外，保护回路的电流互感器尚有三角形接线、两相差接线及零序接线方式。

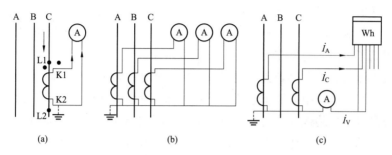

图 2 - 28　测量仪表接入电流互感器的常用接线方式
（a）单相接线；（b）星形接线；（c）不完全星形接线

（6）电流互感器的结构。

电流互感器形式很多，其结构主要由一次绕组、二次绕组、铁芯、绝缘等部分组成。单匝和复匝式电流互感器的结构如图 2 - 29 所示。

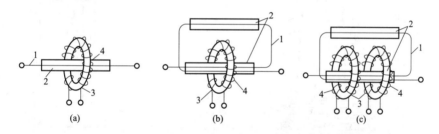

图 2 - 29　电流互感器的结构
（a）单匝式；（b）复匝式；（c）具有两个铁芯的复匝式
1——次绕组；2—绝缘；3—铁芯；4—二次绕组

在同一回路中，往往需要很多电流互感器供给测量和保护用，为了节约材料和投资，高压电流互感器常由多个没有磁联系的独立铁芯和二次绕组与共同的一次绕组组成同一电流比、多二次绕组的结构，如图 2 - 29（c）所示。对于 110kV 及以上的电流互感器，为了适应一次电流的变化和减少产品规格，常将一次绕组分成几组，通过切换来改变绕组的串、并联，以获得 2～3 种变流比。

1）油浸式电流互感器的结构及特点。

LCW - 110 型户外油浸式瓷绝缘电流互感器的结构如图 2 - 30 所示。互感器的瓷外壳 1 内充满变压器油 2，并固定在金属小车 3 上；带有二次绕组的环形铁芯 5 固定在小车架上，一次绕组 6 为圆形并套住二次绕组，构成两个互相套着的形如 “8” 字的环。换接器 7 用于在需要时改变各段一次绕组的连接方式（串联或并联）。上部有铸铁制成的油扩张器 4，用于补偿油体积随温度的变化，其上装有玻璃油面指示器。放电间隙 8 用于保护瓷外壳，使外壳在铸铁头与小车架之间发生闪络时不致受到电弧损坏。由于这种 “8” 字形绕

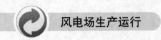

组电场分布不均匀，故用于 35～110kV 电压级，一般有 2～3 个铁芯。

2）六氟化硫电流互感器的结构及特点。

以前国内采用的高压电流互感器多为油浸式电流互感器。这种互感器存在着许多缺点，如在线圈主绝缘包扎时难免夹入大量潮气；在真空干燥和成品真空注油时脱气除湿不净；运行时易导致主绝缘损坏，使油浸式电流互感器内部产生电弧，引起爆炸。近年来国内外采用了 SF_6 作为绝缘介质的电流互感器，避免了油浸式电流互感器绝缘性能不稳定的缺点，大大提高了电流互感器在运行中的安全可靠性。

六氟化硫电流互感器总体布置采用了线圈倒置式结构，如图 2－31 所示。

一次绕组 2 和二次绕组 3 置于电流互感器上部，并装在躯壳 1 内，一次绕组从二次绕组的几何中心穿过。主绝缘介质为 SF_6 气体 5，充满在躯壳内。处于高电位的躯壳置于瓷套 6 上，瓷套下端固定在底座 7 上。二次绕组的引出线经过充气套管 4 接到底座的接线板上，底座上还装设有 SF_6 压力表、密度继电器和 SF_6 阀门。

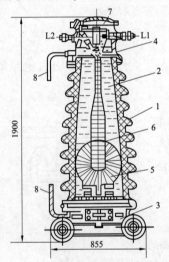 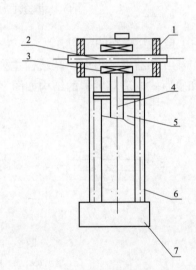

图 2－30　LCW－110 型油浸式瓷绝缘电流互感器的结构　图 2－31　电流互感器线圈倒置式结构

1—瓷外壳；2—变压器油；3—金属小车；4—油扩张器；　1—躯壳；2—一次绕组；3—二次绕组；4—充气套筒；
5—环形铁芯；6—一次绕组；7—换接器；8—放电间隙　　　5—SF_6 气体；6—瓷套；7—底座

六氟化硫电流互感器采用了 SF_6 气体作为主绝缘介质，绝缘结构为倒立式结构，充分地发挥了在均匀电场中 SF_6 气体的优良绝缘性能。在结构设计中还使用了 SF_6 充气套管，将二次绕组的出线从两个圆柱形电场正交的高电场区引到底座接线盘上。

（7）电流互感器的运行要求。

1）接地要求。

对于高压电流互感器，其二次绕组应有一点接地。这样，当一、二次绕组间因绝缘破坏而被高压击穿时，可将高压引入大地，使二次绕组保持低电位，从而确保人身和二次设备的安全。

2）二次侧严禁开路。

当电流互感器二次侧开路时，在二次线圈产生很高的电动势，其峰值可达几千伏，威胁人身安全或造成仪表、保护装置、互感器二次绝缘损坏，同时可能造成铁芯强烈过热而损坏。

3）更换运行中的电流互感器及其二次线的要求。

需要更换运行中的电流互感器及其二次线时，除应严格执行有关安全工作规程之外，还应注意以下几点：

① 个别电流互感器在运行中损坏需要更换时，应选用电压等级不低于电网额定电压、电流比与原来相同、极性正确、伏安特性相近的电流互感器，并经试验合格。因容量变化需要成组更换电流互感器时，除应注意上述内容外，还应重新审核继电保护定值以及计量仪表的倍率。

② 更换二次电缆时，电缆的截面、芯数等必须满足最大负荷电流及回路总的负荷阻抗不超过互感器准确等级允许值的要求，并对新电缆进行绝缘电阻测换后，应进行必要的核对，防止核线错误。

③ 新换上的电流互感器或变动后的二次线，在运行前必须测定极性。

2. 电压互感器

（1）电压互感器的作用及特点。

电压互感器，文字符号为 TV，和变压器很相像，都用来变换电压。它是把高电压按比例关系变换成 100V 或更低等级的标准二次电压，供保护、计量、仪表装置使用。同时，使用电压互感器可以将高电压与电气工作人员隔离。电压互感器特点有：①一次绕组与被测电路并联，一次侧的电压（即电网电压）不受互感器二次侧负荷的影响，并且在大多数情况下，二次侧负荷是恒定的；②二次绕组与测量仪表和保护装置的电压线圈并联，且二次侧的电压与一次电压成正比；③二次侧负荷比较恒定，测量仪表和保护装置的电压线圈阻抗很大，正常情况下，电压互感器近于开路（空载）状态运行。

电压互感器二次侧不允许短路，因为短路电流很大，会烧坏电压互感器。

（2）电压互感器的工作原理。

电压互感器的基本结构和变压器很相似，如图 2-32 所示，电压互感器在运行时，一次绕组 N_1 并联接在线路上，二次绕组 N_2 并联接仪表或继电器。因此在测量高压线路上的电压时，尽管一次电压很高，但二次却是低压的，可以确保操作人员和仪表的安全。

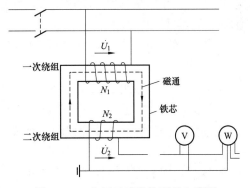

图 2-32　电压互感器的原理电路图

（3）电压互感器的变压比。

电压互感器一、二次绕组的额定电压 U_{N1}、U_{N2} 之比称为额定电压比，用 K_u 表示。与变压器相同，K_u 近似等于一、二次绕组的匝数比，即

$$K_u = \frac{U_{N1}}{U_{N2}} \approx \frac{N_1}{N_2}$$

U_{N1}、U_{N2} 已标准化（U_{N1} 等于电网额定电压，U_{N2} 统一为 100V 或 $100/\sqrt{3}$ V），所以

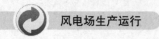

K_u 也已标准化。

（4）电压互感器的准确级和额定容量。

1）准确级。电压互感器的准确级是根据测量时电压误差的大小来划分的。准确级是指在规定的一次电压和二次负荷变化范围内，负荷因数为额定值时，最大电压误差的百分数。我国电压互感器准确级和误差限值如表 2-6 所示，3P、6P 级为保护级。

表 2-6　　　　　　　　　　　电压互感器准确级和误差限值

准确级	误差限值		一次电压变化范围	二次负荷变化范围
	电压误差（±）（%）	相位差（±）（′）		
0.2	0.2	10	$(0.8\sim1.2)\,U_{N1}$	$(0.25\sim1)\,S_{N2}$ $\cos\phi_2=0.8$ $f=50\text{Hz}$
0.5	0.5	20		
1	1.0	40		
3	3.0	不规定		
3P	3.0	120	$(0.05\sim1)\,U_{N1}$	
6P	6.0	240		

2）额定容量 S_{N2}。因为准确级是用误差表示的，而误差随二次负荷的增加而增加，所以准确级随二次负荷的增加而降低，或者说，同一电压互感器使用在不同的准确级时，二次侧允许接的负荷（容量）也不同，较低的准确级对应较高的容量值。通常所说的额定容量是指对应于最高准确级的容量。电压互感器按照在最高工作电压下长期工作的允许发热条件，还规定了最大（极限）容量。只有供给对误差无严格要求的仪表和继电器或信号灯之类的负荷时，才允许将电压互感器用于最大容量。

（5）电压互感器的分类。

电压互感器根据绝缘、工作原理、安装地点、相数、绕组等有不同的分类，以下只介绍按工作原理和绝缘分类。

1）按工作原理分为电磁式电压互感器、电容式电压互感器和电子式电压互感器。

2）按绝缘分：

干式：干式只适用于 6kV 以下空气干燥的户内。

浇注式：浇注式适用于 3～35kV 户内。

油浸式：油浸式又分普通式和串级式，3～35kV 均制成普通式，110kV 及以上则制成串级式。

气体式：用 SF_6 气体绝缘，多用于 110kV 及以上的户外。

干式电压互感器结构简单、无着火和爆炸危险，但绝缘强度较低，只适用于 6kV 以下的户内式装置；浇注式电压互感器结构紧凑、维护方便，适用于 3～35kV 户内式配电装置；油浸式电压互感器绝缘性能较好，可用于 10kV 以上的户外式配电装置；气体式电压互感器用于 SF_6 全封闭电器中。风电场根据不同的电压与运行环境，电压互感器户外多采用油浸式电压互感器，户内多采用浇注式电压互感器或干式电压互感器。

（6）电压互感器的结构。

电压互感器形式很多，其结构主要由一次绕组、二次绕组、铁芯、绝缘等部分组成。

1）浇注式电压互感器。JDZ-10 型浇注式单相电压互感器的结构如图 2-33 所示。其铁芯为三柱式，一、二次绕组为同心圆筒式，连同引出线用环氧树脂浇注成整体，并固在底板上；铁芯外露，为半封闭式结构。

2）油浸式电压互感器。油浸式电压互感器又分为普通式电压互感器和串级式电压互感器。

① 普通式电压互感器。所谓普通式电压互感器就是二次绕组与一次绕组完全相互耦合，与普通变压器一样。JSJW－10 型油浸式三相五柱电压互感器的原理接线和

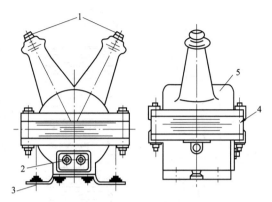

图 2-33　JDZ-10 型浇注式电压互感器的结构

外形结构如图 2-34 所示。铁芯的中间三柱分别套入三相绕组，两边柱作为单相接地时零序磁通的通路；一、二次绕组均为 YN 接线，第三绕组为开口三角形接线。

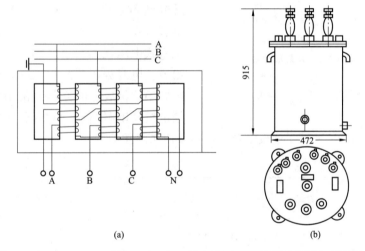

(a)　　　　　　　　　　　(b)

图 2-34　JJSJW-10 型油浸式三相五柱电压互感器的原理接线和外形结构

(a) 原理接线；(b) 外形结构

② 串级式电压互感器。所谓串级式电压互感器就是一次绕组由匝数相等的几个绕组元件串联而成，最下面一个元件接地，二次绕组只与最下面一个元件耦合。JCC－220 型串级式电压互感器的原理接线和外形结构如图 2-35 所示。

3）电容式电压互感器。

随着电力系统电压等级的增高，电磁式电压互感器的体积越来越大，成本随之增高，因此，人们研制了电容式电压互感器。电容式电压互感器供 110kV 及以上系统用，而且目前我国对 330kV 及以上电压级只生产电容式电压互感器。

① 电容式电压互感器的工作原理。

电容式电压互感器的工作原理如图 2-36 所示。在被测电网的相和地之间接有主电容 C_1 和分压电容 C_2，$\dot{U}_1$ 为电网相电压，Z_2 表示仪表、继电器等电压线圈负荷。Z_2、C_2 上

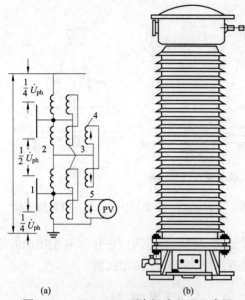

的电压如下

$$\dot{U}_2 = \dot{U}_{C2} = \frac{C_1 \dot{U}_1}{C_1 + C_2} = K \dot{U}_1$$

其中 $K = \dfrac{C_1}{C_1 + C_2}$ 称为分压比。因为 $\dot{U}_2$ 与一次电压 $\dot{U}_1$ 成比例变化，所以可用 $\dot{U}_2$ 代表 $\dot{U}_1$，即可测量出电网的相对地电压。

实际上由于电容器有损耗，因此会有误差产生。为了减小误差，可减小分压电容的输出电流，故将分压电容经中压电磁式电压互感器降压补偿后与测量仪表相连接。

② 电容式电压互感器的结构。

电容式电压互感器的结构类型包括单柱叠装型和分装型。TYD220 系列单柱叠装型电容式电压互感器的结构如图 2-37 所示。电容式电压互感器由电容分压器和电磁单元组成。电容分压器由 C_1 高压电容和 C_2 中压电容串联组成。电磁单元由中间变压器、补偿电抗器串联组成。电容分压器可作为耦合电容器，在其低压端 N 端子连接结合滤波器以传送高频信号。

图 2-35　JCC-220 型串级式电压互感器的原理接线和外形结构

(a) 原理接线；(b) 外形结构

1—铁芯；2——次绕组；3—平衡绕组；

4—连耦绕组；5—二次绕组

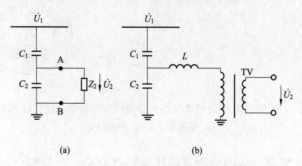

图 2-36　电容式电压互感器的工作原理

(a) 电容分压原理；(b) 经中压电磁式电压互感器降压补偿

通过电容分压器的分压，将分压后得到的中间电压（一般为 10~20kV）通过中间变压器降为 100V 和 $100/\sqrt{3}$ V 的电压，为电压测量及继电保护装置提供电压信号。为了补偿由于负荷效应引起的电容分压器的容抗压降，使二次电压随负荷变化减小，在中压回路中串接有电抗器，设计时使回路等效容抗和感抗值基本相等，以便得到规定的负荷范围和准确级的电压信号。在中间变压器二次侧的一个绕组上接有阻尼器，以便能够有效地抑制铁磁谐振。

（7）电压互感器接线方式如图 2-38 所示。

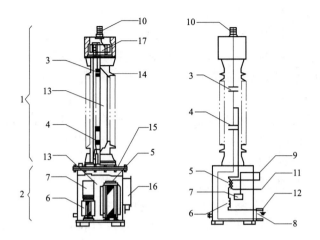

图 2-37 TYD220 系列单柱叠装型电容式电压互感器的结构

1—电容分压器；2—电磁单元；3—高压电容；4—中压电容；5—中间变压器；
6—补偿电抗器；7—阻尼器；8—电容分压器低压端对地保护间隙；9—阻尼器连接片；
10—一次接线端；11—二次输出端；12—接地端；13—绝缘油；14—电容分压器套管；
15—电磁单元箱体；16—端子箱；17—外置式金属膨胀器

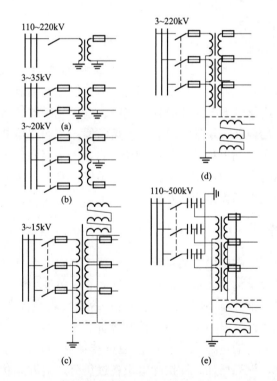

图 2-38 电压互感器接线方式

(a) 1 台单相电压互感器接线；(b) 不完全星形接线；(c) 1 台三相五柱式电压互感器接线；
(d) 3 台单相三绕组电压互感器接线；(e) 电容式电压互感器接线

1）用1台单相电压互感器来测量某一相对地电压或相间电压的接线方式。

2）用2台单相互感器接成不完全星形，也称V-V接线，用来测量各相间电压，但不能测相对地电压，广泛应用在20kV以下中性点不接地或经消弧线圈接地的电网中。

3）用3台单相三绕组电压互感器构成YN，yn，d0或YN，y，d0的接线形式，广泛应用于3～220kV系统中，其二次绕组用于测量相间电压和相对地电压，辅助二次绕组接成开口三角形，供接入交流电网绝缘监视仪表和继电器用。用一台三相五柱式电压互感器代替上述3个单相三绕组电压互感器构成的接线，一般只用于3～15kV系统。

（8）电压互感器的运行维护。

1）电容式电压互感器运行维护与监测。

① $3U_0$ 监测。开口电压监测对于铁磁谐振的反应很灵敏。

② 电压比对。二次电压监测可以及早发现电容器中的元件击穿及电磁单元的绕组短路问题。

③ 红外测温。红外测温对于内部的突发性故障，如连接不良、局部放电的预测很有效。

④ 日常巡视时，密切注意是否有漏油现象。如有，则需要立即处理。

⑤ 当不接载波时，二次端子盒中的载波端子N、X需短接。

⑥ 阻尼器端子d1、d2需可靠连接。

⑦ 接地端子X可靠接地。

2）一次侧、二次侧熔断器装设原则。

电压互感器一次侧熔断器的作用是保护系统不致因互感器内部故障而引起系统事故，即通过熔断器来切除电压互感器内部、二次侧的故障。但受安装制造工艺的限制，一般一次熔断器仅安装在35kV及以下电压等级的系统中。电压互感器二次侧，除剩余电压绕组和另有专门规定者外，均应装设快速空气开关或熔断器；主回路熔断电流一般为最大负荷电流的1.5倍，各级熔断器熔断电流应逐级配合，自动开关经整定试验合格后方可投入运行。因此，当我们在运行中发现二次电压消失时，不仅要检查二次各级空气开关、熔断器是否动作，也要检查一次熔断器是否熔断。

2.4.9 无功补偿设备

电源能量与感性负荷线圈中磁场能量或容性负荷电容中的电场能量之间进行着可逆的能量交换而占有的电网容量称为无功。从参数特性来看，感性无功电流矢量滞后电压矢量90°，如电动机、变压器线圈、晶闸管变流设备等；容性无功电流矢量超前电压矢量90°，如电容器、电缆输配电线路、电力电子超前控制设备等。

无功功率不做功，但传输过程中仍有电流通过传输路径，占用电网容量和导线截面积，造成线路压降增大，损耗增加，使供配电设备过负荷，谐波无功使电网受到污染，甚至会引起电网振荡颠覆。

电网中的电力负荷如电动机、变压器等，大部分属于感性负荷，这些感性负荷在实际运行中，均需向电源索取滞后无功，实现能量的转换或传递。为了补偿这部分滞后无功的消耗，比较普遍的方法是采用电容器并联补偿方式。在电网中安装并联电容器等无功补偿设备以后，可以提供感性负荷所消耗的无功功率，减少了电网电源无功负担。因为减少了无功功率在电网中的流动，所以可以降低线路和变压器因输送无功功率造成的电能损耗，这就是无功补偿。广义的无功补偿设备包括容性无功补偿设备和感性无功补偿设备。

电力系统用于无功补偿的设备包括电容补偿器（FC）、电抗器、同步调相器、调压式无功补偿装置、静止无功补偿器（SVC）、静止无功发生器（SVG）等装置。风电机组本身功率因数较高（一般为1），但由于风电场多处于电网末端，网架结构薄弱，加之风电的间歇性和随机性，导致风电场的电压波动大。从稳定风电场电压、提高电能质量、减少风电机组脱网次数的角度考虑，风电场宜选用具有自动调节的、动态的无功补偿设备。实际上，风电场使用的无功补偿设备除了传统的电容器、电抗器之外，目前广泛使用的是SVC、SVG型动态无功补偿装置，且SVG使用范围越来越大。

电力系统中的电容器按其作用可以分为以下几类：

（1）并联电容器：又称移相电容器，主要用来补偿电力系统感性负荷的无功功率，以提高系统的功率因数，改善电能质量，降低线路损耗。

（2）串联电容器：又称纵向补偿电容器，串联于工频高压输、配电线路中，主要用来补偿线路的感抗，提高线路末端电压水平，提高系统的动、静态稳定性，改善线路的电压质量，增长输电距离和增大电力输送能力。

（3）耦合电容器：主要用于高压及超高压输电线路的载波通信系统，同时也作为测量、控制、保护装置中的部件。

（4）均压电容器：又称断路器电容器，一般并联于断路器的断口上，使各断口间的电压在开断时分布均匀。

（5）脉冲电容器：主要起贮能作用，用做冲击电压发生器、冲击电流发生器、断路器试验用振荡回路等基本贮能元件。

1. 并联电容器

并联电容器是电力系统无功功率补偿的重要设备，其典型应用如图 2-39 所示，主要用于正常情况下电网和用户的无功补偿和控制。它投资少，功率消耗少，便于分散安装，维护量少，技术效果也较好，因此得到了广泛的应用。但是由于它们的补偿无功容量是固定的，对于变动较大的负荷容易造成"过补"或"欠补"，不能有效地提高功率因数，容易发生谐振，因此不具备抑制电压波动和电压闪变的功能。

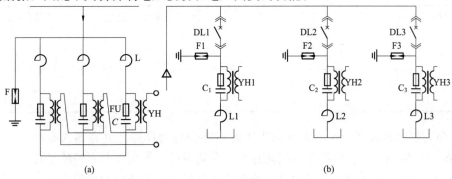

图 2-39 并联电容器的典型应用

（a）固定容量的电容器组；（b）分组投切电容器组

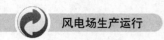

（1）并联电容器的基本结构。并联电容器主要由电容元件、浸渍剂、紧固件、引线、外壳和套管组成。

电容元件用一定厚度和层数的固体介质与铝箔电极卷制而成。若干个电容元件并联和串联起来，组成电容器芯子。电容元件用铝箔作为电极，用复合绝缘薄膜绝缘。电容器内部绝缘油作为浸渍介质。在电压为 10kV 及以下的高压电容器内，每个电容元件上都串有一熔丝，作为电容器的内部短路保护。当某个元件击穿时，其他完好元件即对其放电，使熔丝在毫秒级的时间内迅速熔断，切除故障元件，从而使电容器能继续正常工作。

电容器芯子一般放于浸渍剂中，以提高电容元件的介质耐压强度，改善局部放电特性和散热条件。浸渍剂一般有矿物油、氯化联苯、SF_6 气体等。

外壳一般采用薄钢板焊接而成，表面涂阻燃漆，壳盖上焊有出线套管，箱壁侧面焊有吊攀、接地螺栓等。大容量集合式电容器的箱盖上还装有油枕或金属膨胀器及压力释放阀，箱壁侧面装有片状散热器、压力式温控装置等。接线端子从出线瓷套管中引出。

（2）并联电容器组的外部组成部分。

电容器一次侧接有串联电抗器和并联放电线圈，放电线圈的作用是将断开电源后的电容器上的电荷迅速、可靠地释放。因为电容器组需要经常进行投入、切除操作，其间隔可能很短，所以电容器组断开电源后，其电极间储存有大量电荷，不能自行很快消失，在短时间内，其极间有很高的直流电压，待再次合闸送电时，造成电压叠加，将会产生很高的过电压，危及电容器和系统的安全运行。因此，必须安装放电线圈，将它和电容器并联，形成感容并联谐振电路，使电能在谐振中消耗掉。放电线圈应能在电容器断开电源 5s 内将电容器端电压下降到 50V。

（3）并联电容器的运行与维护。

1）并联电容器的运行要求。

① 运行温度：包括环境温度和电容器内部温度。

a. 环境温度。电容器和其他的电气设备不同，它通常都在满负荷下较长时间运行，而其他电气设备则负荷随时变化，温升也随之增高或降低。因此电容器制造设计的运行温升要较其他电气设备的温度要低。电容器运行时的冷却空气温度，即在电容器组的最热区域中两台电容器中间的空气温度应不超过表 2-7 所列各温度类别的最高环境温度。

表 2-7　　　　　　　　　　各温度类别的最高环境温度

温度温升等级	最高（℃）	24h 平均温度（℃）	年平均最高温度（℃）
A	40	30	20
B	45	35	25
C	50	40	30
D	55	45	35

b. 电容器内部温度。这个温度取决于电容器的有功损耗。电容器的有功损耗取决于电容器的介质损耗，电容器的介质损耗越大，有功损耗就越大，电容器的温升就越高。

② 运行电压。电容器在运行中可以承受的过电压倍数与持续的时间成反比，如表 2-8 所示。

表 2 - 8　　　　　　　　　　　电容器过电压倍数与持续时间关系表

过电压倍数	持续时间	说　明
1.05	连续	
1.1	每 24h 中 8h	指长期过电压的最高值应不超过 1.10
1.15	每 24h 中 30min	系统电压调整与波动
1.2	5min	轻负荷时电压升高
1.3	1min	

③ 运行电流。运行电流可以分为额定电流和允许稳态过电流。电容器应能在有效值为 $1.3I_N$ 的稳定电流下运行。

在实际的供电网络中，运行电压的升高和电源电压中的谐波往往是同时存在的。如果要求电容器的实际无功功率不超过额定无功功率 Q 的 1.35 倍运行，则电容器设计按 1.4 倍额定容量设计，热稳定也按这个要求进行，因为电容器是有一定安全裕度的。

2) 并联电容器的维护。

电容器组在运行中应定期巡视，有人值班变电站每日不少于一次，无人值班变电站每周不少于一次。

(4) 并联电容器的投切原则。

电容器组的投切应根据系统的无功潮流和电压情况来决定，分组电容器投切时，不得发生谐振（尽量在轻负荷时切出）；采用混装电抗器的电容器组应先投电抗值大的，后投电抗值小的，也即先投谐波次数较低的，后投谐波次数较高的，切时与之相反，投切一组电容器引起母线电压变动不宜超过 2.5%。在出现保护跳闸或因环境温度长时间超过允许温度以及电容器大量渗油时禁止合闸，电容器温度低于下限温度时避免投入操作。电容器组开关跳闸后，故障原因未查清前不得投入装置。

电容器停用时，应先拉开断路器，再拉开电容器侧隔离开关，最后拉开母线侧隔离开关。投入时顺序与此相反，电容器组的断路器第一次合闸不成功，必须等待 5min 后再进行第二次合闸，风电场突然甩负或重复冲击负荷时，会使电容器电压升高，此时电容器也应退出运行，避免谐振过电压。另外事故处理亦不得例外。全站停电及母线系统停电操作时，应先拉开电容器组断路器，再拉开各馈线的出线断路器，恢复供电时则反之。

禁止空一母线带电容器组运行，变电站全站停电或接有电容器的母线失电压时，应先拉开该母线上的电容器组断路器，再拉开线路断路器，来电后根据母线电压及系统无功功率补偿情况最后决定投入电容器组。

2. 并联电抗器

(1) 电抗器的分类和作用。

1) 按相数分：单相和三相电抗器。

2) 按冷却装置种类分：干式和油浸式电抗器。

3) 按结构特征分：空心式电抗器和铁芯式电抗器。

4) 按安装地点分：户内型和户外型电抗器。

5) 按用途分：

① 并联电抗器：一般接在高压输电线的末端和地之间，用于补偿系统的容性电流，

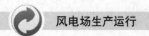

防止线路端电压的升高，起无功补偿作用。并联电抗器的作用可概括为3方面：削弱线路的电容效应，降低工频暂态过电压，并进而限制操作过电压的幅值；改善沿线电压分布，提高负荷线路中的母线电压，增加系统的稳定性及输电能力；改善轻负荷线路中的无功分布，降低有功损耗。

② 限流电抗器：串联于电力电路中，以限制短路电流的数值，并能使母线电压维持在一定水平。

③ 滤波电抗器：在滤波器中与电容器串联或并联，用来限制电网中的高次谐波。

④ 消弧电抗器：又称消弧线圈，接在三相变压器的中性点和地之间，用以在三相电网的一相接地时供给电感性电流，补偿流过中性点的电容性电流，使电弧不易持续起燃，从而消除由于电弧多次重燃引起的过电压。

⑤ 通信电抗器：又称阻波器，串联在兼做通信线路用的输电线路中，用来阻挡载波信号，使之进入接收设备，以完成通信的作用。

⑥ 启动电抗器：和电动机串联，用来限制电动机的启动电流。

图 2-40 空心式电抗器的结构

（2）并联电抗器的结构。以空心式电抗器为例，空心式电抗器没有铁芯，如图 2-40 所示，只有线圈，磁路为非导磁体，因而磁阻很大，电感值很小，且为常数。空心式电抗器的结构形式多种多样，用混凝土将绕好的电抗线圈浇装成一个牢固的整体的称为水泥电抗器，用绝缘压板和螺杆将绕好的线圈拉紧的称为夹持式空心电抗器，将线圈用玻璃丝包绕成牢固整体的称为绕包式空心电抗器。空心式电抗器通常是干式的，也有油浸式结构的。

目前风电场的电容器组中多采用空心式串联电抗器，是为了限制合闸涌流和限制谐波。

（3）并联电抗器的运行。电抗器接地应良好，干式电抗器的上方架构和四周围栏应避免出现闭合环路。油浸式电抗器的防火要求参照油浸式变压器的要求执行，室内油浸式电抗器应有单独间隔，应安装防火门并有良好通风设施。

3. 静止无功补偿器

随着电力电子技术的发展，无功补偿装置发展起来了一种动态无功功率补偿装置——静止无功补偿器（SVC）。它具有调节速度高、维护工作少、可靠性较高等特点。SVC 是基于电力电子技术及其控制技术，结合起来使用电抗器与电容器，实现无功功率的双向、动态调节的一类设备的统称。风电场常见的形式有晶闸管可控电抗器（TCR）和磁阀式控制电抗器（MCR）两种。

（1）晶闸管可控电抗器。晶闸管可控电抗器简称可控电抗器或 TCR。TCR 是风电场应用较为广泛的一种 SVC，它用晶闸管来控制线性电抗器在一个周期内的导通时间，从而改变电抗器在整个周期内的平均作用效果，实现连续的无功功率的调节。在实际应用中，TCR 与并联电容器配套使用，可以增大 SVC 的无功调节的容性范围，其结构原理如图 2-41 所示。TCR 的优点是 TCR 的响应时间较快（大约一到两个周期），能够在短时间内提供比稳定状态下大很多的无功输出。TCR 的缺点是在 TCR 提供连续的感性无功功率时会产生大量的谐波，所以就需要采用串联电抗器的并联电容器组，实现滤波作用。

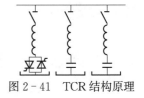

图 2-41　TCR 结构原理

（2）MCR。磁阀式控制电抗器，简称磁控电抗器或 MCR。MCR 型 SVC 是在老式的饱和电抗器技术基础上，创造性地引进了"磁阀"概念，使铁芯只有小部分截面饱和，大部分可以不饱和，解决了老式饱和电抗器铁芯全部过饱和带来的非线性而导致的谐波较大的问题，同时降低了整个装置体积、质量和噪声。

MCR 结构原理如图 2-42 所示。MCR 型 SVC 工作时，电容器正常运行在过补状态，由晶闸管控制改变电抗器励磁阻抗大小而实现改变电抗器容量大小，将过补的电容器容量吸收掉。磁控电抗器通过改变直流激磁进而改变铁芯的饱和程度，从而达到平滑调节无功输出的目的，MCR 的铁芯结构如图 2-42（a）所示。

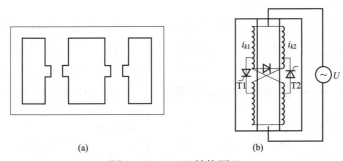

图 2-42　MCR 结构原理

（a）MCR 的铁心结构示意图；（b）MCR 的原理

MCR 的运行维护如下。

1）MCR 型 SVC 为自动无功补偿装置，由 MCR 和电容器组配合，对升压站接入系统点（高压侧）的无功功率进行自动控制，以达到接入点无功交换最小。

2）对运行的 MCR 设备进行巡视检查是很重要的，可以及时发现缺陷及时处理，预防事故的发生。

3）MCR 正常运行电压不超过额定电压的 1.05 倍。

4）MCR 电流是根据高压侧的无功状况自动调节，一般不可超过额定电流的 1.3 倍。

4. 静止无功发生器

随着对 IGBT 等全控电子器件的广泛、成熟应用，无功补偿装置开始走进 IGBT 全控时代。静止无功发生器（SVG）又称静止同步补偿器，它主要由控制柜、功率柜、启动柜、连接电抗器和冷却系统等部件组成。

SVG 的基本原理是利用可关断大功率电力电子器件（IGBT）组成自换相桥式电路，经过电抗器并联在电网上，适当地调节桥式电路交流侧输出电压的幅值和相位，或者直接控制其交流侧电流，就可以使该电路吸收或者发出满足要求的无功电流，实现动态无功补偿的目的，并且 SVG 可以等效成为连续可调的电容器和电抗器，如图 2-43 所示。SVG 能够快速连续地提供容性和感性无功功率，实现电压和无功功率的控制，有效地提高功率因数，克服三相不平衡，消除电压闪变和电压波动，抑止谐波污染等。

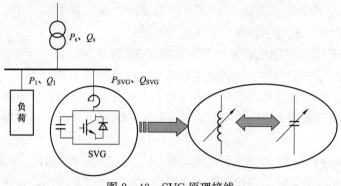

图 2-43　SVG 原理接线

SVG 装置的主电路采用链式逆变器拓扑结构，星形联结，每相由 12 或 8 个功率单元串联组成，运行方式为 $N+1$ 模式。

SVG 随着负荷无功功率和电压的变化，可以稳定的在空载、容性、感性模式下运行。

(1) 空载运行模式（见图 2-44）：如果 $V_s=V_c$，则 $I_{cs}=0$。

(2) 容性运行模式（见图 2-45）：如果 $V_c>V_s$，则 I_{cs} 为超前的电流。因为该电流的幅值能够通过调节 V_c 而连续控制，所以 SVG 起到电容器的作用，而且其容抗可以连续控制。

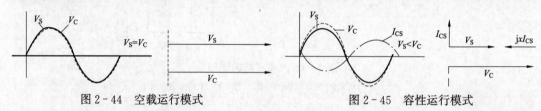

图 2-44　空载运行模式　　　　　　　　图 2-45　容性运行模式

(3) 感性运行模式（见图 2-46）：如果 $V_c<V_s$，则 I_{cs} 为滞后的电流。因为该电流的幅值能够通过调节 V_c 而连续控制，所以 SVG 起到电抗器的作用，而且其感抗可以连续控制。

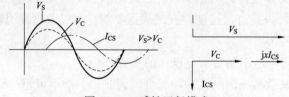

图 2-46　感性运行模式

SVG 操作注意事项：SVG 的操作顺序是，先给二次控制系统上电，控制系统根据检测到的各种状态量判断系统状态，若装置正常，按复位按钮，则就绪指示灯点亮。在装置就绪的情况下才能上电运行。SVG 为高压设备，操作时严格遵守操作规程。正常运行时，不可以随意按动操作按钮，否则可能引起系统误动。

目前动态无功补偿装置中 SVG 响应时间快、谐波含量少、运行损耗低、占地面积小、输出无功的能力受母线电压影响小，具有明显的技术优势，其缺点是目前可靠性相对较低，功率模块内各元器件故障率较高。随着产品的换代升级，技术性能更好的 SVG 将取代 SVC，成为风电场集中式无功补偿主力。

2.4.10　母线、绝缘子

1. 母线

发电厂和变电所中各种电压等级配电装置的主母线，发电机、变压器与相应配电装置之间的连接导体，统称为母线，其中主母线起汇集和分配电能的作用。

（1）母线材料。

常用的母线材料有铜、铝和铝合金。铜的电阻率低、机械强度大、抗腐蚀性强，是很好的母线材料。因此，铜母线只用在持续工作电流较大且位置特别狭窄的发电机、变压器出口处，以及污秽对铝有严重腐蚀而对铜腐蚀较轻的场所（如沿海、化工厂附近等）。铝的电阻率为铜的 1.7～2 倍，但密度只有铜的 30%，在相同负荷及同一发热温度下，所耗铝的质量仅为铜的 40%～50%，而且我国铝的储量丰富，价格低。因此，铝母线广泛用于屋内、外配电装置。

（2）母线种类。

母线的截面形状应保证趋肤效应系数尽可能低、散热良好、机械强度高、安装简便和连接方便。常用硬母线的截面形状有矩形、槽形、管形。母线与地之间的绝缘靠绝缘子维持，相间绝缘靠空气维持。矩形和槽形母线结构如图 2-47 所示。

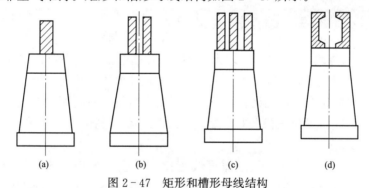

图 2-47　矩形和槽形母线结构

（a）每相 1 条矩形母线；（b）每相 2 条矩形母线；（c）每相 3 条矩形母线；（d）槽形母线

敞露母线一般按下列各项进行选择和校验：①导体材料、类型和敷设方式；②导体截面；③电晕；④热稳定；⑤动稳定；⑥共振频率。

1）矩形母线。矩形母线散热条件较好，便于固定和连接，但趋肤效应较大。矩形母线接触面积按标准的规定值是一个视在接触面，受到母线表面状态的影响，如表面粗糙度、平面度、污渍及腐蚀等。微观上母线接触面是一个十分不平整的表面，真正的金属接触面仅见于少量被称为接触点的区域。

矩形母线规格不同，其接触压力也不同，GB 50149—2010《电气装置安装工程　母线装置施工及验收规范》中对于不同的母线规格和搭接形式，规定了其搭接面积和螺栓规格大小以及钻孔的直径和数量等，在此规定下，母线接触面有一个规定的压强，即接触压力，单位为 MPa。接触压力是依靠螺栓紧固力矩达到的，所以标准中规定了其力矩值，操作中，只需按标准的要求，按照不同的母线规格和搭接形式，选择相应的螺栓大小、孔径和数量、孔距等，采用力矩扳手拧固，便可达到要求的接触压力。

标准中的压强是一个计算值，它的理论依据是母线接触面积和接触电阻，所以标准中规定的螺栓大小、孔径及数量、孔距和扭矩力，在生产中是不得任意改变的，否则将造成母线连接不能满足电路要求而使其温升过高。

影响接触电阻值的主要因素有导电材料的硬度、接触面的粗糙度、接触面的显微几何形状、接触压力及视在接触面积和膜层电阻。其中膜层电阻受环境影响，是因接触面上的各种膜层使得实际接触面缩小和电阻率增大而产生的。

2) 槽形母线。槽形母线是将铜材或铝材轧制成槽形截面，使用时，每相一般由两根槽形母线相对地固定在同一绝缘子上。其趋肤效应系数较小，机械强度高，散热条件较好，与利用几条矩形母线比较，在相同截面下允许载流量大得多。槽形母线一般用于35kV 及以下、持续工作电流为 4000～8000A 的配电装置中。

3) 管形母线。管形母线一般采用铝材。管形母线的趋肤效应系数小，机械强度高；管内可通过通风或通水改善散热条件，其载流能力随通入冷却介质的速度而改变；由于其表面圆滑，电晕放电电压高（即不容易发生电晕），与采用软母线相比，具有占地少、节省钢材和基础工程量、布置清晰、运行维护方便等优点。图 2-48 所示为某风电场35kV 管形母线。

图 2-48　35kV管形母线

4) 绞线圆形软母线。常用的绞线圆形软母线有钢芯铝绞线、组合导线。钢芯铝绞线由多股铝线绕在单股或多股钢线的外层构成，一般用于 35kV 及以上屋外配电装置；组合导线由多根铝绞线固定在套环上组合而成，常用于发电机与屋内配电装置或屋外主变压器之间的连接。软母线一般为三相水平布置，用悬式绝缘子悬挂。

（3）封闭母线。

1) 全连式分相封闭母线。与敞露母线相比，全连式分相封闭母线具有以下优点：①供电可靠，封闭母线有效地防止了绝缘遭受灰尘、潮气等污秽和外物造成的短路；②运行安全，由于母线封闭在外壳中，且外壳接地，使工作人员不会触及带电导体；③由于外壳的屏蔽作用，因此母线电动力大大减少，而且基本消除了母线周围钢构件的发热；④运行维护工作量小。

分相封闭母线支持结构如图 2-49 所示。

2) 共箱式封闭母线。共箱式封闭母线结构如图 2-50 所示。共箱式封闭母线主要用于单机容量为 200～300MW 的发电厂的厂用回路，用于厂用高压变压器低压侧至厂用高压配电装置之间的连接，也可用做交流主励磁机出线端至整流柜的交流母线和励磁开关至发电机转子滑环的直流母线。

（4）运行维护。

1) 检修后或长期停运的母线，投入运行前应摇测绝缘电阻，并对母线进行充电检查。

2) 母线及引线每年利用春秋检停电进行修理检查。

2. 绝缘子

绝缘子广泛应用在发电厂的配电装置、变压器、开关电器及输电线路上，是一种特殊

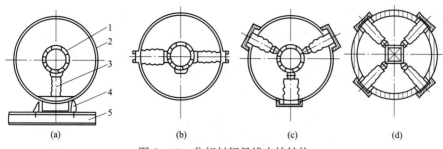

图 2-49　分相封闭母线支持结构

(a) 单个绝缘子支持；(b) 2 个绝缘子支持；(c) 3 个绝缘子支持；(d) 4 个绝缘子支持

1—母线；2—外壳；3—绝缘子；4—支座；5—三相支持槽钢

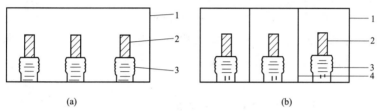

图 2-50　共箱式封闭母线结构

(a) 无隔板共箱式封闭母线；(b) 有隔板共箱式

1—外壳；2—母线；3—绝缘子；4—金属隔板

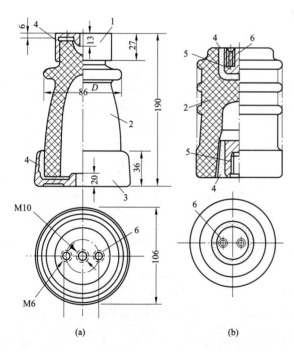

图 2-51　户内式支柱绝缘子的结构

(a) 外胶装式支柱绝缘子；(b) 内胶装式支柱绝缘子

1—铸铁帽；2—绝缘瓷件；3—铸铁底座；4—水泥胶合剂；

5—铸铁配件；6—铸铁配件螺孔

的绝缘件。其用来支持和固定母线与带电导体，并使带电导体间或导体与大地之间有足够的距离和绝缘。因此，绝缘子应具有足够的绝缘强度、机械强度、耐热性和防潮性。

(1) 绝缘子的分类及特点。

绝缘子按其额定电压可分为高压绝缘子（500V 以上）和低压绝缘子（500V 及以下）2 种，按安装地点可分为户内式和户外式 2 种，按结构形式和用途可分为支柱式、套管式及盘形悬式 3 种。

1）支柱绝缘子。

户内式支柱绝缘子分内胶装、外胶装、联合胶装 3 个系列，户外式支柱绝缘子分针式和棒式 2 种。

① 户内式支柱绝缘子。户内式支柱绝缘子主要应用在 3～35kV 屋内配电装置。外胶装式支柱绝缘子的结构如图 2-51 (a) 所示，这种绝缘子的结构

特点是金属附件胶装在瓷件的外表面，使绝缘子的有效高度减少，电气性能降低，或在一定的有效高度下使绝缘子的总高度增加，尺寸、质量增大，但其机械强度较高。内胶装式支柱绝缘子的结构如图2-51（b）所示。内胶装式支柱绝缘子具有体积小、质量小、电气性能好等优点，但机械强度较低。

ZLB-35F型户内联合胶装式支柱绝缘子的结构如图2-52所示。这种绝缘子的结构特点是上金属附件采用内胶装，下金属附件采用外胶装，它兼有内、外胶装式支柱绝缘子的优点，尺寸小、泄漏距离大、电气性能好、机械强度高，适用于潮湿和湿热带地区。

② 户外式支柱绝缘子。户外式支柱绝缘子主要应用在6kV及以上屋外配电装置。由于工作环境条件的要求，户外式支柱绝缘子有较大的伞裙，用以增大沿面放电距离，并能阻断水流，保证绝缘子在恶劣的雨、雾气候下可靠地工作。

户外针式支柱绝缘子的结构如图2-53所示。

户外棒式支柱绝缘子的结构如图2-54所示。棒式绝缘子为实心不可击穿结构，一般不会沿瓷件内部放电，运行中不必担心瓷体被击穿，与同级电压的针式绝缘子相比，具有尺寸小、质量小、便于制造和维护等优点，因此，它将逐步取代针式绝缘子。

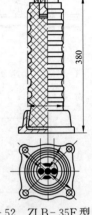

图2-52　ZLB-35F型户内联合胶装式支柱绝缘子的结构

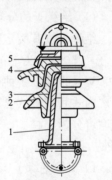

图2-53　户外针式支柱绝缘子的结构

1—法兰盘装脚；2、4—绝缘瓷件；3—水泥胶合剂；5—铸铁帽

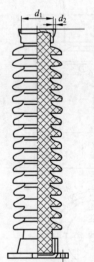

图2-54　户外棒式支柱绝缘子的结构

2）盘形悬式绝缘子。

盘形悬式绝缘子主要应用在35kV及以上屋外配电装置和架空线路上。按其帽及脚的连接方式，分为球形和槽形两种。

图2-55为5种悬式绝缘子的结构。钟罩形防污悬式绝缘子的污闪电压比普通型绝缘子高20%～50%；双层伞形防污悬式绝缘子具有泄漏距离大、伞形开放、裙内光滑、积灰

率低、自洁性能好等优点；草帽形防污悬式绝缘子也具有积污率低、自洁性能好等优点。

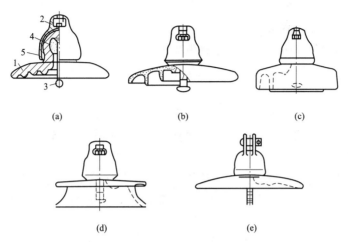

图 2-55　几种悬式绝缘子的结构

(a) XP-10 型球形连接悬式绝缘子；(b) LXP 型钢化玻璃悬式绝缘子；(c) XHPl 型钟罩形防污悬式绝缘子；
(d) XWP5 型双层伞形防污悬式绝缘子；(e) XMP 型草帽形防污悬式绝缘子
1—瓷件；2—镀锌铁帽；3—铁脚；4、5—水泥胶合剂

在实际应用中，悬式绝缘子根据装置电压的高低组成绝缘子串。这时，一片绝缘子的铁脚 3 的粗头穿入另一片绝缘子的镀锌铁帽 2 内，并用特制的弹簧锁锁住。每串绝缘子的数目：35kV 不少于 3 片，110kV 不少于 7 片，220kV 不少于 13 片，330kV 不少于 19 片，500kV 不少于 24 片。对于容易受到严重污染的装置，应选用防污悬式绝缘子。

3) 套管式绝缘子。

套管式绝缘子用于母线在屋内穿过墙壁或天花板，以及从屋内向屋外引出，或用于使有封闭外壳的电器（如断路器、变压器等）的载流部分引出壳外。套管式绝缘子也称穿墙套管，简称套管。穿墙套管按安装地点可分为户内式和户外式两种；按结构形式可分为带导体型和母线型两种。带导体型套管，其载流导体与绝缘部分制成一个整体，导体材料有铜的和铝的，导体截面有矩形的和圆形的；母线型套管本身不带载流导体，安装使用时，将载流母线装于套管的窗口内。

① CA-6/400 型户内式穿墙套管的结构如图 2-56 所示。户内式穿墙套管额定电压为 6～35kV，其中带导体型的额定电流为 200～2000A。

额定电压为 20kV 及以下的屋内配电装置中，当负荷电流超过 1000A 时，广泛采用母线型穿墙套管。

② 户外式穿墙套管。户外式穿墙套管用于将配电装置中的屋内载流导体与屋外载流导体的连接，以及屋外电器的载流导体由壳内向壳外引出。因此，户外式穿墙套管的

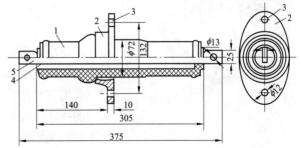

图 2-56　CA-6/400 型户内式穿墙套管结构
1—空心瓷套；2—法兰盘；3—安装孔；4—金属圈；5—载流导体

特点是：其两端的绝缘瓷套分别按户内、户外两种要求设计，户外部分有较大的表面（较多的伞裙或棱边）和较大的尺寸。

（2）绝缘子的运行维护要点。

在潮湿天气情况下，脏污的绝缘子易发生闪络放电，所以必须清扫干净，恢复原有绝缘水平。一般地区一年清扫一次，污秽区每年清扫两次（雾季前进行一次）。

1）停电清扫。

停电清扫就是在线路停电以后工人登杆用抹布擦拭。如擦不净，可用湿布擦，也可以用洗涤剂擦洗，如果还擦洗不净时，则应更换绝缘子或换合成绝缘子。

2）不停电清扫。

一般是利用装有毛刷或绑以棉纱的绝缘杆，在运行线路上擦绝缘子。所使用绝缘杆的电气性能及有效长度、人与带电部分的距离，都应符合相应电压等级的规定，操作时必须有专人监护。

3）带电水冲洗。

大水冲和小水冲两种方法。冲洗用水、操作杆有效长度、人与带电部分的距离等必须符合规程要求。

2.4.11　电力电缆

电力电缆线路是传输和分配电能的一种特殊电力线路，它可以直接埋在地下及敷设在电缆沟、电缆隧道中，也可以敷设在水中或海底。

1. 电缆的分类

常用的电力电缆按其绝缘和保护层的不同，分为以下几类：

（1）油浸纸绝缘电缆，适用于35kV及以下的输配电线路。

（2）聚氯乙烯绝缘电缆（简称塑力电缆），适用于6kV及以下的输配电线路。

（3）交联聚乙烯绝缘电缆（简称交联电缆），适用于1～110kV的输配电线路。

（4）橡皮绝缘电缆，适用于6kV及以下的输配电线路，多用于厂矿车间的动力干线和移动式装置。

（5）高压充油电缆，主要用于110～330kV变、配电装置至高压架空线及城市输电系统之间的连接线。

2. 电缆的结构及性能

电缆的基本结构如图2-57所示，包括线芯、绝缘层、铅包（或铝包）和保护层几个部分。线芯是电力电缆的导电部分，用来输送电能，是电力电缆的主要部分。绝缘层是将线芯与大地以及不同相的线芯间在电气上彼此隔离，保证电能输送，是电力电缆结构中不可缺少的组成部分。

15kV及以上的电力电缆一般都有导体屏蔽层和绝缘屏蔽层。其作用有二：一是因为电力电缆通

图2-57　电缆的基本结构
1—导体；2—内半导电体；3—绝缘层；
4—外半导电体；5—铜带；6—填充；
7—内衬层；8—铠装层；9—护套层

过的电流比较大，电流周围会产生磁场，为了不影响其他元件，所以加屏蔽层可以把这种电磁场屏蔽在电缆内；二是可以起到一定的接地保护作用，如果电缆芯线内发生破损，泄露出来的电流可以顺屏蔽层流入接地网，起到安全保护的作用。电力电缆最外层一般为橡胶或橡胶合成套，这一层的作用是绝缘，同时也起保护电力电缆免受外界杂质和水分的侵入作用，以及防止外力直接损坏电力电缆。结构描述按从内到外的原则：导体→绝缘→内护层→外护层→铠装形式。

电缆型号的含义如图 2-58 所示。

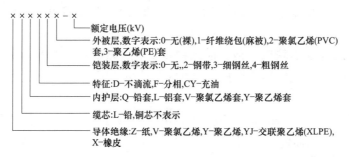

图 2-58　电缆型号的含义

例如，电缆型号 YJV32 含义：YJ 表示绝缘材料交联聚乙烯；V 表示内护层为聚氯乙烯套；3 表示铠装层为细钢丝；2 表示外被层为聚氯乙烯套。

（1）油浸纸绝缘电缆。

油浸纸绝缘电缆的主绝缘是用经过处理的纸浸透电缆油制成，具有绝缘性能好、耐热能力强、承受电压高、使用寿命长等优点。按绝缘纸浸渍剂的浸渍情况，它又分黏性浸渍电缆和不滴流电缆。黏性浸渍电缆是将电缆以松香和矿物油组成的黏性浸渍剂充分浸渍，即普通油浸纸绝缘电缆，其额定电压为 1～35kV；不滴流电缆采用与黏性浸渍电缆完全相同的结构尺寸，但是以不滴流浸渍剂的方法制造，敷设时不受高差限制。

（2）聚氯乙烯绝缘电缆。其主绝缘采用聚氯乙烯，内护套大多也是采用聚氯乙烯，具有电气性能好、耐水、耐酸碱盐、防腐蚀、机械强度较好、敷设不受高差限制等优点，并可逐步取代常规的纸绝缘电缆；缺点主要是绝缘易老化。

（3）交联聚乙烯绝缘电缆。交联聚乙烯是利用化学或物理方法，使聚乙烯分子由直链状线型分子结构变为三度空间网状结构。该型电缆具有结构简单、外径小、质量小、耐热性能好、线芯允许工作温度高（长期 90℃，短路时 250℃）、载流量大、可制成较高电压级、力学性能好、敷设不受高差限制等优点，并可逐步取代常规的纸绝缘电缆。交联聚乙烯绝缘电缆比纸绝缘电缆结构简单。

（4）橡皮绝缘电缆。其主绝缘是橡皮，性质柔软、弯曲方便；缺点是耐压强度不高、遇油变质、绝缘易老化、易受机械损伤等。

3. 电缆的敷设要求

电缆线路各种不同敷设和安装方式除应符合 GB 50217—2007《电力工程电缆设计规范》、GB 50168—2006《电气装置安装工程　电缆线路施工及验收规范》和 DL/T 5221—2005《城市电力电缆线路设计技术规定》的要求外，还应符合下列基本要求。

（1）直埋敷设。

1）直埋电缆的埋设深度：一般由地面至电缆外护套顶部的距离不小于 0.7m，穿越在车行道下时不小于 1m。在引入建筑物、与地下建筑物交叉及绕过建筑物时可浅埋，但应采取保护措施。

2）敷设于冻土地区时，宜埋入冻土层以下。当无法深埋时可埋设在土壤排水性好的干燥冻土层或回填土中，也可采取其他防止电缆线路受损的措施。

3）电缆相互之间，电缆与其他管线、构筑物基础等最小允许间距应符合 DL/T 5221—2005《城市电力电缆线路设计技术规定》的规定。严禁将电缆平行敷设于地下管道的正上方或正下方。

4）电缆周围不应有石块或其他硬质杂物以及酸、碱强腐蚀物等，沿电缆全线上下各铺设 100mm 厚的细土或沙层，并在上面加盖保护板，保护板覆盖宽度应超过电缆两侧各 50mm。

5）直埋电缆在直线段每隔 30～50m 处、电缆接头处、转弯处、进入建筑物等处，应设置明显的路径标志或标桩。

（2）电缆沟及隧道敷设。

1）电缆隧道净高不宜小于 1900mm，与其他沟道交叉段净高不得小于 1400mm。

2）电缆沟、隧道或工作井内通道的净宽，不宜小于表 2-9 的规定。

表 2-9　　　　　　　　　电缆沟、隧道中通道净宽允许最小值　　　　　　　　　mm

电缆支架配置及通道特征	电缆沟深			电缆隧道
	≤600	600～1000	≥1000	
两侧支架间净通道	300	500	700	1000
单列支架与壁间通道	300	450	600	900

3）电缆支架的层间垂直距离应满足能方便地敷设电缆及其固定、安置接头的要求，在多根电缆同置一层支架上时，有更换或增设任一电缆的可能，电缆支架之间最小净距不宜小于表 2-10 的规定。

表 2-10　　　　　　　　　电缆支架层间垂直最小净距　　　　　　　　　mm

电压等级	电缆隧道	电缆沟
10 kV 及以下	200	150
35kV	250	200
66～500kV	2D+50	2D+50

注　D 为电缆外径。

4）电缆沟和隧道应有不小于 0.5% 的纵向排水坡度。电缆沟沿排水方向适当距离设置集水井，电缆隧道底部应有流水沟，必要时设置排水泵，排水泵应有自动起闭装置。

5）电缆隧道应有良好通风、照明、通信和防火设施，必要时应设置安全出口。

6）电缆沟与煤气（或天然气）管道临近平行时，应做好防止煤气（或天然气）泄漏进入沟道的措施。

4. 电缆的防火措施

为了防止电缆火灾事故的发生，应采取以下预防措施：

（1）选用满足热稳定要求的电缆。选用的电缆在正常情况下能满足长期额定负荷的发热要求，在短路情况下能满足短时热稳定要求，避免电缆过热起火。

（2）防止运行过负荷。电缆带负荷运行时，一般不超过额定负荷运行，若过负荷运行，应严格控制电缆的过负荷运行时间，以免过负荷发热使电缆起火。

（3）遵守电缆敷设的有关规定。电缆敷设时应尽量远离热源。电缆敷设时，电缆之间、电缆与管道之间、电缆与道路、铁路、建筑物等之间平行或交叉的距离应满足规程的规定；此外，电缆敷设应留有波形余度，以防冬季电缆停止运行收缩产生过大拉力而损坏电缆绝缘。电缆转弯应保证最小的曲率半径，以防过度弯曲而损坏电缆绝缘；电缆隧道中应避免有接头，因电缆接头是电缆中绝缘最薄弱的地方，接头处容易发生电缆短路故障，当必须在隧道中安装中间接头时，应用耐火隔板将其与其他电缆隔开。以上电缆敷设有关规定对防止电缆过热、绝缘损伤起火均起有效作用。

（4）定期巡视检查。对电力电缆应定期巡视检查，定期测量电缆沟中的空气温度和电缆温度，特别是应做好大容量电力电缆和电缆接头盒温度的记录。通过检查及时发现并处理缺陷。

（5）严密封闭电缆孔、洞和设置防火门及隔墙。为了防止电缆火灾，必须将所有穿越墙壁、楼板、竖井、电缆沟而进入控制室、电缆夹层、控制柜、仪表柜、开关柜等处的电缆孔洞进行严密封闭（封闭严密、平整、美观、电缆勿受损伤）。对较长的电缆隧道及其分叉道口应设置防火隔墙及隔火门。在正常情况下，电缆沟或洞上的门应关闭，这样，电缆一旦起火，可以隔离或限制燃烧范围，防止火势蔓延。

（6）剥去非直埋电缆外表黄麻外护层。直埋电缆外表有一层浸沥青之类的黄麻保护层，对直埋地中的电缆有保护作用，当直埋电缆进入电缆沟、隧道、竖井中时，其外表浸沥青之类的黄麻保护层应剥去，以减小火灾扩大的危险。同时，电缆沟上面的盖板应盖好，且盖板完整、坚固，电焊火渣不易掉入，减少发生电缆火灾的可能性。

（7）保持电缆沟的清洁和适当通风。电缆隧道或沟道内应保持清洁，不许堆放垃圾和杂物，隧道及沟内的积水和积油应及时清除；在正常运行的情况下，电缆隧道和沟道应有适当的通风。

（8）保持电缆沟有良好照明。电缆层、电缆隧道或沟道内的照明经常保持良好状态，并对需要上下的隧道和沟道口备有专用的梯子，以便于运行检查和电缆火灾的扑救。

（9）防止火种进入电缆沟内。在电缆附近进行明火作业时，应采取措施，防止火种进入沟内。

（10）定期进行检修和试验。按规程规定及电缆运行实际情况，对电缆应定期进行检修和试验，以便及时处理缺陷和发现潜伏故障，保证电缆安全运行和避免电缆火灾的发生。当进入电缆隧道或沟道内进行检修、试验工作时，应遵守《电业安全工作规程》的有关规定。

2.4.12　组合电器

六氟化硫闭合式组合电器，国际上称为气体绝缘开关设备，简称 GIS。它是将一座变电站中除变压器以外的一次设备，包括断路器、隔离开关、接地刀闸、互感器、避雷器、母线、电缆终端、进出线套管等，经优化设计有机的组合成的一个整体。

与常规敞开式变电站相比，GIS具有结构紧凑、占地面积小、可靠性高、配置灵活、安装方便、安全性强、环境适应能力强、维护工作量很小（其主要部件的维修间隔不小于20年）等优点。近年来GIS已经广泛应用于高压、超高压领域，而且在特高压领域也有一定的使用。

1. GIS的分类和结构

（1）GIS根据安装地点可分为户外式和户内式，如图2-59所示。

图2-59 户内式和户外式GIS

（2）GIS一般可分为单相单筒式和三相共筒式两种形式。

（3）GIS根据各个元器件不同作用，分成若干个气室，其原则如下：

1）因SF_6气体的压力不同，要求分为若干个气室。断路器在开断电流时，要求电弧迅速熄灭，因此要求SF_6气体的压力要高。隔离开关切断的仅是电容电流，所以压力要低些。

2）因绝缘介质不同，GIS必须与架空线、电缆、主变压器相连接，而不同的元器件所用的绝缘介质不同，如与变压器的连接因为油与SF_6两种绝缘介质而采用油气套管。

3）因GIS检修的需要，GIS要分为若干个气室。由于元器件与母线要连接起来，若某一元器件发生故障时，要将该元器件的SF_6气体抽出来才能进行检修，分成若干气室能减小故障范围。为了监视GIS各气室SF_6气体是否泄漏，根据各厂家设计不同装有压力表或密度计，密度计装有温度补偿装置，一般不受环境温度的影响。为防止SF_6气体压力过高，超出正常压力，又装有防爆装置。

2. GIS的型号含义

以ZF10-126T/2000-40为例，Z—组合电器；F—金属封闭；10—设计序号；126—额定电压；T—弹簧操作机构；2000—额定电流；40—额定短路开断电流。

3. GIS的技术参数

某110kV电压等级GIS技术参数如表2-11所示。

表2-11 110kV电压等级GIS的技术参数

序号	项目	单位	参数值
1	额定电压	kV	126
2	额定电流	A	2000
3	额定频率	Hz	50

续表

序号	项目	单位	参数值		
4	额定峰值耐受电流	kA	80		
5	额定短时耐受电流（3s）	kA	31.5		
6	局部放电	pC	35		
7	1min 工频耐受电压	kV	相对地	断口间	相间
			230	275	275
8	1.2/50μs 额定雷电冲击耐受电压	kV	550	550	550
9	额定 SF_6 气体压力（20℃）	MPa	断路器气室		其他气室
			0.6		0.4
10	最低功能压力（20℃）		0.5±0.015		0.33±0.015
11	补气压力（20℃）		0.52±0.015		0.35±0.015
12	过压报警压力（20℃）		0.65±0.015		0.45±0.015
13	SF_6 气体年漏气率		<1%		
14	SF_6 气体水分含量	mg/L	断路器气室		其他气室
			出厂前≤150		出厂前≤250
			运行中≤300		运行中≤500

4. GIS 的运行与维护

GIS 主要元器件除断路器、隔离开关、接地开关等动作元件外，基本上在 SF_6 气体中处于静态，所以维护检查基本按元器件所处介质不同（SF_6 中和空气中）分别考虑其维护检查要点。

日常巡视重点为检查 SF_6 气体密度、操作机构的压力、开关的动作次数、避雷器的放电计数器等工作，详细内容如表 2-12 所示。

表 2-12   **SF_6 开关设备巡视检查内容**

检查项目	检查内容（方法）	巡视检查周期
内部的一般检查	断路器、隔离开关、接地开关及快速接地开关位置指示是否正确，动作指示是否正常，并与当时实际运行工况是否相符合	1 周
	各种指示灯、信号灯、带电显示装置的指示是否正常，控制开关的位置是否正确	1 周
	控制柜内加热器的工作状态是否按规定投入或切除	1 周
	避雷器的动作计数器指示值是否正常	根据情况
	绝缘套管有无龟裂、破坏及污秽状况	根据情况
	压力释放装置有无异常，其释放出口有无障碍物	根据情况
外部的一般检查	有无任何异常声音或气味发生，有无异常振动	根据情况
	有无壳体温度异常（用红外线测温仪）	1 月
	安装台、箱体等涂装状态有无生锈损伤	根据情况
	截止阀有无状态异常	1 月
	连接机构轴销挡圈的状态	1 年

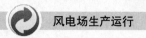

续表

检查项目	检查内容（方法）	巡视检查周期
SF$_6$系统检查/操作机构检查	各气室 SF$_6$ 压力表（密度计）指示值，操作机构表压（空气/油压）指示值是否正常	1周
	各气室 SF$_6$ 水分测试，SF$_6$ 特征气体分析	1年
	缓冲器有无漏油，液压机构确认油位。空气罐7天排水1次	1周

SF$_6$ 开关设备机构 4～6 年进行 1 次定期检查，以操作试验为主，并进行机构的详细检查维护，除操作机构外不对 GIS 进行分解工作，SF$_6$ 开关设备定期检查内容如表 2－13 所示。

表 2－13　　　　　　　　　　SF$_6$ 开关设备定期检查内容

检查项目	定期检查内容（方法）	检查周期	备注
断路器机构检查	对操作机构进行详细维修检查，处理漏油、漏气或其他巡视检查中发现的缺陷，更换损坏零部件	6年	户外产品时间取4年
	检查电气元器件的状况以及接线的紧固情况，检查维修辅助开关	6年	
	检查传动部位及脱扣系统等的磨损情况，对转动部件添加润滑剂	6年	
	对压缩机或电机油泵等储能元器件进行测试检查	6年	
	断路器的机械特性及动作电压试验，断路器分合闸线圈直阻和绝缘电阻测试	6年	
隔离开关/接地开关机构检查	对操作机构进行详细维修检查，处理漏油、漏气或其他巡视检查中发现的缺陷，更换损坏零部件	4～6年	
	检查电气元器件的状况以及接线的紧固情况，检查维修辅助开关	4～6年	
	检查传动部位等的磨损情况，对转动部件添加润滑剂	4～6年	
	对电机储能元器件进行测试检查	4～6年	
	隔离开关/接地开关分合闸时间、故障接地开关的机械特性检验	4～6年	
SF$_6$系统检查/操作机构检查	各气室 SF$_6$ 压力表（密度计）指示值是否正常		
	各气室 SF$_6$ 水分测试		
	SF$_6$ 特征气体分析		
回路电阻检查	测回路电阻，与设备运行前检验报告进行比较	根据停电范围确定	
局放测试，避雷器泄露电流测试	试采用便携式局放测试仪对产品进行局放测试；对氧化锌避雷器主要进行全电流和及其有功分量阻性电流的在线检测，全电流（总泄露电流）包括阻性电流（有功分量）和容性电流（无功分量）	根据情况	
接地系统检查	检查接地系统螺栓是否松动	6年	

2.4.13 防雷设备

电力系统除了遭受直击雷、感应雷过电压的危害外，还要遭受沿线路传播的侵入雷电波过电压以及各种内部过电压的危害。电力系统防雷设备包括避雷针、避雷线和避雷器。避雷针和避雷线可防止直击雷和感应雷过电压对电气设备的危害，但对雷电波过电压及内部过电压不起作用。采用避雷器可限制雷电波过电压以及各种内部过电压，保护电气设备。

1. 防雷设备结构组成

防雷装置一般由 3 部分组成，即接闪器、引下线和接地体。

根据地形和保护对象条件，防雷装置接闪器分为避雷针、避雷线、避雷带等形式，其材料由铜、铝、镀锡铜、铝合金、外表镀铜的钢等各种材料组成。避雷针用于保护露天变配电设备及建筑物，避雷线主要用于保护架空输电线路，避雷带或避雷网主要用于保护建筑物。

2. 避雷针

（1）工作原理。避雷针是防直接雷击的有效装置，在雷雨天气，在上空出现带电云层时，保护区域感应大量电荷，由于避雷针在静电感应时，避雷针导体附近聚集了大部分电荷，因此当云层上电荷较多时，避雷针与云层间的空气很容易被击穿导通，这样带电云层与避雷针形成通路，并通过避雷针接地系统，将云层上的电荷导入大地，从而达到避雷效果。避雷针利用自身高度可将周围的雷电引来并提前放电，将雷电电流通过自身导体传向地面，避免保护对象直接遭雷击。

（2）结构组成。

避雷针由接闪器、支持构架、引下线和接地体 4 部分组成。

1）接闪器是避雷器顶端 $1\sim2m$ 长的一段镀锌圆钢或者焊接钢管，圆钢直径应大于 16mm，钢管直径应大于 25mm，通过接闪器和雷电云层发生闪络放电。

2）110kV 及以上电压等级变电站，支持构架可采用水泥杆或钢结构支柱。当条件允许时可将避雷针安装于高压门型构架上。

3）引下线采用经过防腐处理的圆钢或扁钢，沿支持构架以最短路径入地。

4）接地体是埋于地下的各种型钢，多采用垂直打入地下的钢管、角钢，或水平埋设扁钢和圆钢，接地体是直接泄放雷电流的，接地电阻必须满足规定要求。

3. 避雷线

避雷线防雷工作原理类似于避雷针，避雷线架设于导线上方，发生雷击时首先作用在避雷线上，并通过杆塔上金属部分和埋设在地下的接地体，使雷电流泄放入大地，从而避免直接雷击于导线上。

4. 避雷器

（1）避雷器的基本原理。

避雷器用来限制过电压，它实质上是一种放电器，并联连接在保护设备附近，当作用电压超过避雷器的放电电压时，避雷器即先放电，限制了过电压的发展，从而保护了电气设备免遭击穿损坏。为使避雷器达到预期的保护效果，其必须满足下述基本要求。

1）具有良好的伏秒特性，以易于实现合理的绝缘配合。

2）应有较强的绝缘自恢复能力，以利于快速切断工频续流，使电力系统得以继续运行。

（2）避雷器的种类。

目前使用的避雷器主要有：保护间隙——最简单形式的避雷器；管型避雷器——一个保护间隙，但它能在放电后自行灭弧；阀型避雷器——将单个放电间隙分成许多短的串联间隙，同时增加了非线性电阻，提高了保护性能；金属氧化物避雷器——利用了氧化锌阀片理想的伏安特性，能限制内部过电压，被广泛使用。前面两种使用很少，已经淘汰，后两者应用较为普遍，尤其是金属氧化物避雷器。

金属氧化物避雷器是具有良好保护性能的避雷器。利用氧化锌良好的非线性伏安特性，使在正常工作电压时流过避雷器的电流极小（微安或毫安级）；当过电压作用时，电阻急剧下降，泄放过电压的能量，达到保护的效果。这种避雷器和传统的避雷器的差异是它没有放电间隙，利用氧化锌的非线性特性起到泄流和开断的作用。

金属氧化物避雷器（MOA）是 20 世纪 70 年代发展起来的一种新型过电压保护设备，它由封装在瓷套（或硅橡胶等合成材料护套）内的若干非线性电阻阀片串联组成。其阀片以氧化锌（ZnO）晶粒为主要原料，添加少量的氧化铋（Bi_2O_3）、氧化钴（Co_2O_3）、氧化锑（Sb_2O_3）、氧化锰（MnO）和氧化铬（Cr_2O_3）等多种金属氧化物粉末，经过成型、高温烧结、表面处理等工艺过程制成。因其主要材料是氧化锌，所以又称为氧化锌（ZnO）避雷器。

金属氧化物避雷器具有优异的非线性伏安特性，其非线性系数在 0.05 以下，如图 2－60（a）所示。图 2－60（b）所示为金属氧化物避雷器、碳化硅避雷器及理想避雷器的伏安特性曲线的比较。

由图 2－60 可知，在额定电压下，流过氧化锌阀片的电流仅为 10^{-5} A 以下，实际上阀片相当于绝缘体，因此它可以不用串联火花间隙来隔离工作电压与阀片。当作用在氧化锌避雷器上的电压超过一定值（称其

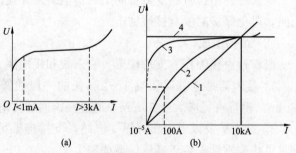

图 2－60　金属氧化物避雷器伏安特性及其比较
(a) 金属氧化物避雷器的伏安特性；(b) 金属氧化物避雷器、碳化硅避雷器及理想避雷器的伏安特性曲线的比较
1—线性电阻；2—碳化硅阀片；3—氧化锌阀片；4—理想阀片

为起动电压）时，阀片"导通"，将冲击电流通过阀片泄入地中，此时其残压不会超过被保护设备的耐压，从而达到了过电压保护的目的。此后，当工频电压降到起动电压以下时，阀片自动"截止"，恢复绝缘状态。因此，整个过程中不存在电弧的燃烧与熄灭问题。

（3）避雷器的主要参数。

1）额定电压 U_c：施加到避雷器端子间的最大允许工频电压的有效值。

2）额定放电电流 I_{sn}：给避雷器施加波形为 8/20μs 的标准雷电波冲击 10 次时，避雷器所耐受的最大冲击电流峰值。

3）最大放电电流 I_{max}：给避雷器施加波形为 8/20μs 的标准雷电波冲击 1 次时，避雷器所耐受的最大冲击电流峰值。

4）电压保护级别 U_p（避雷器在下列测试中的最大值）：1kV/μs 斜率的跳火电压、额定放电电流的残压。

5）响应时间 t_A：主要反映在避雷器里的特殊保护元器件的动作灵敏度、击穿时间，在一定时间内的变化取决于 du/dt 或 di/dt。

6）最大纵向放电电流：每线对地施加波形为 8/20μs 的标准雷电波冲击 1 次时，避雷器所耐受的最大冲击电流峰值。

7）最大横向放电电流：线与线之间施加波形为 8/20μs 的标准雷电波冲击 1 次时，避雷器所耐受的最大冲击电流峰值。

8）在线阻抗：在系统额定电压 U_N 下流经避雷器的回路阻抗和感抗的和，通常称为系统阻抗。

9）峰值放电电流：额定放电电流 I_{sn} 和最大放电电流 I_{max}。

10）泄漏电流：在 75% 或 80% 系统额定电压 U_N 下流经避雷器的直流电流。

11）持续运行电压：允许持久的施加在避雷器端子间的工频电压有效值。

12）标称放电电流：用来划分避雷器等级、具有 8/20μs 波形的雷电冲击电流峰值，一般为 5/10/20kA。

13）直流 1mA 参考电压：在避雷器通过 1mA 直流参考电流时，测出的避雷器直流电压的平均值，接近避雷器的动作电压。

14）残压：放电电流通过避雷器时其端子间的最大电压峰值。

（4）避雷器的运行维护。

1）雷雨时，人员严禁接近防雷装置，以防止雷击泄放雷电流产生危险的跨步电压对人的伤害，防止避雷针上产生较高电压对人造成反击，防止有缺陷的避雷器在雷雨天气可能发生爆炸对人造成伤害。

2）避雷器的泄漏电流明显增加时，应申请停电试验，查明原因进行处理。

3）在日常运行中，应检查避雷器的瓷套表面的污染状况，因为当瓷套表面受到严重污染时，将使电压分布很不均匀。在有并联分路电阻的避雷器中，当其中一个元件的电压分布增大时，通过其并联电阻中的电流将显著增大，则可能烧坏并联电阻而引起故障。

4）检查避雷器的引线及接地引下线，是否有烧伤痕迹和断股现象以及放电记录器是否烧坏，通过这方面的检查，最容易发现避雷器的隐形缺陷；检查避雷器上端引线处密封是否良好，避雷器密封不良会进水受潮易引起事故，因而应检查瓷套与法兰连接处的接合缝是否严密，对 10kV 阀型避雷器上引线处可加装防水罩，以免雨水渗入。

5）检查避雷器与被保护电气设备之间的电气距离是否符合要求，避雷器应尽量靠近被保护的电气设备，避雷器在雷雨后应检查记录器的动作情况。

6）泄漏电流、工频放电电压大于或小于标准值时，应进行检修和试验；放电记录器动作次数过多、瓷套及水泥接合处有裂纹或法兰盘和橡皮垫有脱落时，应进行检修。

7）避雷器的绝缘电阻应定期进行检查。测量时应用 2500V 绝缘电阻表，测得的数值与前一次的结果比较，无明显变化时可继续投入运行。绝缘电阻显著下降时，一般是由密封不良而受潮或火花间隙短路所引起的，当低于合格值时，应做特性试验；绝缘电阻显著升高时，一般是由于内部并联电阻接触不良或断裂以及弹簧松弛和内部元件分离等造成的。

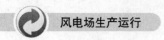

2.5　二次设备

二次设备是对一次设备进行监察、测量、控制、保护及调节的设备，即不直接和电能产生联系的设备，主要包括以下几个方面：

（1）测量仪表，如电压表、电流表、功率表、电能表，用于测量电路中的电气参数。

（2）控制和信号装置。

（3）继电保护及自动装置，如继电器、自动装置等，用于监视一次系统的运行状况，迅速反应异常和事故，然后作用于断路器，进行保护控制。

（4）直流电源设备，如蓄电池组、直流发电机、硅整流装置等，供给控制保护用的直流电源、用直流负荷和事故照明用电等。

（5）备自投装置等。

风电场二次设备包括变电站二次设备和风电机组二次设备。变电站二次设备是对变电站一次设备进行监察、测量、控制、保护及调节的设备。风电机组二次设备主要指它的控制系统和保护系统。本节重点介绍变电站二次设备。

2.5.1　二次接线图

二次设备按照一定的规则连接起来以实现某种技术要求的电气回路称为二次回路。用二次设备特定的图形符号和文字符号来表示二次设备相互连接情况的电气接线图称为二次接线图。常用二次设备新旧图形符号对照如表 2 - 14 所示。

表 2 - 14　　　　　　　　常用二次设备新旧图形符号对照

名称		新标准		旧标准		名称		新标准		旧标准	
		图形符号	文字符号	图形符号	文字符号			图形符号	文字符号	图形符号	文字符号
一般三极电源开关			QS		K	熔断器			FU		RD
低压断路器			QF		UZ	按钮	启动				QA
位置开关	常开触头		SQ		XK		停止		SB		TA
	常闭触头										
	复合触头						复合				AN

名称	新标准		旧标准		名称	新标准		旧标准	
	图形符号	文字符号	图形符号	文字符号		图形符号	文字符号	图形符号	文字符号
接触器	线圈	KM	线圈	C	时间继电器	线圈	KT	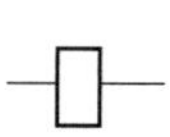 线圈	SJ
	主触头					常开延时闭合触头			
	常开辅助触头								
	常闭辅助触头					常闭延时打开触头			
速度继电器	常开触头	KS		SDJ					
	常闭触头					常闭延时闭合触头			

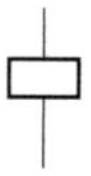

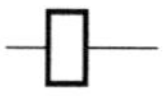

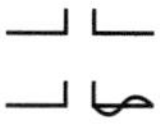

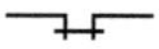

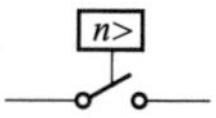

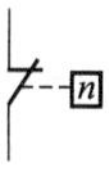

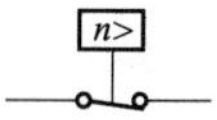

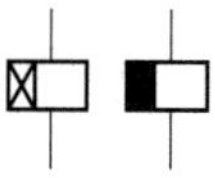

二次接线图的表示方法二次接线图的表示方法有归总式原理接线图、展开接线图、安装接线图 3 种。

1.归总式原理接线图

归总式原理接线图（简称原理图）中，有关的一次设备及回路同二次回路一起画出，所有的电气元件都以整体形式表示出，且画有它们之间的连接回路。10kV 过电流保护原理接线如图 2-61 所示，可以看出，归总式原理接线图的优点是清楚地表明各个元件的形式、数量、相互联系和作用，使读图者对装置的构成有一个整体的概念，有利于理解装置的工作原理。

2.展开接线图

在展开接线图中，各元件被分解成若干部分。元件的线圈和触点分散在交流回路和直流回路中。展开接线图可以清晰地表示各电器元件的内部连接，是发电厂和变配电所设计、调试和维护的必备图纸，也是发电厂和变配电所使用最广泛的图纸。展开接线图具有如下优点：

（1）容易跟踪回路的动作顺序。

（2）在同一个图中可清楚地表示某一次设备的多套保护和自动装置的二次接线回路，

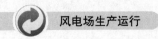

这是原理接线图所难以做得到的。

（3）易于阅读，容易发现施工中的接线错误。

过电流保护展开接线图如图 2-62 所示。

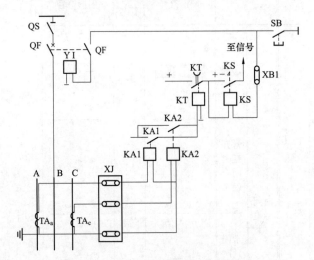

图 2-61　10kV 过电流保护原理接线图

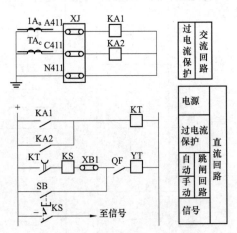

图 2-62　过电流保护展开接线图

3. 安装接线图

安装接线图包括屏面布置图、屏后接线图、端子排图和电缆联系图。

（1）屏面布置图。屏面布置图主要是二次设备在屏面上具体位置的详细安装尺寸，是用来装配屏面设备的依据。屏面布置应满足下列一些要求：

1）凡需经常监视的仪表和继电器都不要布置得太高。

2）操作元件（如控制开关、调节手轮、按钮等）的高度要适中，使得操作、调节方便，它们之间应留有一定的距离，操作时不致影响相邻的设备。

3）检查和试验较多的设备应布置在屏的中部，而且同一类型的设备应布置在一起，这样检查和试验都比较方便。此外，屏面布置应力求紧凑和美观。

（2）屏后接线图。屏后接线图是以屏面布置图为基础，并以原理接线图为依据而绘制的接线图。其表明了屏内各二次设备引出端子之间的连接情况，以及设备与端子排的连接情况。它既可被制造厂用于指导屏上的配线和接线，也可被施工单位用于现场二次设备的安装。

（3）端子排图。端子排是屏内与屏外各个安装设备之间连接的转换回路。例如，屏内电流回路的定期检修，都需要端子来实现，许多端子组成在一起称为端子排。表示端子排内各端子与外部设备之间导线连接的图称为端子排接线图，也称为端子排图。

端子按用途可以分为以下几种：

1）普通型端子：用来连接屏内外导线。

2）连接型端子：用来端子之间的连接，从一根导线引入，很多根导线引出。

3）实验端子：在系统不断电时，可以通过这种端子对屏上仪表和继电器进行测试。

4）标记型端子：用于端子排两端或中间，以区分不同安装单位的端子。

5）特殊型端子：用于需要很方便断开的回路中。

6）标准型端子：用来连接屏内外不同部分的导线。

端子的排列方法一般遵循以下原则：

1）屏内设备与屏外设备的连接必须经过端子排，其中，交流回路经过试验端子，音响信号回路为便于断开试验，应经过特殊端子或试验端子。

2）屏内设备与直接接至小母线设备一般应经过端子排。

3）各个安装单位的控制电源的正极或交流电的相线均由端子排引接，负极或中性线应与屏内设备连接，连线的两端应经过端子排。

4）同一屏上各个安装单位之间的连接应经过端子排。

端子上的编号方法：端子的左侧（也可能为右侧）一般为与屏内设备相连接设备的编号或符号；中左侧为端子顺序编号；中右侧为控制回路相应编号；右侧一般为与屏外设备或小母线相连接的设备编号或符号；正负电源之间一般编写一个空端子号，以免造成短路，在最后预留 2～5 个备用端子号，向外引出电缆按其去向分别编号，并用一根线条集中表示。

过电流保护装置的展开接线图与端子排图如图 2-63 所示。

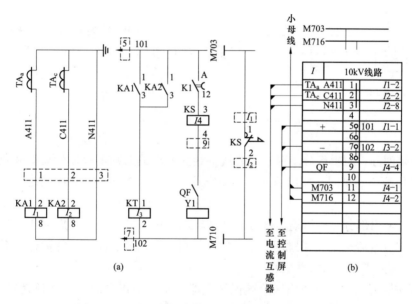

图 2-63　过电流保护装置的展开接线图与端子排图
（a）展开接线图；（b）端子排图

（4）电缆联系图。电缆联系图用于表明控制室内的各二次屏台及配电装置端子箱之间电缆编号、长度和规格。

2.5.2　继电保护及安全自动装置

继电保护装置就是指能反映电力系统中电气元器件发生故障或不正常运行状态，并动作于断路器跳闸或发出信号的一种自动装置。它的基本任务是：①自动、迅速、灵敏、有

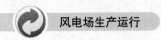
选择性地将故障元器件从电力系统中切除，使故障元器件免于继续遭到破坏，保证其他无故障部分迅速恢复正常运行；②反映电气元器件的不正常运行状态，并根据运行维护条件而动作于信号，以便值班员及时处理，或由装置自动进行调整，或将那些继续运行就会引起损坏或发展成为事故的电气设备予以切除，此时一般不要求保护迅速动作，而是根据对电力系统及其元器件的危害程度规定一定的延时，以免短暂的运行波动造成不必要的动作和干扰而引起误动；③继电保护装置还可以与电力系统中的其他自动化装置配合，在条件允许时，采取预定措施，缩短事故停电时间，尽快恢复供电，从而提高电力系统运行的可靠性。由此可见，继电保护装置在电力系统中的主要作用是通过预防事故或缩小事故范围来提高系统运行的可靠性。因此，继电保护是电力系统的重要组成部分，是保证电力系统安全、可靠运行的必不可少的技术措施之一。

安全自动装置的作用是当系统发生事故后或不正常运行时，自动进行紧急处理，以防止大面积停电并保证对重要负荷连续供电，以及恢复系统的正常运行，如自动重合闸、备用电源自动投入、稳控装置及远方切机、切负荷装置等。

1. 继电保护装置的基本组成

一般而言，整套继电保护装置由测量比较部分、逻辑部分和执行输出部分 3 部分组成，如图 2-64 所示。

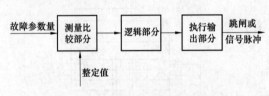

图 2-64 继电保护装置的具体组成

（1）测量比较部分。测量比较部分是测量通过被保护的电气元器件的物理参量，并与给定的值进行比较，根据比较的结果，给出"是"、"非"（"0"或"1"）性质的一组逻辑信号，从而判断继电保护装置是否应该启动。

（2）逻辑部分。逻辑部分使保护装置按一定的逻辑关系判定故障的类型和范围，最后确定是应该使断路器跳闸、发出信号、不动作及是否延时等，并将对应的指令传给执行输出部分。

（3）执行输出部分。执行输出部分根据逻辑部分传来的指令，最后完成保护装置所担负的任务，如在故障时动作于跳闸、不正常运行时发出信号、而在正常运行时不动作等。

2. 继电保护装置的基本原理

继电保护装置必须具有正确区分被保护元器件是处于正常运行状态还是发生了故障、是保护区内故障还是区外故障的功能。继电保护装置要实现这一功能，需要根据电力系统发生故障前后电气物理量变化的特征为基础。

电力系统发生故障后，工频电气量变化的主要特征如下：

（1）电流增大。短路时故障点与电源之间的电气设备和输电线路上的电流将由负荷电流增大至大大超过负荷电流。

（2）电压降低。当发生相间短路和接地短路故障时，系统各点的相间电压或相电压值下降，且越靠近短路点，电压越低。

（3）电流与电压之间的相位角改变。正常运行时电流与电压间的相位角是负荷的功率因数角，一般约为 20°，三相短路时，电流与电压之间的相位角是由线路的阻抗角决定的，

一般为 $60° \sim 85°$，而在保护反方向三相短路时，电流与电压之间的相位角则是 $180° +$ $(60° \sim 85°)$。

（4）测量阻抗发生变化。测量阻抗即测量点（保护安装处）电压与电流的比值。正常运行时，测量阻抗为负荷阻抗；金属性短路时，测量阻抗转变为线路阻抗，故障后测量阻抗显著减小，而阻抗角增大。

不对称短路时，出现相序分量，如两相及单相接地短路时，出现负序电流和负序电压分量；单相接地时，出现负序和零序电流和电压分量。这些分量在正常运行时是不出现的。

利用短路故障时电气量的变化，便可构成各种原理的继电保护装置。

此外，除了上述反映工频电气量的保护外，还有反映非工频电气量的保护。

现以图 2-65 所示的简单的线路电流保护为例，来说明继电保护装置的工作原理。线路在正常工作时通过负荷电流，电流互感器 TA 的二次侧连接电磁型电流继电器 KA 的线圈，它所产生的电磁力小于继电器弹簧的反作用力，因而继电器不动作，它的常开触点处于断开位置。当线路上 K 处发生短路时流过短路电流，它比负荷电流大得多，通过继电器线圈的电流和它所产生的电磁力都相应的显著增大，衔铁被吸合，使继电器常开触点闭合，接通了断路器 QF 的跳闸线圈 YR，铁芯被吸上，撞开锁扣机构（LO），断路器跳闸，继电器的触点在弹簧力的作用下返回断开位置。

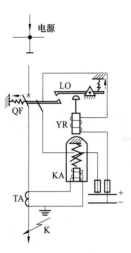

图 2-65 继电保护
装置的工作原理

3. 对继电保护装置的基本要求

继电保护装置为了完成它的任务，必须在技术上满足选择性、速动性、灵敏性和可靠性 4 个基本要求。对于作用于继电器跳闸的继电保护装置，应同时满足 4 个基本要求，而对于作用于信号以及只反映不正常的运行情况的继电保护装置，这 4 个基本要求中有些要求可以降低。

（1）选择性。

选择性就是指当电力系统中的设备或线路发生短路时，其继电保护装置仅将故障的设备或线路从电力系统中切除，当故障设备或线路的保护或断路器拒动时，应由相邻设备或线路的保护将故障切除。

（2）速动性。

速动性是指继电保护装置应能尽快地切除故障，以减少设备及用户在大电流、低电压运行的时间，降低设备的损坏程度，提高系统并列运行的稳定性。一般必须快速切除的故障如下：

1）主变压器内部故障。

2）中、低压线路导线截面过小，为避免过热，不允许延时切除的故障。

3）可能危及人身安全、对通信系统或铁路信号造成强烈干扰的故障。

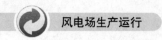

故障切除时间包括保护装置和断路器动作时间，一般快速保护的动作时间为 0.04～0.08s，最快的可达 0.01～0.04s；一般断路器的跳闸时间为 0.06～0.15s，最快的可达 0.02～0.06s。

对于反映不正常运行情况的继电保护装置，一般不要求快速动作，而应按照选择性的条件，带延时发出信号。

(3) 灵敏性。

灵敏性是指电气设备或线路在被保护范围内发生短路故障或不正常运行情况时，继电保护装置的反应能力。

满足灵敏性要求的继电保护装置，在规定的范围内故障时，不论短路点的位置和短路的类型如何，以及短路点是否有过渡电阻，都能正确反应动作，即要求不但在系统最大运行方式下三相短路时能可靠动作，而且在系统最小运行方式下经过较大的过渡电阻两相或单相短路故障时也能可靠动作。

系统最大运行方式：被保护线路末端短路时，系统等效阻抗最小，通过继电保护装置的短路电流为最大运行方式。

系统最小运行方式：在同样短路故障情况下，系统等效阻抗最大，通过继电保护装置的短路电流为最小运行方式。

(4) 可靠性。

可靠性包括安全性和信赖性，是对继电保护装置最根本的要求。

1) 安全性：要求继电保护装置在不需要它动作时可靠不动作，即不发生误动。

2) 信赖性：要求继电保护装置在规定的保护范围内发生了应该动作的故障时可靠动作，即不拒动。

继电保护装置的误动作和拒动作都会给电力系统带来严重危害。即使对于相同的电力元器件，随着电网的发展，保护不误动和不拒动对系统的影响也会发生变化。

对继电保护装置的 4 项基本要求是分析研究继电保护装置的基础，必须反复地深刻领会。要注意的是，这 4 项基本要求之间往往有矛盾的一面。例如，既有选择性又有速动性的继电保护装置，其装置结构都比较复杂，可靠性就比较低；提高继电保护装置的灵敏性，却增加了误动的可能性，降低了可靠性。因此，必须从被保护对象的实际情况出发，明确矛盾的主次，采取必要的措施，这是可以通过实践逐步掌握的。

4. 继电保护装置的种类

继电保护装置可按以下 4 种方式分类：

(1) 按被保护对象分类，有线路保护和元件保护（如发电机、变压器、母线、电抗器、电容器、母线等保护）。

(2) 按保护功能分类，有短路故障保护和异常运行保护。前者又可分为主保护、后备保护和辅助保护；后者又可分为过负荷保护、低频保护、非全相运行保护等。

(3) 按继电保护装置结构分类，有电磁型、整流型、集成电路型、微机型。

(4) 按保护原理分类，有差动保护、电流保护、电压保护、阻抗保护、零序电流保护、距离保护等。

5. 电流保护

电流保护是最基本的保护类型，应用范围较广，电流保护分为：速断、延时速断、过流，电流保护可作为集电线路、小容量变压器的主保护，也可作为变压器、线路的后备保护，电流保护可以通过加装方向原件、电压闭锁等原件组成更为可靠的保护。

（1）电流速断保护（无时限电流速断保护或过电流Ⅰ段保护）。

当输电线路发生严重故障时，将会产生很大的故障电流，故障点距离电源越近，短路电流就越大。电流速断保护就是反映电流升高而不带时限动作的一种电流保护，但电流速断保护不能保护线路的全长。根据继电保护速动性的要求，电流速断保护的动作时限为瞬时动作，任一相电流大于整定值，保护就会跳闸并发信号。其动作方程为 $I_d \geqslant I_1$，式中，I_d 为短路电流，I_1 为速断保护定值。

（2）电流延时速断保护（限时电流速断保护或过电流Ⅱ段保护）。故障电流超过速断保护整定值时，带一定延时后发出跳闸命令。因为电流速断保护（无时限）不能保护线路全长，所以需要增加带时限的电流速断保护，用以保护线路其余部分的故障，并作为电流速断保护的后备保护。其保护范围不仅包括线路全长，而且深入到相邻线路的无时限保护区一部分。电流限时速断保护的动作时限应与电流速断保护相配合。当任一相电流大于整定值并超过整定延时时，保护跳闸并发信号，其动作方程为 $I_d \geqslant I_2$，且 $t \geqslant t\_I_2$。式中，I_d 为短路电流，I_2 为电流限时速断保护定值；t 为短路电流大于电流限时速断保护定值的时间；t_I_2 为电流限时速断保护的整定延时。

（3）过电流保护（定时限过电流保护或过电流Ⅲ段保护）。过电流保护就是当电流超过预定最大值时，使继电保护装置动作的一种保护方式。当流过被保护元器件中的电流超过预先整定的某个数值时，继电保护装置起动，并用时限保证动作的选择性，使断路器跳闸或给出报警信号。过电流保护在正常运行时，不会动作。当电网发生短路时，则能反映电流的增大而动作。因为短路电流一般比最大负荷电流大得多，所以保护的灵敏性较高，不仅能保护本线路的全长，作为本线路的近后备保护，而且还能保护相邻线路全长，作为相邻线路的远后备保护。

为保证在正常情况下各条线路上的过电流保护绝对不动作，过电流保护的动作电流应大于该线路上可能出现的最大负荷电流；同时还必须考虑在外部故障切除后电压恢复时在负荷自启动电流作用下继电保护装置必须能够可靠返回，即返回电流应大于负荷自启动电流。

电流速断保护、电流延时速断保护及过电流保护具有方向闭锁功能，即带有方向保护（在原有保护上加装了功率方向继电器）。根据故障电流的方向，有选择性地发出跳闸命令称为方向保护，可通过控制字（速断方向）进行投退选择。方向元件闭锁是根据功率方向来决定的（一般规定由母线流向线路为正方向，线路流向母线为反方向），只有当短路功率方向是由母线到线路时保护才动作，反之不动作。风电场虽然属于单电源系统，但是其多条集电线路汇集到一条母线，从而若一条集电线路上发生故障，会存在其他线路电流流向故障线路的情况，所以风电场集电线路电流保护需要带方向。

6. 电压保护

（1）过电压保护。

电压保护根据电压异常情况又分为过电压保护和低电压保护两种类型。

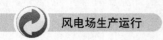

继电保护装置实时监视系统电压，当故障电压高于保护整定值时，发出跳闸命令或低电压信号。

实际上电力系统中常常发生暂态过电压，电气设备也具备一定的过电压耐受能力，另一方面切除部分设备可能再次导致操作过电压，对电气设备很难起到真正的保护作用。因此，现实中基本上不采用继电保护装置作为过电压保护装置，而是采用更加有效的避雷器、击穿保险器、过电压保护器、接地装置作为过电压保护装置。避雷器、击穿保险器、过电压保护器、接地装置属于一次设备，并非继电保护装置的范畴。

风电场过电压保护装置主要以避雷器和过电压保护器为主，用于保护风电机组、箱式变压器、集电线路、开关柜及母线等设备。

（2）低电压保护。

低电压保护又称欠电压保护，继电保护装置实时监视系统电压，当故障电压低于保护整定值时，发出跳闸命令或低电压信号。低电压保护是指用低压保护继电器并连在电源两端，当电压低时会自动脱扣，从而分开断路器。

当元器件的母线电压短时降低或中断又恢复时，为防止元器件或元器件上所带的设备损坏，通常会在元器件上装设低电压保护。当供电母线电压低到一定值时，低电压保护动作，将元器件切除，当母线电压恢复到足够的电压时，恢复元器件运行。

低电压保护多用在拖动较为重要的设备的电动机控制回路中，以防止电压不足、断相引起电动机烧损。

7. 单相接地保护

（1）大电流接地系统。在大电流接地系统中，如果发生单相接地，则与系统中性点构成回路，表现为单相接地短路故障。因为接地短路电流较大，所以采用零序电流保护实现单相接地保护。

（2）小电流接地系统。在小电流接地系统中，如果发生单相接地，接地相主要流过电容电流，故障电流增幅不大，靠简单的过电流保护无法判断故障。这时故障相电压为 0，非故障相对地电压升高到相电压的 $\sqrt{3}$ 倍，即等于线电压；各相间的电压大小和相位仍然不变，三相系统的平衡仍然保持，各相对地电压发生变化，系统可以保持继续运行状态。但这种异常的运行状态常常会破坏非接地相的绝缘，因此有必要设置专门的单相接地保护装置，用于跳闸或告警。

我国电力系统中，10kV、35kV 电网中一般采用中性点不接地的运行方式。电网中主变压器配电电压侧一般为三角形联结，没有可供接地的中性点。当中性点不接地系统发生单相接地故障时，线电压三角形保持对称，对用户继续工作影响不大，并且电容电流比较小（小于 10A），一些瞬时性接地故障能够自行消失，这对提高供电可靠性，减少停电事故是非常有效的。因为该运行方式简单、投资少，所以在我国电网初期阶段一直采用这种运行方式，并起到了很好的作用。但是随着电力事业日益的壮大和发展，这种简单的方式已不再满足现在的需求，现在城市电网中电缆电路的增多，使电容电流越来越大（超过 10A），此时接地电弧不能可靠熄灭，就会产生以下后果：

1）单相接地电弧发生间歇性的熄灭与重燃，会产生弧光接地过电压，其幅值可达 $4U$（U 为正常相电压峰值）或者更高，持续时间长，会对电气设备的绝缘造成极大的危害，在绝缘薄弱处形成击穿，造成重大损失。

2）持续电弧造成空气的解离，破坏了周围空气的绝缘，容易发生相间短路。

3）产生铁磁谐振过电压，容易烧坏电压互感器并引起避雷器的损坏，甚至可能使避雷器爆炸。这些后果将严重威胁电网设备的绝缘，危及电网的安全运行。

为了防止上述事故的发生，为系统提供足够的零序电流和零序电压，使接地保护可靠动作，需人为建立一个中性点，以便在中性点接入接地电阻。接地变压器就是人为制造了一个中性点接地电阻，它的接地电阻一般很小。另外，接地变压器有电磁特性，对正序、负序电流呈高阻抗，绕组中只流过很小的励磁电流。每个铁芯柱上两段绕组绕向相反，因此同心柱上两绕组流过相等的零序电流呈现低阻抗，零序电流在绕组上的压降很小，也即当系统发生接地故障时，在绕组中将流过正序、负序和零序电流。该绕组对正序和负序电流呈现高阻抗，而对零序电流来说，因为在同一相的两绕组反极性串联，其感应电动势大小相等，方向相反，正好相互抵消，所以呈低阻抗。中性点经小电阻接地电网发生单相接地故障时，高灵敏度的零序保护判断并短时切除故障线路，接地变压器只在接地故障至故障线路零序保护动作切除故障线路这段时间内起作用，总之，接地变压器是人为地制造一个中性点，用来连接接地电阻。当系统发生接地故障时，对正序、负序电流呈高阻抗，对零序电流呈低阻抗性使接地保护可靠动作。

8. *差动保护*

差动保护是根据"电路中流入节点电流的总和等于零"的原理制成的。

差动保护把被保护的电气设备看成一个节点，那么正常时流进被保护设备的电流和流出的电流相等，差动电流等于零。当设备出现故障时，流进被保护设备的电流和流出的电流不相等，差动电流大于零。当差动电流大于差动保护装置的整定值时，上位机报警保护出口动作，将被保护设备的各侧断路器跳开，使故障设备断开电源。

差动保护原理简单、使用电气量单纯、保护范围明确、动作不需延时，一直用于变压器做主保护。另外，差动保护还有线路差动保护、母线差动保护等。

当流过变压器或发电机绕组，线路两端电流之差变化超过整定值时，发出跳闸命令称为纵差动保护；两条并列运行的线路或两个绕组之间电流差变化超过整定值时，发出跳闸命令称为横差动保护。

对变压器绕组、套管及引出线上的故障，应根据容量的不同，装设纵差保护或电流速断保护。保护瞬时动作，断开变压器各侧断路器。

（1）对 6.3MVA 及以上并列运行的变压器、10MVA 单独运行的变压器，以及6.3MVA 以上厂用变压器应装设纵差动保护。

（2）对 10MVA 以下厂用备用变压器和单独运行的变压器，当后备保护时间大于 0.5s时，应装设电流速断保护。

（3）对 2MVA 及以上用电流速断保护灵敏性不符合要求的变压器，应装设纵差动保护。

（4）对高压侧电压为 330kV 及以上的变压器，可装设双重纵差动保护。

图 2-66 所示为变压器纵差动保护原理接线图。变压器两侧分别装设电流互感器 TA1和 TA2，并按图 2-66 中所示的极性关系进行连接。

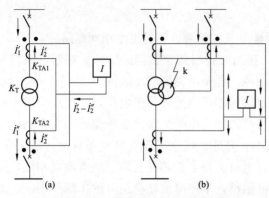

图 2-66　变压器纵差动保护原理接线图

(a) 双绕组变压器正常运行时的电流分布；
(b) 三绕组变压器内部故障时的电流分布

理想状态下，当两侧的互感器不存在误差和不平衡，可以看出当发生外部故障时，流入差动继电器的差流为零，而当发生内部故障时，流入差动继电器的差流则很大。在实际运行时，情况要复杂得多，首先，变压器的联结组标号不同，需要考虑其相位相对关系，电力系统中变压器常采用 Yd11 联结方式，因此，变压器两侧电流的相位为 30°，以往常规继电器型需要通过修改互感器二次联结方式来修正，目前的微机保护可以依靠程序来进行自动修正。其次，变压器差动保护中总会存在不平衡电流，由于互感器变比不能做到完全匹配，其自身有误差、暂态传变特性会有区别，变压器分接头也会调整。因此，实际差动保护常需要采用比率制动的方式来对抗可能出现的不平衡电流，以防止变压器在外部短路的时候误动作。

需要注意的是，变压器中存在励磁回路，它是变压器中磁场转变电能在电路中的等值，这一回路无法由电流互感器直接测量电流。这不仅造成了变压器正常工作时差动保护回路中存在不平衡电流，更严重的是，当变压器空载合闸时，电压等于零，这时会产生很大的非周期分量电流，可达短路电流的幅值。若非周期分量电流产生的磁通方向与铁芯中剩余磁通方向一致，则使铁芯严重饱和，要产生与外加电压平衡的电动势所需的励磁电流就非常大，这种励磁电流称为励磁涌流，其数值最大可达到变压器额定电流的 6～8 倍，这意味着此时差动保护会误动作，因此，变压器差动保护需要可以躲过励磁涌流，微机保护常采用二次谐波或电流波形间断角来实现对于励磁涌流的判别。除了比率制动差动保护，一般还装设差动速断保护用于快速动作于较为严重的故障，差动保护的跳闸逻辑为跳变压器各侧断路器，实现变压器和带电系统的完全隔离。

图 2-67 所示为二次谐波制动的纵差动保护原理接线图：由 TX2、C_2、BZ2、C_3 和 R_2 组成。TX2 二次线圈的电感 L 与电容 C_2 构成二次谐波并联谐振回路，对二次谐波呈现很大的阻抗，因此输出电压较高。这样，经 C_3 滤波后的二次谐波制动电压 U_{res2} 较大，可以通过调节 R_2 来改变 U_{res2} 的大小。比率制动电压 U_{res1} 和二次谐波制动电压 U_{res2} 在电路中是相叠加的，其合成电压称为总制动电压 U_{res}，即 $U_{res}=U_{res1}+U_{res2}$。

9. 瓦斯保护

瓦斯保护是变压器内部故障的主保护，对变压器匝间和层间短路、铁芯故障、套管内部故障、绕组内部断

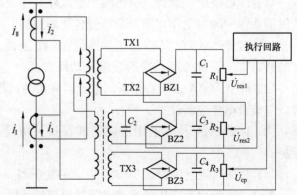

图 2-67　二次谐波制动的纵差动保护原理接线图

线及绝缘劣化和油面下降等故障均能灵敏动作。当油浸式变压器的内部发生故障时，电弧将使绝缘材料分解并产生大量的气体，从油箱向储油柜流动，其强烈程度随故障的严重程度不同而不同，反映这种气流与油流而动作的保护称为瓦斯保护，也称气体保护。

气体继电器（或称瓦斯继电器）是构成瓦斯保护的主要元件，它安装在油箱与储油柜的联管中部，这样油箱内部气体必须通过气体继电器才能流向储油柜。为了使气体顺利地流向储油柜，老式变压器要求油箱与联管都要有一定倾斜度，其中油箱要求有 1％～1.5％，联管要求有 2％～4％的倾斜度。新型的变压器在容易聚集气体的地方（如套管升高座）装有集气分管，各集气分管都接入集气总管，然后将集气总管接到气体继电器前端的联管上。这样，只要集气管和联管有一定倾斜度，气体就能流入储油柜，所以油箱就没有倾斜度方面的要求了。

浮子式气体继电器的工作原理如下：

（1）正常工作时继电器内中充满了油，上、下浮子均漂浮在油液中，干簧触点断开。

（2）当变压器油箱内部发生轻微故障时，少量气体将聚集在继电器的顶部，使继电器内的油面下降，上浮子也一同下降。当下降到一定位置时，通过固定在浮子磁铁的运动，带动上侧干簧触点闭合发出轻瓦斯动作信号。

（3）当变压器发生油液泄漏时，油液持续流失，储油柜、管道和气体继电器被排空。随着液体水平面的下降，下浮子下沉。通过固定在浮子磁铁的运动，带动下侧干簧触点闭合动作于重瓦斯保护，断路器跳闸。

（4）当油箱内部发生严重故障时，就会产生大量的气体并伴随着油流冲击挡板，当油流速度达到继电器的整定值时，挡板被冲到一定的位置，固定在挡板上的磁铁就接近于干簧触点，使该触点闭合，该触点闭合动作于重瓦斯保护，断路器跳闸。

无论是油箱内部发生严重故障或变压器储油柜油液漏光，均会导致重瓦斯保护动作。

对 400kVA 及以上油浸式变压器，均应装设瓦斯保护。对于油浸式变压器，当变压器内部发生匝间短路出现电气火花时，变压器油被击穿，出现瓦斯气体冲击安装在储油柜通道管中的气体继电器，故障严重，瓦斯气体多，冲击力大，重瓦斯动作于跳闸；故障不严重，瓦斯气体少，冲击力小，轻瓦斯动作于信号。

瓦斯保护是利用反映气体状态的气体继电器（又称气体继电器）来保护变压器内部故障的，但不能反映油箱外的引出线和套管上的故障，因此不能作为变压器唯一的主保护，需与纵差动保护配合，共同作为变压器的主保护。

瓦斯保护动作后，应从瓦斯器上部排气口收集气体，进行分析。根据气体的数量、颜色、化学成分、可燃性等，判断保护动作的原因和故障的性质。

10. 温度保护

温度保护同瓦斯保护一样，也属于非电量保护的一种，当变压器、电动机或发电机过负荷或内部短路故障，出现设备本体温度升高，超过整定值时发出跳闸命令或超温报警信号。

11. 距离保护

距离保护是反映故障点至保护安装地点之间的距离（或阻抗），并根据距离的远近而确定动作时间的一种保护装置。该装置的主要元件为距离（阻抗）继电器，它可根据其端子上所加的电压和电流测知保护安装处至短路点间的阻抗值，此阻抗称为继电器的测量阻抗。当短路点距保护安装处近时，其测量阻抗小，动作时间短；当短路点距保护安装处远时，其测量阻抗增大，动作时间增长，这样就保证了保护有选择性地切除故障线路。

用电压与电流的比值（即阻抗）构成的继电保护又称阻抗保护，阻抗元件的阻抗值是接入该元件的电压与电流的比值：$U/I=Z$，也就是短路点至保护安装处的阻抗值。因为线路的阻抗值与距离成正比，所以又称距离保护或阻抗保护。距离保护分为接地距离保护和相间距离保护等。

距离保护的动作行为反映保护安装处到短路点距离的远近。与电流保护和电压保护相比，距离保护的性能受系统运行方式的影响较小。

为了满足继电保护速动性、选择性和灵敏性的要求，目前广泛采用具有 3 段动作范围的时限特性。3 段分别称为距离保护的 I、II、III 段，它们分别与电流速断保护、电流延时速断保护及过电流保护相对应。距离保护的第 I 段是瞬时动作的，它的保护范围为本线路全长的 $80\%\sim85\%$；第 II 段与延时电流速断保护相似，它的保护范围应不超出下一条线路距离第 I 段的保护范围，并带有高出一个 Δt 的时限以保证动作的选择性；第 III 段与过电流保护相似，其启动阻抗按躲开正常运行时的负荷参量来选择，动作时限比保护范围内其他各保护的最大动作时限高出一个 Δt。

12. 高频保护

利用弱电高频信号传递故障信号来进行选择性跳闸的保护称为高频保护。

在高压输电线路上（主要是 220kV 及以上线路），要求无延时地从线路两端切除被保护线路内部的故障。此时，电流保护和距离保护都不能满足要求。纵联差动保护可以瞬时动作切除保护范围内部任何地点的故障。但纵联差动保护需敷设与被保护线路等长的辅助导线，这在经济上、技术上都难以实现。

高频保护是用高频载波（$40\sim500$kHz）代替二次导线，传送线路两侧电信号，所以高频保护的原理是反映被保护线路首末两端电流的差或功率方向信号，用高频载波将信号传输到对侧加以比较而决定保护是否动作。高频闭锁方向保护是通过高频通道间接比较被保护线路两侧的功率方向，以判别是被保护范围内部故障还是外部故障。当区外故障时，被保护线路近短路点一侧为负短路功率，向输电线路发高频波，两侧收信机收到高频波后将各自保护闭锁。当区内故障时，线路两端的短路功率方向为正，发信机不向线路发送高频波，保护的启动元件不被闭锁，瞬时跳开两侧断路器。

载波通道由高频阻波器、耦合电容器、连接滤波器、高频电缆、保护间隙、接地开关及高频收、发信机组成，如图 2 - 68 所示。

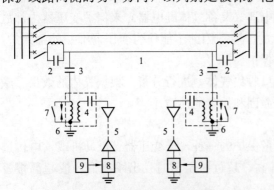

图 2 - 68　高频通道原理接线图

1—输电线路；2—高频阻波器；3—耦合电容器；

4—连接滤波器；5—高频电缆；6—保护间隙；

7—接地开关；8、9—高频收、发信机

高频信号的利用方式分为经常无高频电流（故障时发）和经常有高频电流（故

障时不发）。在这两种工作方式中，按传送的信号性质，又可以分为传送闭锁信号、允许信号和跳闸信号 3 种类型。

（1）闭锁信号：收不到这种信号是高频保护动作跳闸的必要条件。

（2）允许信号：收到这种信号是高频保护动作跳闸的必要条件。

（3）传送跳闸信号：收到这种信号是保护动作于跳闸充分而必要的条件。

随着电力线路光纤差动保护技术的成熟和广泛应用，目前输电线路高频保护已趋于淘汰。

13. 输电线路纵联差动保护

当输电线路内部发生图 2-69 所示的 k1 点短路故障时，流经线路两侧断路器的故障电流如图中实线箭头所示，均从母线流向线路（规定电流或功率从母线流向线路为正，反之为负）。而当输电线路 MN 的外部发生短路时（图 2-69 中的 k2 点），流经 MN 侧的电流如图中的虚线箭头所示，M 侧的电流为正，N 侧的电流为负。利用线路内部短路时两侧电流方向同相而外部短路时两侧电流方向相反的特点，保护装置就可以通过直接或间接比较线路两侧电流（或功率）方向来区分是线路内部故障还是外部故障。即纵联差动保护的基本原理是：当线路内部任何地点发生故障时，线路两侧电流方向（或功率）为正，两侧的保护装置就无延时地动作于跳开两侧的断路器；当线路外部发生短路时，两侧电流（或功率）方向相反，保护不动作。这种保护可以实现线路全长范围内故障的无时限切除，从理论上这种保护具有绝对的选择性。

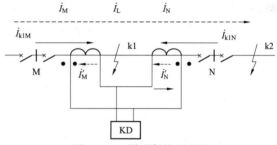

图 2-69　纵联保护原理图

线路的纵联差动保护与高频保护类似，正常运行及区外故障时，保护不动，区内故障全线速动。

当输电线路采用纵联差动保护时，由于两端相距较远，压根在每一侧装设采集装置，然后利用通信线路交换电流信息，从而实现差动算法。可用的通信手段有导引线、载波、微波、光纤几种方式，由于光纤通道具有效率高、抗干扰能力好、安全可靠性高、能保持长期不间断地传输信号的特点，目前光纤方式已成为纵联差动保护信号传输通道的首选方式。

光纤纵联差动保护采用光纤通道将输电线路两端的电流信号，通过编码流形式，然后转换成光的信号经光纤传送到对端，保护装置收到传来的光信号先转换成电信号，再与本端的电信号构成纵联差动保护。光纤纵联送去保护动作的方向，以母线流向线路方向为正。其动作原理：动作电流（差动电流）为 $I_d = I_m + I_n$，制动电流为 $I_r = I_m - I_n$。发生区外故障（见图 2-70）时，一侧电流由母线流向线路，为正值，另一侧电流由线路流向母线，为负值，两电流大小相同，方向相反，所以差动电流为零，差流元件不动作。凡是穿越性的电流均不产生动作电流，只产生制动电流，制动电流是穿越性电流的 2 倍。

发生区内故障（见图 2-71）时，两侧实际短路电流都是由母线流向线路，和参考方向一致，都是正值，差动电流很大，$I_d \gg I_r$，满足差动方程，差动元件动作。凡是在线路内部有流出的电流，都成为动作电流。

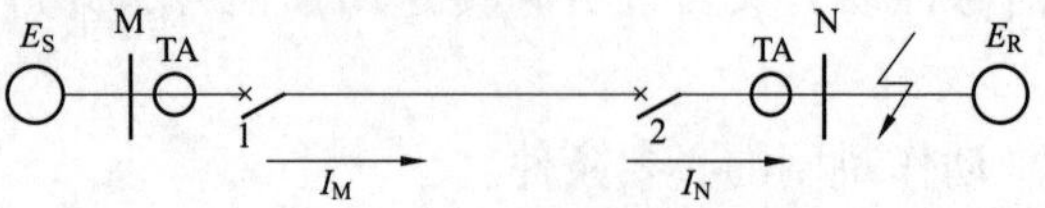

图 2-70　区外故障时电流流向 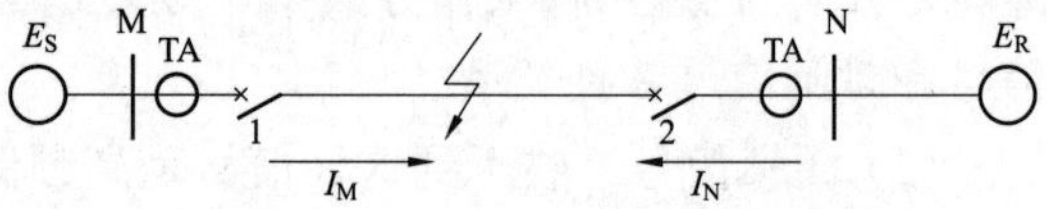　　　　图 2-71　区内故障时电流流向

14. 母线差动保护

为满足速动性和选择性的要求，母线保护都是按差动原理构成的。因为母线上只有进出线路，正常运行情况，进出电流的大小相等，相位相同。如果母线发生故障，这一平衡就会破坏。有的保护采用比较电流是否平衡，有的保护采用比较电流相位是否一致，有的二者兼有，一旦判别出母线故障，立即起动保护动作元件，跳开母线上的所有断路器。如果是双母线并列运行，有的保护会有选择地跳开母联开关和有故障母线的所有进出线路断路器，以缩小停电范围。

母线差动保护是保证电网安全稳定运行的重要系统设备，它的安全性、可靠性、灵敏性和快速性对保证整个区域电网的安全具有决定性的意义。

15. 断路器失灵保护

当系统发生故障，故障元件的保护动作而其断路器操作失灵拒绝跳闸时，通过故障元件的保护作用于本变电站相邻断路器跳闸。线路、主变压器开关失灵，电流判别在母差保护中实现。

变压器内设的主变压器断路器失灵启动判据的整定原则与线路、母差保护内的断路器失灵故障电流再判元件的整定原则一致，应按照零序和负序电流按躲过最大负荷下的不平衡电流整定，作为断路器单相或两相未能跳开的判据；相电流元件按躲过最大负荷电流整定，作为断路器三相未能跳开的判据。

16. 安全稳定控制装置

安全稳定控制装置又简称安稳装置，主要为电网安全、稳定运行提供保障。在正常条件下，安稳装置根据测量的电气量、开关量自动判断线路、主变压器和机组的投停状态，自动判别系统的运行方式。一旦系统运行方式改变，安稳装置能在短时间内识别新的运行方式。如果通道暂时中断，方式又发生了变化，可由运行人员适当干预提供运行方式信息，以保证安稳装置对运行方式识别的正确性。通过方式压板的人工投退来决定运行方式时，在出线出现跳闸故障时，方式自动切换成新的运行方式，以自动适应电网相继故障的情况；投入的方式压板和电网的实际运行方式的进行实时校核，防止投入的方式压板和电网的实时运行方式不一致。当电网的运行方式和装置投入的运行方式压板不一致时，立即发异常信号，闭锁装置，防止电网发生故障时造成装置误动。

实际上安稳装置种类很多。例如，解列装置，就是装在两个同步电网的联络线上，当两网不能保持同步时，执行自动解列的装置；还有自动切机，就是当电厂出口发生设备故障，导致输送能力低于电厂实际功率时，切除发电机组的装置。安稳装置是保证电网安全的第二道防线，是继电保护装置的补充。

（1）自动重合闸。

对于一些瞬时性故障（雷击、架空线闪路等），故障迅速切除后，不会发生永久性故障，此时再进行合闸，可以继续保证供电。继电保护装置发出跳闸命令，断路器跳开后马上再发出合闸命令，称为重合闸。重合闸一次后不允许再重合的称为一次重合闸，允许再重合一次的称为二次重合闸（一般很少使用）。有了重合闸功能之后，在发生故障后，继电保护装置可先不考虑保护整定时间，马上进行跳闸，跳闸后，再进行重合闸。重合后若故障不能切除，然后根据继电保护整定时间进行跳闸，此种重合闸为前加速重合闸。发生事故后继电保护装置先根据保护整定时间进行保护跳闸，然后进行重合闸，重合闸不成功无延时迅速发出跳闸命令，此种重合闸称为后加速重合闸。风电场自动重合闸装置一般用在 110kV 以上线路中。

（2）备用电源互投。

两路或多路电源进线供电时，当一路断电，其供电负荷可由其他电源供电，也就是要进行电源切换，人工进行切换的称为手动互投，自动进行切换的称为自动互投。互投有利用母联断路器进行互投的（用于多路电源进行同时运行）和进线电源互投（一路电源为主供，其他路电源为热备用）等多种形式。对于不允许供电电源并列运行的还应加互投闭锁。风电场备用电源互投主要用在 0.4kV 站用系统中。

17. 220kV 变电站继电保护典型配置

（1）主变压器保护配置如表 2-15 所示。

表 2-15　　　　　　　　　　主变压器保护配置

项　目	保护名称	动作时间	动作结果
主保护	主变差动	—	跳各侧
高后备	高压侧复合电压闭锁过电流Ⅰ段	延时	跳各侧
	高压侧复合电压闭锁过电流Ⅱ段	延时	跳各侧
	高压侧复合电压闭锁过电流Ⅲ段	延时	跳各侧
	零序过电流Ⅰ段	延时	跳各侧
	零序过电流Ⅱ段	延时	跳各侧
	零序过电压保护	延时	跳各侧
	间隙过电流保护	延时	跳各侧
	高压侧非全相	延时	跳各侧
	过负荷保护	延时	告警
低后备	低压闭锁相间过电流Ⅰ段	延时	跳低侧
	低压闭锁相间过电流Ⅱ段	延时	跳各侧
	低压闭锁相间过电流Ⅲ段	延时	跳各侧
	过负荷保护	延时	告警
	零序过电压保护	延时	告警
非电量	重瓦斯	—	跳各侧
	有载重瓦斯	—	跳各侧
	绕组温度超温	120℃	跳各侧
	压力释放	—	跳各侧
	本体轻瓦斯	—	告警
	有载轻瓦斯	—	告警

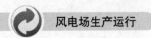

（2）220kV 母线保护配置如表 2-16 所示。

表 2-16　　　　　　　　　　220kV 母线保护配置

保护名称	动作时间	动作结果
差动保护	瞬时	跳各侧
断路器失灵保护	—	跳各侧

（3）35kVⅠ、Ⅱ母线保护配置如表 2-17 所示。

表 2-17　　　　　　　　　35kVⅠ、Ⅱ母线保护配置

保护功能	动作时间	动作结果
差动保护	瞬时	跳各侧

（4）220kV 输电线路保护配置如表 2-18 所示。

表 2-18　　　　　　　　　220kV 输电线路保护配置

保护装置	保护名称	动作时间	动作结果
931 型微机保护	光纤纵联差动	瞬时	跳各侧
	相间距离Ⅰ段	瞬时	跳闸
	接地距离Ⅰ段	瞬时	跳闸
	相间距离Ⅱ段	延时	跳闸
	接地距离Ⅱ段	延时	跳闸
	相间距离Ⅲ段	延时	跳闸
	接地距离Ⅲ段	延时	跳闸
	零序方向过电流Ⅱ段	延时	跳闸
	零序方向过电流Ⅲ段	延时	跳闸
	零序过电流加速段	瞬时	跳闸
	TV 断线过电流	延时	跳闸
603 型数字式线路保护装置	分相电流差动	瞬时	跳闸
	快速距离保护	瞬时	跳闸
	相间距离Ⅰ段	瞬时	跳闸
	接地距离Ⅰ段	瞬时	跳闸
	相间距离Ⅱ段	延时	跳闸
	接地距离Ⅱ段	延时	跳闸
	相间距离Ⅲ段	延时	跳闸
	接地距离Ⅲ段	延时	跳闸
	零序方向过电流Ⅰ段	瞬时	跳闸
	零序方向过电流Ⅱ段	延时	跳闸
	零序方向过电流Ⅲ段	延时	跳闸
	零序方向过电流Ⅳ段	延时	跳闸
	零序加速段	延时	跳闸

（5）35kV 集电线路保护配置如表 2-19 所示。

表 2-19　　　　　　　　　　　　35kV 线路保护配置

保护功能	动作时间	动作结果
瞬时电流速断	瞬时	跳线路
限时电流速断	延时	跳线路
定时限过电流保护	延时	跳线路
相电流加速段保护（后加速）	延时	跳线路
不接地零序方向过电流保护	延时	跳线路
母线 TV 断线告警	瞬时	告警
控制回路断线告警	瞬时	告警

2.5.3　微机监控系统

风电场微机监控系统分为变电站微机监控系统和风机监控系统，以下主要介绍变电站微机监控系统。

1. 基本原理

（1）微机监控系统以主机为核心，通过网络与综合工作站、前置通信机等设备进行交换，并对各设备工作状态进行监视管理。主机、工作站、前置通信机以相应的操作系统和监控软件，充分利用外设及数据资源，实现遥控、遥信、遥测、遥调等功能及数据报表统计、记录事故分析等自动化管理功能。

（2）微机监控系统主干网采用分层分布开放式结构的单/双星形以太网，通信规约采用标准的 TCP/IP，设置中央控制单元和就地控制单元，中央控制单元和就地控制单元通过冗余高速以太网连接，网络介质为光纤。中央控制单元设备置于变电站的中央控制室，就地控制单元按被控对象分布。风电场监控系统分为就地 PLC 控制、中控室计算机控制。

2. 功能

微机监控方式，通过计算机监控系统进行机组启停及并网操作、主变压器高压侧断路器和线路断路器的操作、站用电切换、辅助设备控制等。

变电站微机监控系统现场配置综合工作站、互为备用的以太网交换机、GPS 时钟系统及外围设备等。其主要功能为数据采集与处理、控制操作、运行监视、事件处理、报警打印、自检功能、与微机保护的通信联系、与微机五防系统的联系、与其他智能设备的通信联系等。

（1）运行监视功能主要包括变电站正常运行时的各种信息和事故状态下的自动报警，站内监控系统能对设备异常和事故进行分类，设定等级。当设备状态发生变化时退出相应画面。事故时，事故设备闪光直至运行人员确认，可方便地设置每个测点的越限值、极限值，越限时发出声光报警并退出相应画面。

（2）事故顺序记录和事故追忆功能对断路器、隔离开关和继电保护动作发生次序进行排列，产生事故顺序报告。

（3）运行管理功能可进行自诊断、在线统计和制表打印，按用户要求绘制各种图表，

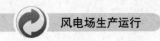

定时记录变电站运行的各种数据，采集电能量，按不同时段进行电能累加和统计，最后将其制表打印。

（4）"四遥"功能：

1）遥信又称为状态量。遥信采集的作用是为了将变电站内断路器、中央信号等位置信号上送到监控系统后台，以达到运行人员对其进行工况监视的目的。变电站综合自动化系统中应采集的状态量包括断路器状态、隔离开关状态、变压器分接头信号及变电站一次设备告警信号、各种保护跳闸信号、预告信号等。目前这些信号大部分采用光电隔离方式输入系统，也可以通过通信方式获得。通过光耦开入方式采集的遥信量称为实遥信，通过通信虚拟采集的遥信量称为虚遥信。开关状态量信号通过光电隔离转换成数字信息，取得状态信号、变位信息（COS）、事件顺序记录（SOE）。

对断路器的位置监视，需要由跳合闸回路中的红、绿两个指示灯来共同完成，即正常运行中，红灯亮表示开关处于合闸位置；绿灯亮表示开关处于分闸位置；红绿灯均不亮表示控制回路断线或开关位置异常；红绿灯均点亮也表示开关位置异常。

2）遥测采集的作用是为了将变电站内交流电压、电流、功率、频率、直流电压、主变压器温度、挡位等信号进行采集并上送到监控系统后台，以达到运行人员对其进行工况监视的目的。它是由保护测控装置通过外部电流及电压输入，经隔离互感器 TV/TA 隔离变换后，将强电压、电流量转换成相应的弱电压信号，再经低通滤波器输入至模/数变换器，由模/数转换进入主中央控制单元（CPU）。经 CPU 采集数字处理后，计算出各种遥测计算量，再按照一定的规约格式组成各种遥测量，通过通信口送给上位机。

3）遥控是由监控后台发布命令，要求测控装置合上或断开某个断路器或隔离开关。遥控操作是一项十分重要的操作，为了保证可靠，通常采用返送校核法，将遥控操作分为两步来完成，简称遥控返校。通常断路器操作箱和保护柜上都有"手合""手跳""保护合""保护跳"4 个重要的操作接口输入端子，监控系统遥控出口回路必须接于其"手合""手跳"回路。当运行中发生遥控超时时，应重点检查监控后台机到相应测控单元的各级元件通信是否正常；当遥控返校正确而无法出口时，应重点检查外部回路（遥控压板、切换开关、闭锁联锁回路等）是否正确；当遥控返校出错时应重点检查相应测控单元遥控出口板或电源板是否故障。

4）遥调是监控后台向测控装置发布变压器分接头调节命令。同遥控命令相似，遥调命令中也应指定对象和调节性质（升或降）。测控单元收到命令，经检验合格后就驱动相关出口继电器动作，如外回路已正确接于变压器有载调压升降压回路当中，则变压器调压机构将正确进行分接头挡位调节操作。

（5）运行管理功能记录设备的各种参数、检修维护情况、运行人员的各种操作记录、继电保护定值的管理和操作票的开列。

在监控系统后台显示的主接线上，不同电压等级要求用不同的颜色进行区分表示，常见电压等级如下：0.4kV—黄褐，6kV—深蓝，10kV—绛红，35kV—鲜黄，110kV—朱红，220kV—紫，330kV—白，500kV—米黄。

2.5.4 仪表及计量装置

1. 仪表

（1）常用测量仪表的配置应能正确反映电力装置的电气运行参数和绝缘状况。

（2）常用测量仪表是指安装在屏、台、柜上的电测量表计，包括指针式仪表、数字式仪表、记录型仪表及仪表的附件和配件等。

（3）常用测量仪表可采用直接仪表测量、一次仪表测量和二次仪表测量方式。

（4）常用测量仪表类型及准确度最低要求如表 2-20 所示。

表 2-20　　　　　　　　　　　　　仪表类型及准确度最低要求

名　称	准确度最低要求
指针式交流仪表	1.5
指针式直流仪表	1.0（经变送器二次测量）
	1.5
数字式仪表	0.5
记录型仪表	应满足测量对象的准确度要求

2. 电流测量

（1）下列回路应测量交流电流：

1）发电机定转子回路。

2）双绕组变压器的两侧、三绕组变压器的三侧。

3）备用电源及交流不停电电源的进线回路。

4）10kV 及以上的输电线路，以及 6kV 及以下供配电和用电网络的总干线路。

5）母线联络断路器、母线分段断路器回路。

6）根据生产工艺的要求，需要监视交流电流的其他回路。

（2）下列回路应测量直流电流：

1）蓄电池组、充电及浮充电整流装置的直流输出回路。

2）重要电力整流装置的直流输出回路。

3）根据生产工艺的要求，需要监视直流电流的其他回路。

3. 电压测量和绝缘监测

下列回路应测量交流电压：

（1）各段电压等级的交流主母线、输电线路。

（2）根据生产工艺的要求，需要监视交流电压的其他回路。

（3）直流系统绝缘监测。

4. 功率测量

（1）下列回路应测量有功功率：

1）风电机组输出。

2）主变压器、场用变压器高压侧。

3）35kV 及以上的输电线路。

（2）下列回路应测量无功功率：

1）风电机组输出。

2）主变压器高压侧。

3）10kV 及以上的输配电线路和用电线路。

5. 频率测量

下列回路应测量频率：

（1）35kV 及以上各段母线。

（2）并网点频率。

6. 电能计量

电能计量装置应满足发电、供电、用电的准确计量的要求。

风电场下列各点应设置计量点：

（1）与电网结算的关口计量点，如送出线路开关、主变压器高压侧、高压侧母联开关。

（2）风电场场内线路开关。

（3）风电机组发电机出口发电量计量。

（4）厂用变压器、备用电源的计量。

（5）场内生活等其他用电计量。

2.5.5　电力调度通信与自动化

1. 电力调度通信的基本组成

电力调度通信网是电力系统不可缺少的重要组成部分，是电力生产、电力调度、电力调度、管理现代化的基础，是确保电网安全、经济、稳定运行的重要技术手段。

电力系统通信为电力调度、继电保护、调度自动化、调度生产管理等提供信息通道并进行信息交换。

电力通信设备包括网络、传输、交换、接入等主要设备以及电源、配线架柜、管线、仪表等辅助设备。

2. 调度自动化

调度自动化系统由电网监控、电量采集、动态监测、市场运营、调度生产管理等主站系统、子站系统和数据传输通道构成。

（1）风电场向调度传输实时信息的主要内容如下：

1）遥测：发电机有功功率、无功功率，全风电场功率，主变压器各侧有功功率、无功功率，输电线路电压值、有功功率、无功功率，母线电压值，无功补偿设备无功功率等。

2）遥信：升压站事故信号，110kV 电压等级以上母线联络断路器、母线隔离开关、线路断路器、主变压器断路器、并网计量关口断路器等位置信号，变压器分接头位置信号、线路保护、稳定装置等有关继电保护动作信号等。

3）风电场 AGC 功率调节设定值、AVC 调节设定值。

4）主变压器高压侧有功电度量、并网计量关口电度量。

5）其他电网调度所需的信息。

（2）风电场向调度传输非实时信息主要内容包括：发用电计划、检修计划、设备参数、调度生产日报数据、电能量计量数据及其他相关生产管理信息。

3. 电力调度数据安全分区与安全防护

根据电力二次系统的特点，调度数据划分为生产控制大区和管理信息大区。生产控制大区分为控制区（安全区Ⅰ）和非控制区（安全区Ⅱ），管理信息大区为生产管理区（安全区Ⅲ）。不同安全区确定不同安全防护要求，其中安全区Ⅰ安全等级最高，安全区Ⅱ次之，其余依次类推。安全区Ⅰ典型系统有调度自动化系统、变电站自动化系统、继电保护、安全自动控制系统等。安全区Ⅱ典型系统有电能量计量系统、继电保护及故障录波信息管理系统等。安全区Ⅲ典型系统有调度生产管理系统、统计报表系统等。

电力二次系统安全防护工作的原则为安全分区、网络专用、横向隔离、纵向认证。

生产控制大区与管理信息大区之间必须设置电力专用横向单向安全隔离装置，生产控制大区内部各安全区之间应当具有访问控制功能的防火墙。

电力二次数据专用加密认证一般部署在电力系统内部局域网与电力调度数据网络的路由器之间，用来保障电力调度系统纵向数据传输过程中数据的机密性、完整性和真实性。加密隧道拓扑网状结构如图 2-72 所示，按分级管理要求，纵向加密认证网关，部署在各级调度中心与下属的发电厂、变电站，根据电力调度通信关系建立加密隧道。

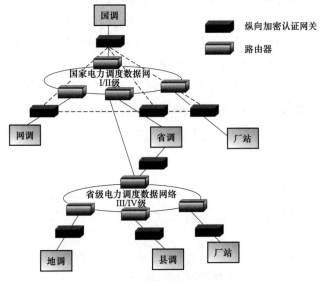

图 2-72 加密隧道拓扑网状结构

2.5.6 风电场通信系统

风电场通信系统包括系统通信和场内通信。

1. 系统通信

系统通信包括光纤通信系统、综合数据网通信和通信电源。

（1）光纤通信系统采用同步数字体系（SDH），SDH 设备采用 2Mbit/s 接口与通信系统接入点设备相连接，接口模块采用冗余配置。220kV 及以上升压站分别接入省、地通信

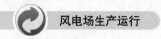

传输网，220kV以下升压站按各地的传输网络模式接入。

（2）综合数据网主要用来传输电力系统数据业务、话音业务、视频及多媒体业务。风电场数据业务入网采用网际协议（IP），采用路由器或局域网端口方式计入。话音业务采用透明的传输方式。

（3）通信电源包括交流配电单元、直流配电单元、整流模块、监控单元和蓄电池组，为光纤和交换设备供电。高频开关电源设备一般采用模块化、招手热插拔式结构，具有完整的防雷措施、智能监控接口、告警输出。蓄电池作为通信备用电源，一般采用阀控式密封铅酸池。

2. 场内通信

场内通信包括风电机组通信网络、生产调度和生产管理通信。

（1）风电机组通信网络一般采用逻辑环网，通过同一光纤内的光纤跳接实现风电机组的通信，在风电机组或光缆出现线路故障的情况下，数据可实现反向传输，实现链路自愈功能。场内通信光纤采用单模光纤。根据风电场地理环境，光缆敷设方式可分为地埋和架空两种。

（2）生产调度和生产管理通信主要指风电场与电网的调度通信，其设备主要为传输信道设备，即光传输设备、载波通信设备。光传输设备以环的形式接入主光纤网，具有自愈保护功能。载波通信作为一种辅助调度通信方式存在于生产调度系统中，生产调度系统设备主要包括调度交换机和行政交换机。调度交换机在生产调度通信系统中将传输设备接入系统，同时也担负生产调度通信功能。行政交换机在管理通信的同时担负生产调度通信功能。

风电场通信系统具有同步时钟对时的功能，要求对升压变电站和风电场的站控层和间隔层智能电子设备进行对时，并具有时钟同步网络传输矫正措施。风电场对时方案满足多个保护小室设备和风电机组的对时要求，能够传输对时信号。

2.5.7 直流系统

1. 直流系统的组成

直流系统在变电站中为控制、信号、继电保护装置、自动装置及事故照明提供可靠的直流电源，还为操作提供操作电源。直流系统的可靠与否，对变电站安全运行起着重要作用。

直流系统为继电保护装置、自动装置和断路器的正常动作提供动力，作为断路器的操作电源，直流系统应满足：操作电源母线电压波动范围小于±5%的额定值；事故时母线电压不低于90%的额定值；失去浮冲电源后，在最大负荷下的直流电压不低于80%的额定值。此外电压波纹系数小于5%。

直流系统主要由免维护阀控式密封铅酸蓄电池组、智能高频开关电源整流充电装置、微机直流绝缘检测装置、控制单元、电压监察装置、闪光装置和直流馈线等组成。其中最主要的设备就是整流充电装置和蓄电池组。图2-73所示为某风电场直流系统原理接线图。

两路380V交流电源作为系统的外部电源，分别经过断路器和交流监控模块输入到三相四线制的交流母线（A、B、C、N）上。这两路电源互相闭锁，互为备用，由交流监控模块选择其中一路作为交流输入。

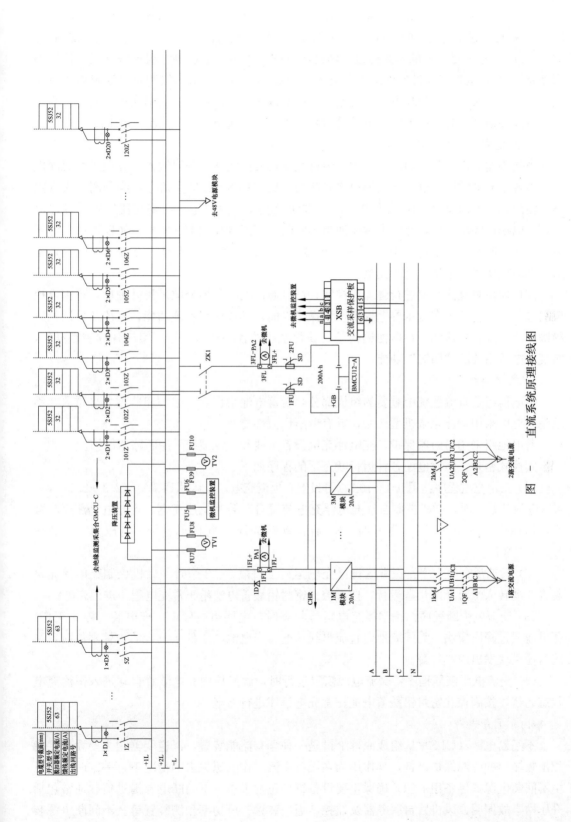

图 一　直流系统原理接线图

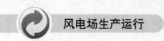

交流母线上经一路交流断路器，交流母线上的电能经过1组（两块）充电模块转化为DC 220V电流输往直流合闸母线。合闸母线（＋1L）经过降压后，将电能输送到控制母线（＋2L）；直流母线上的电源通过带辅助触点的保护熔丝给蓄电池组充电（正常情况下为浮充模式），电池组经过电池巡检仪显示电池组的参数；直流母线和蓄电池组作为并联电源给部分负载提供不间断电源；直流母线的绝缘情况通过绝缘监测单元进行监控，当出现正负极接地情况时，系统会提出报警信号；直流母线输出合闸及控制直流馈线。

2. 智能高频开关供电管理

当交流输入正常时，两路交流输入经过交流切换控制选择一路输入，并通过交流配电单元给各个充电模块供电，充电模块将三相交流电转换为220V直流电，经隔离二极管隔离后输出，一方面供给蓄电池充电，另一方面给直流母线供电。两路交流输入故障停电时，充电模块停止工作，此时由蓄电池组不间断向直流母线供电。监控模块监测蓄电池组电压及放电时间，当蓄电池放电到一定程度时，监控模块发出告警。交流输入恢复正常后，充电模块对蓄电池组进行充电。

监控模块对直流系统进行管理和控制，信号通过配电监控分散采集处理后，再由监控模块进行统一管理，在显示屏上提供人机操作界面，具备远程管理功能，系统还可以配置绝缘检测、开关量检测、蓄电池巡检等，获得系统的各种运行参数，实施各种控制操作，实现对电源系统的"四遥"功能。

3. 蓄电池组

蓄电池组是直流系统中重要的组成部分，对蓄电池组良好的维护和监测尤显重要。蓄电池组充电采用智能化微机型产品，具有恒压恒流性能。

蓄电池组采用熔断器保护，充电浮充电设备进线和直流馈线采用断路器保护。

阀控式密封铅酸蓄电池各种运行状态下的程序如下：

（1）正常充电程序：用0.1～10A（可设置）恒流充电，电压达到整定（2.3～2.4）V×N（电池节数）时，微机控制自动充电浮充电装置自动转为恒压充电，当充电电流逐渐减小，达到0.01～10A（可设置）时，3h后自动转为浮充电状态运行，电压为（2.23～2.28）V×N。

（2）长期浮充电程序：正常运行浮充电运行下每隔1～3个月，微机控制充电浮充电装置自动转入恒流充电状态运行，按阀控式密封铅酸蓄电池组正常充电程序进行充电。

（3）交流电中断程序：正常浮充电运行状态时，电网事故停电，充电装置停止工作，蓄电池通过降压模块，无间断地向直流母线送电，当电池电压低于设置的告警限值时，系统监控模块发出声光告警。

（4）交流电源恢复程序：交流电源恢复运行时，微机控制充电装置自动进入恒流充电状态运行，按阀控式密封铅酸蓄电池正常充电程序进行充电。

4. 不间断电源

不间断电源（UPS）从组成原理上讲是一种含有储能装置，以逆变器为主要元件，稳压恒频输出的电源保护设备，其作用为在设备交流工作电源失去的情况下，一定时间内可由不间断电源提供备用电源，确保重要设备维护正常工作。不间断电源提供负载通常包括升压站事故照明、风机后台服务器及监控、通信装置、风功率预测装置等。不间断电源装置主要由整流器、蓄电池、逆变器和静态开关组成。

思考题

1. 为什么风电场变电站主变压器高压侧绕组的额定电压通常高于系统标称电压的 10%？

2. 风电场电气设备有哪些？

3. 发电厂的电气主接线应满足哪些基本要求？

4. 双母线接线方式有哪些优缺点？为什么风电场不采用双母线接线方式？

5. 什么是小电流接地系统？为什么小电流接地系统发生单相接地故障后可以继续运行数小时？

6. 为什么现阶段风电场集电系统中性点不再使用不接地方式，而是普遍采用经电阻接地方式？

7. 变压器主要由哪些部件组成？

8. 高压断路器的作用是什么？按采用的灭弧介质分为哪几类？

9. 为什么高压负荷开关不能与继电保护装置配合，构成短路保护？

10. 为什么电流互感器二次不能开路，电压互感器二次不能短路？

11. 电力系统用于无功补偿的设备有哪些？为什么风电场普遍使用 SVG？

12. 敞露母线有哪几种？各适用什么场合？母线靠什么绝缘？

13. 隔离开关的作用是什么？

14. 熔断器的主要作用是什么？什么是限流式熔断器？

15. 分别绘出电流互感器、电压互感器的常用接线形式。

16. 继电保护装置的基本任务是什么？

17. 对继电保护装置有哪些基本要求？

18. 继电保护主要有哪些类型？

19. 叙述差动保护的基本原理及其优点。

20. 叙述变压器瓦斯保护的基本原理。

21. 什么是操作电源系统？为什么要配置可靠的操作电源系统？

风电场运行监控

3.1 运行监控的主要内容

风电场运行监控就是通过各种远方、就地监控设备和装置来监测运行设备的各项数据变化及运行状态，并根据现场运行规程和规定对设备进行就地、远方操作。通过对设备的运行工况数据进行记录、分析，从而掌握设备的运行状况。运行监控设备主要包括升压站变电监控系统、风电机组监控系统、综合自动化系统、有功无功控制系统、风功率预测系统等。运行监控的主要工作包括监视、控制、调整相关设备等。

3.1.1 监视

监视方式主要为实时监视综自系统和风电机组监控系统。其中综自系统监视过程中，主要是针对各电气量变化情况是否在合理运行范围内，通过升压站监控系统实时监视升压站设备运行方式，母线电压、开关合（分）状态，全场和各汇流线路功率和电流，主变压器油温、主变压器分接头位置，以及故障和异常报警信号等数据，运行中应重点监视母线电压、无功功率输入输出、主变压器油温、告警信号等；风电机组监视过程中，主要是针对各风电机组电气量、温度变化是否在合理运行范围内。通过风电机组的监控系统掌握全场和单台风电机组功率输出，各风电机组状态（发电、待机、暂停、停机或紧停），机舱高度风速、故障和异常报警信号，各部件、位置的温度，不同时间段累计的发电量、运行小时、单机功率曲线、运行记录和故障等信息，日常监视时重点关注风电机组状态，故障告警信号，各部件的温度、桨距角、风速和功率的对应情况等。在进行监视工作时需定时记录设备各主要数据。另外，在监视过程中还应按时接收和记录区域内天气预报情况，做好风电场安全运行的事故预想和应对措施。

3.1.2 控制

通过升压站监控系统和风电机组监控系统对风电场设备进行远程操作，包括分（合）升压站各断路器、集中式无功功率补偿装置的投入和切出、风电机组的投入和切出、远程复位操作等；还可以通过风电机组有功功率控制系统和能量管理平台输入全场最高有功功率和功率因素等参数，对风电机组有功和无功进行控制。

3.1.3 调整

通过风电机组的监控系统可以对机组的运行状况进行简单调整，比如偏航、启/停机、告警信号复位等。通过变压器升降档对母线电压进行调整，对无功补偿容量进行设定，通过 AGC、AVC 可以对有功和无功及功率因数进行调整。

3.2 风电场风电机组监控系统

风电场风电机组监控系统主要承担着风电机组的远程监控、数据分析和故障报警、统计等多项功能，对于风电场生产、维护和管理具有重要的意义。它通过采集现场的数字量和模拟量对上位机所控制的现场进行现场或远端的实时监控，并提供必要的资料管理功能。

3.2.1 系统构成

1. 系统布局

系统搭建一个局域网络，通过网关把现场所有机组和服务器连接在一起；某些系统把测风塔和升压站自动控制系统也连在一起；若有远程监控系统的话，还需开通远程通信端口，如图 3-1 所示。

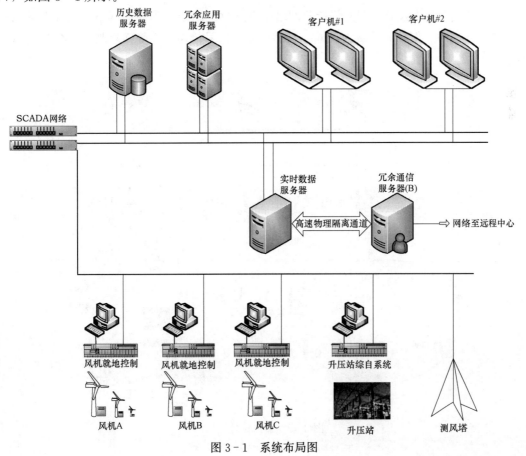

图 3-1 系统布局图

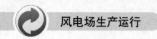
服务器的数量每个厂商都不一样。一些厂商只有一个服务器，并且与客户机合并在一起，这种配置系统安全性不好。一些厂商提供一个单独的服务器，客户机只能通过网络连接服务器进行操作，安全性能比较好，系统运行速度会受到访问量的影响。一些厂商提供几个独立的服务器，一个存储实时数据，一个存储历史数据（10min 数据等），甚至还有冗余应用服务，系统安全性及运行速度都比较优异，但是价格比较贵。

整个系统搭设在中控室，一般除一个客户机架设在监控桌外，其他设备都集成在中央监控屏柜。中央监控屏柜与机组通过光纤连接，与客户机通过网线连接。中央监控屏柜里面一般包括风电场监控管理和数据采集系统（SCADA）。整个系统包括数据库服务器、中控主机、前置通信机、带有防火墙的路由器、UPS、光电转换设备、多串口设备、显示器和打印机等。

2. 系统网络结构

系统一般采用工业以太网（Ethernet）的通信方式，机组端通信接口为 RJ45 电气接口。就地通信网络通过电缆、光缆等介质将机组进行物理连接，对于介质的选择依据风电场的地理环境、机组的数量、机组之间的距离、机组与中央监控室的距离、项目的投资以及对通信速率的基本要求制定（推荐以单模光缆为传输介质）。网络结构支持链型、星型、环型等结构。具体的连接方式需要依据机组的排布位置，以及结合现场施工的便捷性制定。

通信拓扑结构如下：

（1）总线型网络：总线型网络指各网络结点通过线路依次串联的网络。总线型网络的特点是组网简单，但信息传输占用同一物理链路，信号传输速率受到限制，如图 3-2（a）所示。

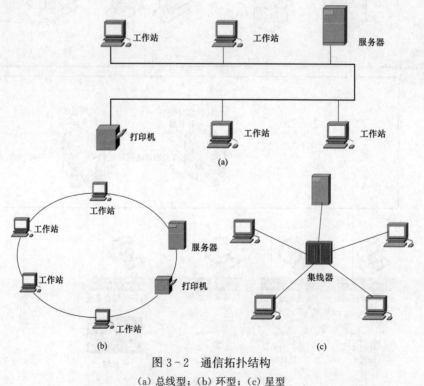

图 3-2　通信拓扑结构
(a) 总线型；(b) 环型；(c) 星型

（2）环型网络：环型网络是指依次将各网络结点连接后，将链路首尾结点也连接的网络。环型网络是总线型网络的改进，它使数据传输的物理链路有 2 个方向，当一条链路出问题时，会启用另一条链路，如图 3-2（b）所示。

（3）星型网络：星型网络是指某一结点与其他结点均有物理链路连接的网络。星型网络的特点是主结点与其他结点均有独立的传输链路，信息传输速率高，信息独立，保密性好，但组网复杂，成本高如图 3-2（c）所示。

从网络的稳定性、布线的便捷性、成本综合考虑，推荐采用环型拓扑结构，该结构特点是可以防止因某台机组断电，导致后面机组数据不能上传的情况。

3. 典型网络结构

考虑中夹监控屏柜与各机组间实际地理位置情况、机组通信成本，以及现场对通信端口需求情况，网络结构一般设计成采用自愈环网结构。以下为几种自愈环网结构：

（1）单环路结构：应用在机组较少（10 台以下）的项目上。当此环路上的某一个结点发生故障时，都不会影响其他结点的正常通信，如图 3-3（a）所示。

（2）中心交换机（集线器）结构：交换机通过中央交换机连接多环网结构，使服务器端增强了可扩展性，将其他外围集线服务器或终端接入机组通信网，利于后期新增机组功能，如图 3-3（b）所示。

（3）多环相切结构：多环相切结构是指集线服务器已接入一机组环网，其他机组环网通过交换机切入此机组环网。这种网络各机组环网接入同一环网，对此环的带宽占用较多，对机组通信速度有影响，但适合现场机组极为复杂的线路，如图 3-3（c）所示。

从网络的稳定性、布线的便捷性、成本综合考虑，推荐采用中心交换机（集线器）结构连接各环网。

3.2.2 系统硬件及要求

监控系统通信屏柜部署在风电场中控室，其作为风电场监控系统的硬件设施，是中控系统软件的载体。它的设备选型需要满足长期运行所面临的各种现场条件，如高粉尘、强电磁干扰，以及高低温等情况；而对于整个系统来说，其内部网络的信息流也应满足现场运行的需要，如网络安全、信息加密、合理的信息流、没有交叉的情况、防止网络风暴的产生、数据传输要能保证有效的刷新速率、良好的数据精度，尽量避免坏帧的可能，以及合理有效地控制带宽。

1. 实时数据服务器

实时数据服务器负责采集、处理、管理数据源实时数据，并为网络中的其他服务器和工作站提供实时数据。实时数据存放在实时数据库中。实时数据服务器中运行相关应用程序，完成与数据源的通信链接、协议转换、网络管理等任务。

实时数据服务器的软、硬件按满足系统标签量规模 20 万点的要求配置，全部数据刷新时间不超过 1s。

2. 历史数据服务器

历史数据服务器主要完成历史数据的存储、管理，并为网络中的其他服务器和工作站提供数据。历史数据服务器提供开放软件接口和标准物理接口，以满足用户数据分析、转

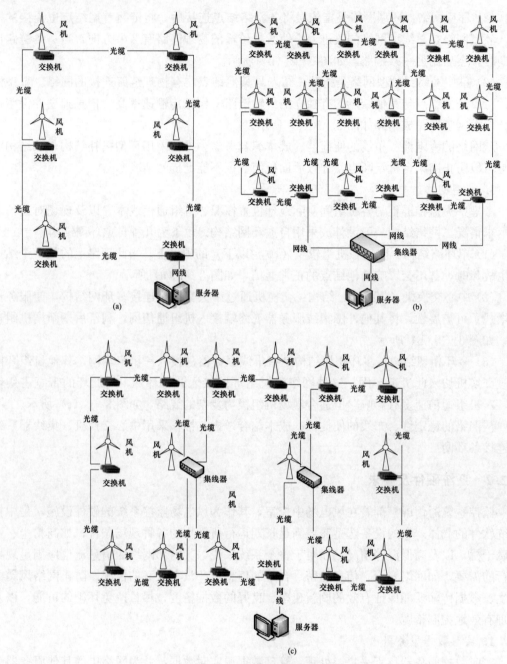

图 3-3 典型网络结构

(a) 单环路结构；(b) 中心交换机结构；(c) 多环相切结构

储等应用需求。

历史数据服务器的软、硬件按满足系统标签量规模 20 万点、20 年的海量数据存储的要求配置，数据存储和采样的时间分辨率为 1s。

3. 应用服务器

应用服务器主要完成对实时数据进行分类、统计、报警、性能指标计算、分析、发布等任务。应用服务器网络冗余配置。

4. 客服计算机

客服计算机是风电场机组控制系统的人机接口（HMI）。操作员通过它可详细了解风电机组的运行状况并进行远程操作控制，工程师还可以通过它来对监控系统进行配置和维护，它们通过 LAN 与服务器互连并交换信息。

客服计算机采用标准、可靠、先进、稳定性高的操作系统，并采用 1000Mbit/s 冗余网络配置，以提高系统的可靠性。

5. 通信服务器

采用冗余配置结构、机架式服务器，通过光纤专线与上级群监控系统通信服务器对应连接，并通过高速物理隔离设备与场级实时数据库服务器连接。

系统配置高性能交换机，作为场级局域网的核心通信连接设备。WMC 网络内所有设备均可交互访问，支持 TCP/IP；网络媒介采用 6 类双绞线。

6. 其他设备

（1）带有防火墙的路由器：带有防火墙的路由器能够实施有效的安全防护，防止风电机组控制系统受到恶意破坏，屏蔽来自外部的非认证、非友好访问，保护内网设备和数据。

（2）UPS：防止发生较为频繁的短期停电故障，为其他设备提供安全稳定的电源，延长设备寿命。

（3）光电转换设备：将光纤线路转换成网络信号，接入交换机。

（4）多串口设备：很多机型是串口的通信方式，所以采用多串口设备进行物理连接。

3.2.3　系统数据管理

1. 数据采集及处理

通过 OPC 或者 Modbus 协议提供的接口实际接收所有机组的数据，包括实时数据、实时故障数据、统计数据、事件数据、报表数据等。

（1）实时数据：所有数据在实时数据服务器内生成，并以先进先出的顺序存储在服务器内，然后数据由服务器按顺序重新读取。数据也是以先进先出的顺序在服务器之间传输的。这样就算网络结构或服务器不可用，数据也不会丢失。

（2）实时故障数据：当机组发生故障时，系统还记录故障文件。这包括故障前 3min和后 2min 内的所有数据。

（3）统计数据：每个统计周期（10min 为默认值）均会产生统计数据。在实时数据服务器上产生的值会被传输回历史数据服务器上的数据库。它还计算所有模拟信号的标准平均值、最大值、最小值和标准偏差值。增量计数器，如千瓦小时发电量计数器以增量计数储存。对累积的计数器值进行处理以检查是否有大的变动，如当计数器发生循环回卷或者重新复位产生的变动。对于 kW·h 和 kvar·h 计数器，也储存了累计计数值。

（4）事件数据：事件数据由机组控制器、服务器产生，事件数据可以从机组控制器事件序列中获取，并采用控制器中设定的时间标记。

（5）报表数据：统计数据经过合计，在每日（月、年）结束之前创建每日（月、年）

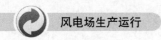

统计报表。

2. 数据存储

实时数据及实时故障数据一般存储在实时数据服务器的 PI 数据库中，其他数据均储存在历史服务器中的数据库中。

运行数据在实时数据服务器上的存储期为 10 天或者规定时间，在历史数据服务器上的存储器为 6 个月或者规定时间。

历史数据服务器存储一定数量（几百个）的最近故障文件，存储期为 6 个月或者规定时间。

事件数据存储在历史数据服务器中，整个项目寿命周期的事件数据都能一直保存。

报表数据也存储在历史数据服务器中，整个项目寿命周期一直保存。

3. 数据备份

系统服务器中一般安装备份装置，如 DAT 驱动器、LT 磁带驱动器或 DVD‐RW，这取决于数据库的大小。系统要求定期自动或者手动备份数据，推荐使用操作系统内建的备份程序，但也可以使用其他备份软件。同时为避免由于服务器损坏导致整个数据丢失，最好配备有冗余服务器。当一个项目中有不止一个服务器时，每个服务器都独立运行。

3.2.4 系统功能模块

1. 实时监测

(1) 风电机组实时监测。

1) 基本信息查询：机组名称、机组类型、额定功率、并网发电时间、重大故障记录、检修记录、设备更换记录以及设备的基本信息等。

2) 实时运行数据：运行状态、风速、风向角、发电机转速、叶轮转速、偏航角度、齿轮箱油温、齿轮箱轴温、环境温度、机舱温度、发电机温度、A 相电流、B 相电流、C 相电流、A 相电压、B 相电压、C 相电压、有功功率、无功功率、电网频率、功率因数、总发电量、总发电时间、故障时间、维护时间、备用时间、环境可利用时间等。

3) 10min 数据：对于实时数据每 10min 生成一次统计记录，包括上述各实时数据的平均值、标准偏差、最大值和最小值等。10min 数据将存储在监控系统的服务器中，作为报表、统计、分析和性能评价的基础数据，同时也将上送至远程的风电场群监控系统。10min 数据将保存在服务器的数据库中，并定期提示用户进行数据备份。备份的方式有硬盘复制、刻录光盘。

单个机组的控制功能有启动、停机、复位、偏航、限负荷等。

(2) 风电场实时监测。

1) 基本信息查询：风电场名称、所属风电公司、装机容量、机组台数、投运时间等。

2) 实时运行数据：实时有功功率、无功功率、电网接入点的总发电量、变压器低压侧的发电量、厂用电量、厂用电率、电网功率因数、风电机组运行台数、故障台数、停机台数及通信中断台数等。

3) 风电场功率负荷控制：针对电网的限电要求，设置整个风电场的实时有功最高上限，监控系统将根据整个风电场内运行机组的最优化经济运行策略选择最优的机组限负荷方案，根据实时变化的风速自动控制整个风电场的实时有功。这不仅能够减少人为操作步骤，而且在满足电网要求的同时，保障整个风电场最大限度的发电，保证其经济指标。

2. 报警

系统实时接收机组的报警或提示信号并实时显示在报警界面上，并通过触发声音报警或语音报警，提示机组故障；或者通过捆绑手机卡，设置通信参数及接收信息的手机号，实现短信报警功能。若系统融入状态检修策略，还可以对机组的每个运行指标设定阈值，当出现越界情况时，系统及时报警。

机组报警记录可储存一定数目的报警信息。该记录是一个循环缓冲器，也就是说该记录一直储存最新的设定数目的报警信息。当报警发生时，与机组相关的主要参数，如发电量、风速、电网信息、温度等，均被记录在案，以备维修使用。

所有引起机组停止正常运行、从运行状态转至暂停、停机或紧急停机状态的状况，均被记录在此。所有可能的故障情况，或其他需要引起注意的但不会引起机组立即停机的异常状况，均被记录在此。

3. 机组控制

（1）单台机组控制：包括机组启动、暂停、停机和复位等一般控制；另外，权限允许用户还可以进行更高等级的控制，如偏航、变桨、机组测试及修改参数等控制，而且操作者必须按下确认键来确认该命令。风电场的控制系统权限低于机组就地控制系统。

（2）多台机组群组控制：允许用户预定义多台机组同时启动、停机或复位，或在该群组机组的指令执行之间进行用户自定义延时设置。

4. 查询统计

（1）故障统计：统计单个机组的各类故障发生频次、故障时间，并以曲线、表格或图表的方式展现。统计电气故障、机械故障、通信故障等所占的比例，指导现场检修和备件管理。

（2）历史数据查询：历史数据查询体现了机组一段时间内数据的统计，包括风速、功率等；通信状态体现资源定位的功能，通过它可以知道，电场中控室到远程数据中心的通信是否良好；授权风场信息，体现了所有风电场机组不同状态的统计，包括正常运行、待机不发电、停机、通信中断、故障等。

历史状态日志查询功能：查询选定机组的选定日期的状态记录。

历史瞬态数据查询：设定查询日期或者指定连接路径查询选定时间内的历史瞬时数据。

（3）功率曲线：功率曲线显示机组运行过程中功率与风速的对应关系，此功能主要反映了机组的运行效率，是考察机组在不同风速情形下的主要指标。

5. 报表

（1）日报表：单台机组日报表中显示机组在选定时段内的平均风速、平均功率、发电量等信息。

（2）分组机组时段报表：分组机组时段报表中显示分组机组在选定时间段内的平均风速、平均功率、发电量等信息。

（3）分组机组统计报表：分组机组统计报表中显示多台机组在选定日期内的风速、功率、通电时间、总发电量等信息的各项统计。

（4）模板设置：单台机组日报表、分组机组时段报表、分组机组统计报表中显示哪些统计量，都是在报表模板设计中设定的。

6. 其他功能

系统日志记录功能可以记录用户登录以及具体的操作日志，便于管理人员查询值班人员的查询操作记录，进而更加规范化的管理现场值班人员针对机组的各项操作。

打印功能可以对历史运行数据、故障记录、机组时段数据统计、机组日/月统计数据进行打印。

3.2.5 应用实例

下面以某型号风机 SCADA 系统为例做一介绍。数据采集与监视控制（Supervisory Control And Data Acquisition，SCADA）系统用于采集风机的实时运行数据，为风机和风电场的调试、运行、维护提供信息共享、交换、传输平台，如图 3-4 所示。

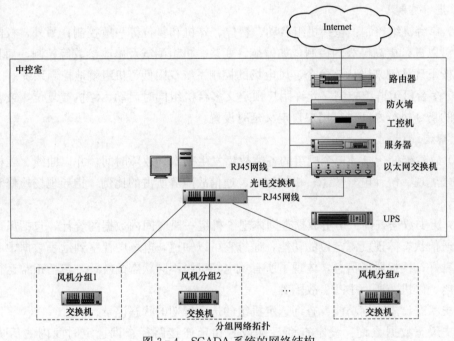

图 3-4 SCADA 系统的网络结构

SCADA 系统集监视和控制于一体，包括风机就地监控系统、中央监控系统、Web 远程监控系统、变电站监控系统 4 个子系统。

某型号风机塔底监控系统安装在塔底柜，采集实时数据，提供人机接口，调试和运行人员通过塔底的触摸屏监测此风机的运行状况，并能修改风机运行参数，调试变桨、偏航和其他功能。风机塔底监控系统同时将实时数据发送到中控室监控系统及数据中心，当网络故障时，风机塔底监控系统具备临时数据存储功能，网络恢复后将所有运行数据汇总到数据中心。

中控室监控系统可以安装到多个计算机上同时监控，通过使用该监控系统，风电场工作人员可以方便、实时地掌握整个风电场风机当前的运行情况。此系统主要包括风电场中所有风机当前运行数据、报警信息、相应的实时趋势分析、风机运行状态、统计信息、历史数据的查询、功率曲线、操作员日志、风电场风机的启/停、复位控制以及其他控制操作。

监控系统能保证箱式变压器信号（10 个信号）传送到中央监控系统并传送给升压站，同时保证每台风电机组的运行状态数据传送到升压站。

数据中心安装在中控室，存储风机实时运行数据和统计数据，为监控系统的历史数据查询和统计提供统一的接口。

Web 远程监控系统只需要利用浏览器，通过 VPN 专线，就可以实现远程监控，也保证了系统的安全。

风电场网络采用 100Mbit/s 的光纤环网，风机通过内部的光电交换机连接到风电场的环网上。如果风机较多（大于 30 台），那么可以将风机分成多个网段，每个网段都是一个环网，这样增加了网络的冗余度和可靠性。通过中控室的光纤交换机将各网段组成一个风电场局域网。

每台风机配有独立的光电交换机，可以冗余接入环网，提高可靠性。风机可配置 GPRS 报警模块，当发生故障时，可通过 GPRS 将报警信息发送给相关维护人员；同时将报警信息发送到数据中心和中央监控系统。

中控室采用屏蔽双绞线，交换机到服务器、操作站等设备采用冗余接入。当一条网络链路故障时，系统能自动切换到备用链路。为了进一步提高可靠性，每台服务器提供冗余网卡，并组成冗余链路。防火墙配置严格的访问控制规则，配置 VPN，服务器提供认证服务。

（1）风机就地监控系统。

1）概述。系统提供一台触摸屏平板计算机，安装风机监控系统软件，用于风机就地控制以及与中央控制室的通信。就地风机控制系统提供风机的全部监控功能，包括风机所有信息的监视、风机的调试、编程和控制操作。

2）系统结构。风电机组就地监控系统是整个风电场监控系统网络的一部分，它自身带有一个小型交换机，该交换机具有双绞线以太网接口和光纤以太网接口。双绞线以太网接口连接到风电机组控制器和本地的一台触摸屏平板计算机上，形成风机内部的通信网络；光纤以太网接口将风电场内所有风机组成一个具有环路功能的光纤以太网络，该以太网络连接到中央控制室。

所有以太网络的速率为 100Mbit/s，以太网网络结构如图 3-5 所示。

3）系统功能。采集数据、传输数据、系统监控、数据存储、报警功能、实时更新。

（2）中央监控系统。

1）系统特点。统一软件平台，模块化设计；冗余网络结构；临时数据存储和报警功能；友好的人机界面；无限的历史存储和丰富的分析功能。

2）权限管理。对于系统的各种操作，不同的人员需要设置不同的权限。

3）报表统计及查询。

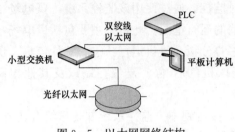

图 3-5 以太网网络结构

① 发电量汇总：汇总这个风电场每台风机的当前小时发电量、前一小时发电量、当前天发电量、前一天发电量、当前周发电量、前一周发电量、当前月发电量、前一月发电量。

② 利用率汇总：汇总风电场每台风机的当前小时利用率、前一小时利用率、当前天利用率、前一天利用率、当前周利用率、前一周利用率、当前月利用率、前一月利用率。从利用率可以观测到每台风机在一定时间段内的利用情况，便于风电场工作人员评估风机性能的好坏，以及进行相应的决策。

③ 风速汇总：汇总风电场每台风机的当前 10min 内的平均风速、1h 平均风速、1 天的平均风速、1 周的平均风速、1 月的平均风速、1 年的平均风速。风电场工作人员可以很方便地观察一段时间内的平均风速情况。

④ 风机统计信息：统计过去一段时间内风电场每台风机的利用率、平均风速情况。风电场工作人员可以以此从另一个角度来观察风机的工作情况。

⑤ 运行数据查询：统计的运行数据包括发电量、并网运行时间（以小时为单位）、风机运行时间（小时）、风机停机时间（小时）、风机维护时间（小时）、风机故障时间（小时）。风电场工作人员可以通过此功能查询过去一段时间内的风电场风机的运行数据信息。

4）报警功能。

① 最近 100 条报警：通过该功能，用户可以查看最近 100 条的报警信息。

② 所有历史报警：将历史数据库中的报警信息都显示出来。

③ 报警查询：查询窗体中选择一定时间内的报警信息，就会将此段时间内的报警信息查询出来。

报警项如表 3-1 所示。

表 3-1　　　　　　　　　　　　　　　报　警　项

序号	名　称	序号	名　称
1	机舱振动故障	12	变频器故障
2	风速风向	13	偏航故障
3	转速	14	航灯
4	液压故障	15	UPS 故障
5	转子刹车故障	16	柜体冷却
6	箱式变压器故障	17	柜体加热
7	初始化	18	主保险丝
8	齿轮箱故障	19	防雷保护
9	Profibus 故障	20	结冰
10	发电机故障	21	机舱冷却
11	安全链	22	转子位置

序号	名 称	序号	名 称
23	主轴	26	变桨故障
24	停机	27	电网故障
25	CPU	28	库文件

5）趋势图。趋势图分为实时趋势图、历史趋势图。

6）操作员日志。记录登录系统及操作等相关记录日志。

7）风电场控制。实现机组的远程操作及控制。

① 提供 OPC 接口。

② 单台风机监控。

8）基本信息：该功能用于显示选中的风机的基本信息，主要包括基本的风速、功率信息，偏航的基本信息，电网电压、电流信息，基本的温度信息，风机当前状态，以及一些基本信息的统计数据。

① 发电机：显示与发电机相关的主要参数信息，其中有与发电机相关的开关变量、温度信息，以及能自定义的趋势图。

② 齿轮箱：显示与齿轮箱相关的主要参数信息，其中有与齿轮箱相关的开关变量、温度信息、压力大小，以及能自定义的趋势图。

③ 偏航：显示与偏航相关的主要参数信息，以及能自定义的趋势图。

④ 液压：显示与液压相关的主要信息，其中有与液压相关的开关变量、刹车压力大小，以及能自定义的趋势图。

⑤ 输入输出：显示系统输入输出的数据信息。这些输入输出数据是分类显示的，显示的信息包括名称、PLC 变量名、PLC 值。

⑥ 报警：显示本风机发出的报警信息，并且这些报警数据是分类显示的。如果某个大类中存在故障，则在大类目录中会突出标示此大类。

⑦ 控制：进入控制界面时需要有特别的权限才能进入，包括对液压系统、偏航系统、冷却系统、变桨系统等的控制参数的修改。

⑧ 机舱：显示本风机机舱内的主要数据信息。

9）打印功能。

可以打印历史运行数据、故障记录、风机时段统计数据、风机日统计数据、风机月统计数据。

（3）Web 远程监控系统。

1）系统特点。Web 远程监控系统安装在中控室，通过数据中心提供远程监控功能。

2）系统功能。系统监测、数据统计、远程控制、日志、数据分析，以及防止静电的产生和雷电的干扰。

（4）变电站监控系统。

根据风电场的需要，提供扩展的变电站监控功能，可以辅助检测变电站运行状况，也可以扩展代替变电站监控系统。可提供 OPC 接口，可由具备电网接入资质的设备上传到

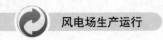

中调，以满足风电场或电网调度中心获取风电场实时运行数据。

可配置的数据采集功能。可配置的数据采集功能可为显示所有系统控制变量数据，同时通过统计整理给出相关运行信息，可以根据用户需求新增或删减功能。

3.3　变电监控系统

变电监控系统通过采集变电设备各保护装置测量和控制状态的信息，综合显示给运行人员，并对测控及运行数据进行存储记录。

运行工作人员根据变电设备的运行要求和调度命令等对变电设备发出相应的控制指令，使变电设备达到正确的运行状态。

风电场变电监控系统的监控对象主要包括：电气一次设备、直流系统、二次保护及测控装置、无功补偿装置、直流负荷、UPS 负荷、380V 母线负荷等。

3.3.1　变电监控系统主要功能

1. 数据采集

变电监控系统采集的数据主要包括模拟量、状态量和脉冲量等。

（1）模拟量的采集。

变电监控系统需采集的模拟量主要有变电站各段母线电压、线路电压、电流、有功功率、无功功率，主变压器电流、有功功率和无功功率，无功补偿装置的电流、无功功率，馈出线的电流、电压、功率以及频率、相位、功率因数等。此外，模拟量还包括主变压器油温、直流电源电压、站用变压器电压等。对模拟量的采集，有直流采样和交流采样两种方式。直流采样即将交流电压、电流等信号经变送器转换为适合于 A/D 转换器输入电平的直流信号；交流采样则是指输入 A/D 转换器的是与变电站的电压、电流成比例关系的交流电压信号。由于交流采样方式的测量精度高、免调校，因此已逐渐被广泛采用。

（2）状态量的采集。

变电监控系统采集的状态量有变电站断路器位置状态、隔离开关位置状态、继电保护动作状态、有载调压变压器分接头的位置状态、变电站一次设备运行告警信号、网门及接地信号等。对于采用无人值班的变电监控系统来说，除了一次系统以外的二次系统设备运行状态也是遥信状态量的重要来源。这些状态信号大部分采用光电隔离方式输入，系统通过循环或周期性扫描采样获得，其中有些信号可通过"误闭锁系统"的串行口通信而获得。对于断路器的状态采集，需采用中断输入方式或快速扫描方式，以保证对断路器变位的采样分辨率能在 5ms（甚至 2ms）之内。对于隔离开关位置状态和分接头位置等开关信号，不必采用中断输入方式，可以用定期查询方式读入计算机进行判断。至于继电保护的动作状态往往取自信号继电器的辅助触点，也以开关量的形式读入计算机。微机继电保护装置大多数具有串行通信功能，因此其保护动作信号可通过串行口或局域网络通信方式输入计算机，这样可节省大量的信号连接电缆，也节省了数据采集系统的输入、输出接口量，从而简化了硬件电路。

（3）脉冲量的采集。

脉冲量指电能表输出的一种反映电能流量的脉冲信号，这种信号的采集在硬件接口上与状态量的采集相同。众所周知，对电能量的采集，传统的方法是采用感应式的电能表，由电能表盘转动的圈数来反映电能量的大小。这些机械式的电能表，无法和计算机直接接口。为了使计算机能够对电能量进行计量，人们开发了电能脉冲计量法。这种方法的实质是传统的感应式的电能表与电子技术相结合的产物，即对原来感应式的电能表加以改造，便电能表转盘每转一圈便输出一个或两个脉冲，用输出的脉冲数代替转盘转动的圈数，这就是脉冲电能表。计算机可以对这个输出脉冲进行计数，将脉冲数乘以标度系数［与电能常数——r/kW·h、电压互感器（TV）和电流互感器（TA）的变比有关］，便得到电能量。

脉冲电能表的改进就是机电一体化电能计量仪表。它的核心仍然是由感应式的电能表和现代电子技术相结合构成的，但它克服了脉冲电能表只输出脉冲，传输过程抗干扰能力差的缺点，这种仪表就地统计处理脉冲成电能量并存储起来，将电能量以数字的形式传输给监控机或专用电能计量机。

对电能量的采集还可采用软件计算方法。软件计算方法并非不需要任何硬件设备，其实质是数据采集系统利用交流采样得到的电流、电压值，通过软件计算出有功电能和无功电能。目前软件计算电能也有两种途径：在监控系统或数据采集系统中计算、用微机电能计量仪表计算。

微机电能计量仪表是电能量的采集又一种方法。它彻底打破了传统感应式仪表的结构和原理，全部由单片机和集成电路构成，通过采样交流电压和电流量，由软件计算出有功电能和无功电能。因为这种装置是专门为计量电能量而设计的，所以计量的准确度比较高，它还能保存电能值，方便地实现分时统计。它不仅具有串行通信功能，而且能同时输出脉冲量。因此，微机电能计量仪表从功能、准确度和性能价格比上都大大优于脉冲电能表，是发展的方向。

2. 故障录波与故障测距

110kV 及以上的重要输电线路距离长、发生故障影响大，必须尽快查找出故障点，以便缩短修复时间，尽快恢复供电，减少损失。设置故障录波和故障测距是解决此问题的最好途径。变电站的故障录波和故障测距可采用两种方法实现，一是由微机保护装置兼做故障记录和故障测距，将记录和测距的结果送监控机存储、打印输出或直接送调度主站，这种方法可节约投资，减少硬件设备，但故障记录的量有限；另一种方法是采用专用的微机故障录波器，这种故障录波器具有串行通信功能，可以与监控系统通信。

3. 故障记录

35、10kV 和 6kV 的配电线路很少专门设置故障录波器，为了分析故障的方便，可设置简单故障记录功能。故障记录就是记录继电保护动作前后与故障有关的电流量和母线电压。故障记录量的选择可以按以下原则考虑：如果微机保护子系统具有故障记录功能，则该保护单元的保护启动的同时，便启动故障记录，这样可以直接记录发生事故的线路或设备在事故前后的短路电流和相关的母线电压的变化过程；若保护单元不具备故障记录功能，则可以采用保护启动监控机数据采集系统，记录主变压器电流和高压母线电压。记录时间一般可考虑保护启动前 2 个周波（即发现故障前 2 个周波）和保护启动后 10 个周波，

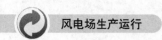

以及保护动作和重合闸等全过程，在保护装置中最好能保存连续 3 次的故障记录。对于大量中、低压变电站，没有配备专门的故障录波装置，而 10kV 出线数量大、故障率高，在监控系统中设置了故障记录功能，对分析和掌握情况、判断保护动作是否正确，很有益处。

4. 操作控制功能

变电站运行人员可通过人机接口（键盘、鼠标和显示器等）对断路器、隔离开关的开合进行操作，可以对变压器分接头进行调节控制，可对电容器组进行投切。为防止计算机系统故障时无法操作被控设备，在设计上应保留人工直接跳合闸手段。操作闭锁应包括以下内容：

（1）操作出口具有跳、合闭锁功能。

（2）操作出口具有并发性操作闭锁功能。

（3）根据实时信息，自动实现断路器、隔离开关操作闭锁功能。

（4）适应一次设备现场维修操作的计算机"五防"操作及闭锁系统。

（5）盘操作闭锁功能。只有输入正确的操作口令和监护口令才有权进行操作控制。

（6）无论当地操作还是远方操作，都应有防误操作的闭锁措施，即要收到返校信号后，才执行下一项；必须有对象校核、操作性质校核和命令执行 3 步，以保证操作的正确性。

5. 安全监视功能

监控系统在运行过程中，对采集的电流、电压、主变压器温度、频率等量，要不断进行越限监视。如发现越限，则立刻发出告警信号，同时记录和显示越限时间和越限值。另外，还要监视保护装置是否失电、自控装置工作是否正常等。

6. 人机联系功能

当变电站有人值班时，人机联系功能在当地监控系统的后台机（或称主机）上实现；当变电站无人值班时，人机联系功能在远方的调度中心或操作控制中心的主机或工作站上实现。无论采用哪种方式，操作维护人员面对的都是 CRT 屏幕，操作的工具都是键盘或鼠标。

人机联系的主要内容是：

（1）显示画面与数据。其中包括时间日期、单线图的状态、潮流信息❶、报警画面与提示信息、事件顺序记录、事故记录、趋势记录、装置工况状态、保护整定值、控制系统的配置（包括退出运行的装置以及信号流程图表）、值班记录、控制系统的设定值等。

（2）输入数据。其中包括运行人员代码及密码、运行人员密码更改、保护定值的修改值、控制范围及设定的变化、报警界限、告警设置与退出、手动/自动设置、趋势控制等。

（3）人工控制操作。其中包括断路器及隔离开关操作、开关操作、变压器分接头位置控制、控制闭锁与允许、保护装置的投入或退出、设备运行/检修的设置、当地/远方控制

---

❶ 风电场的确定性潮流算法，通常采用牛顿—拉夫逊潮流算法。通过对某实际风电场的算例进行区间潮流计算和稳态分析，用于研究风速变化不确定性及由此导致的风机出力不确定性对风电场潮流的影响，从而验证区间潮流算法在处理风电场不确定性信息的有效性和实用性。

的选择、信号复归等。

（4）诊断与维护。其中包括故障数据记录显示、统计误差显示、诊断检测功能的启动。

（5）对于无人值班站，应保留一定的人机联系功能，以保证变电站现场检修或巡视的需求。例如，能通过液晶或小屏幕 CRT，显示站内各种数据和状态量；操作出口回路应具有人工当地紧急控制设施；变压器分接头应备有当地人工调节手段等。

7. 打印功能

对于有人值班的变电站，监控系统可以配备打印机，完成以下打印功能：

（1）定时打印报表和运行日志。

（2）开关操作记录打印。

（3）事件顺序记录打印。

（4）越限打印。

（5）召唤打印（可以理解为人工选择）。

（6）抄屏打印（可以理解为复制显示屏幕内容）。

（7）事故追忆打印。

对于无人值班变电站，可不设当地打印功能，各变电站的运行报表集中在控制中心打印输出。

8. 数据处理与记录功能

监控系统除了完成上述功能外，数据处理和记录也是很重要的环节。历史数据的形成和存储是数据处理和记录的主要内容。它包括上级调度中心、变电管理和继电保护要求的数据，这些数据主要包括：

（1）断路器动作次数。

（2）断路器切除故障时故障电流和跳闸操作次数的累计数。

（3）输电线路的有功功率、无功功率，变压器的有功功率、无功功率，母线电压定时记录的最大值、最小值及其时间。

（4）独立负荷有功功率、无功功率每天的最大值和最小值，并标以时间。

（5）指定模拟点上的趋势、平均值、积分值和其他计算值。

（6）控制操作及修改整定值的记录。

根据需要，该功能可在变电站当地实现（有人值班方式），也可在远方操作中心或调度中心实现（无人值班方式）。

9. 谐波分析与监视

谐波是电能质量的重要指标之一，必须保证电力系统的谐波在国标规定的范围内。随着非线性器件和设备的广泛应用，电力电子装置的应用以及电气化铁路的发展和家用电器的不断增加，电力系统的谐波含量显著增加。目前，谐波污染已成为电力系统的公害之一。因此，在变电监控系统中，要对谐波含量进行分析和监视。对谐波污染严重的变电站采取适当的抑制措施，降低谐波含量，是一个不容忽视的问题。

（1）谐波源。电力系统的电力变压器和高压直流输电中的换流站是系统本身的谐波源；电力网中的电气化铁路、地铁、电弧炉炼钢、大型整流设备等非线性不平衡负荷是负

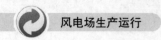

荷注入电网的大谐波源；各种家用电器，如单相风扇、红外电器、电视机、收音机、调光日光灯等均是小谐波源，此外，目前的风力发电机组广泛采用变频器，这也是注入系统的谐波源之一。

（2）谐波的危害。对电力系统本身的影响主要表现在以下几方面：增加输电线损耗、消耗电力系统的无功储备、影响自动装置的可靠运行，更为严重的是影响继电保护的正确动作。对接入电力系统中的设备的影响主要是：测量仪表的测量误差增加、电动机产生额外的热损耗、用电设备的运行安全性下降。对电力系统外的影响主要是对通信设备的饱磁干扰。

（3）谐波检测与抑制。由于谐波对系统的污染日趋严重并造成危害，因此在变电站综合自动化系统中，需要考虑监视谐波是否超过部颁标准的问题，如果超标，那么必须采取相应的抑制谐波的措施。

消除或抑制谐波主要应从分析产生谐波的原因出发，去研究不同的解决方法。一般来说，抑制谐波有如下两种途径：

1）主动型。从产生谐波的电力电子装置本身出发，从设计上降低装置输出的谐波含量。

2）被动型。采用外加滤波器来消除谐波，通常滤波器有两种：无源滤波器和有源滤波器。

10. 通信功能

变电监控系统是由多个子系统组成的。在变电监控系统中，如何使监控机与各子系统或各子系统之间建立起数据通信或互操作，如何通过网络技术、通信协议、分布式技术、数据共享等技术，综合、协调各部分的工作，是综合自动化系统的关键之一。变电监控系统的通信功能包括两个部分，即系统内部的现场级间的通信和自动化系统与上级调度的通信。

11. 校时功能

变电监控系统应具有与调度中心对时、统一时钟的功能。

12. 自诊断功能

变电监控系统内各插件应具有自诊断功能，与采集系统数据一样，自诊断信息能周期性地送往后台机（人机联系子系统）和远方调度中心或操作控制中心。

3.3.2　变电监控系统的结构

变电监控系统的发展过程与集成电路技术、微机技术、通信技术和网络技术密切相关。随着这些高科技的不断发展，监控系统的体系结构也不断发生变化，其性能和功能以及可靠性等也不断提高。从国内外变电站综合自动化系统的发展过程来看，其结构形式有集中式、分布集中式、分散式与集中式相结合等类型。

1. 集中式结构

集中式结构的监控系统指采用不同档次的计算机，扩展其外围接口电路，集中采集变电站的模拟量、开关量和数字量等信息，集中进行计算与处理，分别完成微机监控、微机保护和一些自动控制等功能。集中式结构不是指由一台计算机完成保护、监控等全部功能。多数集中式结构的微机保护、微机监控、与调度等通信的功能也是由不同的微机完成的。

图 3-6 所示为这种集中式结构的变电监控系统框图，它根据变电站的规模，配置相应容量的集中式保护装置和监控主机及数据采集系统，安装在变电站中央控制室内。

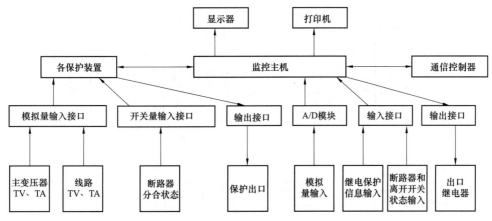

图 3-6　集中式结构的变电监控系统框图

主变压器和各进出线及站内所有电气设备的运行状态，通过 TA、TV 经电缆传送到中央控制室的保护装置和监控主机（或远动装置）。继电保护动作信息往往是取保护装置的信号继电器的辅助触点，通过电缆送给监控主机（或远动装置）。这种结构系统能实时采集变电站中各种模拟量、开关量的信息，完成对变电站的数据采集和实时监控、制表、打印和事件顺序记录等功能；还能完成对变电站主要设备和进、出线的保护任务。其结构紧凑、体积小，可大大减少占地面积，而且造价低。这种系统每台计算机的功能较集中，如果一台计算机出故障，影响面大，因此必须采用双机并联运行的结构才能提高可靠性；由于采用集中式结构，软件复杂、修改工作量大、调试麻烦、组态不灵活，因此对不同主接线或规模不同的变电站，软、硬件都必须另行设计，工作量大。

2. 分布系统式结构

分布式系统集中组屏的结构是把整套监控系统按其不同的功能组装成多个屏（或称柜）。这些屏都集中安装在主控室中，这种形式称为分布集中式结构，其典型系统结构框图如图 3-7 和图 3-8 所示，其中保护单元是按对象划分的，即一回线路或一组电容器各用一台单片机，再把各保护单元和数据采集单元分别安装在各保护屏和数据采集屏上，由监控主机集中对各屏进行管理，然后通过调制解调器与调度中心联系。上述自动化系统可应用于有人值班或无人值班变电站。

分布式系统集中组屏结构的特点如下：

（1）分布式的配置图采用按功能划分的分布式多 CPU 系统。其功能单元有各种高、低压线路保护单元，电容器保护单元，主变压器保护单元，备用电源自投控制单元，低频减负荷控制单元，电压、无功综合控制单元，数据采集与处理单元，电能计量单元等。每个功能单元基本上由一个 CPU 组成，也有一个功能单元的功能是由多个 CPU 完成的。例如，主变压器保护有主保护和多种后备保护，因此往往由两个或两个功能以上 CPU 完成

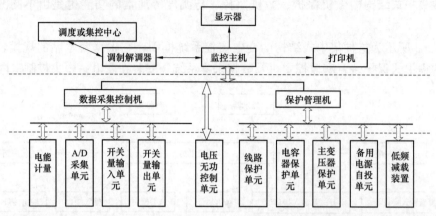

图 3-7　分层分布式系统集中组屏结构的监控系统框图（一）

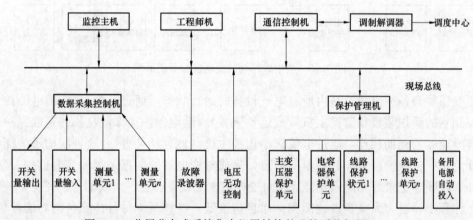

图 3-8　分层分布式系统集中组屏结构的监控系统框图（二）

不同的保护功能。这种按功能设计的分散模块化结构，具有软件相对简单、调试维护方便、组态灵活、系统整体可靠性高等特点。在变电监控自动化系统的管理上，采取分层管理的模式，即各保护功能单元由保护管理机直接管理。一台保护管理机可以管理 32 个单元模块，它们之间可以采用双绞线用 RS485 接口连接，也可以通过现场总线连接；而模拟量和开入/开出单元，由数据采集控制机负责管理。保护管理机和数据采集控制机是处于变电站级和功能单元间的第二层结构。正常运行时，保护管理机监视各保护单元的工作情况，一旦发现某一单元本身工作不正常，立即报告监控机，并报告调度中心；如果某一保护单元有保护动作信息，也可以通过保护管理机将保护动作信息送往监控机，再送往调度中心；调度中心或监控机也可以通过保护管理机下达修改保护定值等命令。数据采集控制机则将各数据采集单元所采集的数据和开关状态送给监控机和调度中心，并接受由调度中心或监控机下达的命令。总之，第二层管理机的作用是可明显地减轻监控机的负担，协助监控机承担对单元层的管理。变电站层的监控机或称上位机，通过局部网络与保护管理机和数据采集控制机通信。监控机在无人值班的变电站，主要负责与调度中心的通信，使变电监控系统具有 RTU 的功能，完成四遥的任务；在有人值班的变电站，除了负责与调度中心通信外，还负责人机联系，使变电监控系统通过监控机完成当地显示、制表、打印和开关操作等功能。

（2）继电保护单元相对独立。继电保护装置是电力系统中对可靠性要求非常严格的设备。在变电监控系统中，继电保护单元宜相对独立，其功能不依赖于通信网络或其他设备。各保护单元要有独立的电源，保护的输入应由电流互感器和电压互感器通过电缆连接，输出跳闸命令也要通过常规的控制电缆送至断路器的跳闸线圈，保护的启动、测量和逻辑功能独立实现，不依赖通信网络交换信息。保护装置通过通信网络与保护管理机传输的只是保护动作信息或记录数据。为了无人值班的需要，也可以通过通信接口实现远方读取和修改保护整定值。

（3）具有与系统控制中心通信功能。监控系统本身已具有对模拟量、开关量、电能脉冲量进行数据采集和数据处理的功能，也具有收集继电保护动作信息、事件顺序记录等功能，因此不必另设独立的 RTU 装置，不必为调度中心单独采集信息，而将监控系统采集的信息直接传送给调度中心，同时也接受调度中心下达的控制、操作命令和在线修改保护定值命令。

（4）模块化结构，可靠性高。由于各功能模块都由独立的电源供电，输入/输出回路都相互独立，任何一个模块故障只影响局部功能而不影响全局，而且各功能模块基本上是面向对象设计的，因此软件结构相对集中式结构来说简单，调试方便，也便于扩充。

（5）管理维护方便。分层分布式系统采用集中组屏结构，全部屏（柜）安放在室内，工作环境较好，电磁干扰相对较弱，管理和维护方便。

分布式系统集中组屏结构的主要缺点是安装时需要的控制电缆相对较多，增加了电缆投资。

3.　分散式与集中式相结合结构

分布式系统集中组屏结构虽具备分层分布式、模块化结构的优点，但由于采用集中组屏结构，因此需要较多的电缆。随着单片机技术和通信技术的发展，特别是现场总线和局部网络技术的应用，以及变电站综合自动化技术的不断提高，人们对全微机化的变电站二次系统进行了优化设计。一种方法是按每个电网元件（如一条出线、一台变压器、一组电容器等）为对象，集测量、保护、控制为一体，设计在同一机箱中。对于配电线路，可以将这个一体化的保护、测量、控制单元分散安装在各个开关柜中，然后由监控主机通过光缆或电缆网络，对这些单元进行管理和交换信息，这就是分散式的结构。对于高压线路保护装置和变压器保护装置，仍采用集中组屏方式安装在控制室内。这种将配电线路的保护和测控单元分散安装在开关柜内，而高压线路保护和主变压器保护装置等采用集中组屏的系统结构，称为分散式和集中式相结合结构，其框图如图 3-9 所示，这是当前监控系统的主要结构形式。

图 3-9 所示的这种系统结构，配电线路各单元采用分散式结构，高压线路保护和变压器保护采用集中组屏结构，它们通过现场总线与保护管理机交换信息，节约控制电缆，简化了变电站二次设备之间的互连线，缩小了控制室的面积；抗干扰能力强，工作可靠性高，而且组态灵活，检修方便，还能减少施工和设备安装工程量。一方面分散式的自动化系统具有上述的突出优点；另一方面，电-光传感器和光纤通信技术的发展，为分散式的

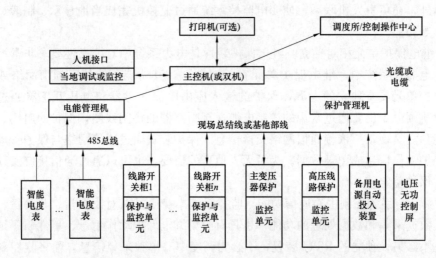

图 3-9 分散式与集中式相结合的变电监控系统框图

监控系统的研制和应用提供了有力的技术支持。分散式的结构可以降低总投资，因此是变电站监控系统的发展方向。

3.4 风电场有功功率和无功功率控制

风电场有功功率控制（AGC）的目的是在风电场侧建立一个面对全风电场的有功功率自动控制系统。在电网没有要求时，每台风机按各自最大出力运行；在电网限负荷运行时，实时监测各风机状态，进行优化计算，分配每台风机出力，实现风电场自动、优化、稳定的运行，满足电网要求。

在风电装机容量大的区域电网里，公共连接点电压波动的幅度明显偏大，尤其是相对薄弱的并网变电站，电压波动问题更为突出。风电场无功功率控制（AVC）设备逐渐被安装，目前已成为新建风电场的标准配置。风电场多采用固定电容器、SVC、SVG等无功补偿装置来满足电网的考核要求。但是，随着风电技术的发展，双馈风电机组和直驱风电机组都能够在一定范围内实现输出无功功率控制，其自身就是具备快速动态调节能力的无功源。现在国内大多数风电场的变速恒频双馈风电机组和直驱风电机组通常都以恒定功率因数方式运行，其自身快速动态无功能力并未得到充分运用。充分利用风电机组自身的无功调节能力，就能使风电场具备快速动态的无功调节能力，也能减少无功补偿设备的配置和使用，有着很大的经济效益。

3.4.1 有功功率的控制要求

风力发电具有间歇性和不确定性，因此风力发电的有功功率不能被完全控制。其具体表现在：风电场不能完全根据当地的负荷上升而提升自身的出力，但是可以随着负荷的下降限制自身的出力。基于以上特点，风电场并网运行后，为了保证电网的稳定运行，有义务依据《节能发电调度办法》规定的原则，按照调度指令参与电力系统的调频、调峰和备用。因此，风电场应配备适合自身条件的有功功率控制系统，以配合电网调度平衡负荷。

1. 有功功率控制的基本要求

风电场有功功率具有在场内所有运行机组总额定出力的 20%～实际运行点（最大为100%）的范围内连续平滑调节的能力，并利用在此变化区间内的调节能力参与系统有功功率控制，接收并自动执行调度部门发送的有功功率及有功功率变化的控制指令，确保风电场有功功率及有功功率变化按照调度部门的给定值运行。

2. 有功功率变化的控制要求

风电场有功功率变化包括 1min 有功功率变化和 10min 有功功率变化。在风电场并网以及风速增长过程中，风电场有功功率变化应当满足电力系统安全、稳定运行的要求，其限值应根据所接入电力系统的频率调节特性，由电力系统调度部门确定。风电场有功功率变化最大限值可参考表 3-2，该要求也适用于风电场的正常停机。允许出现因风速降低或风速超出切出风速而引起的风电场有功功率变化超出有功功率变化最大限值的情况。

表 3-2　　　　　　　　　　　风电场有功功率变化最大限值　　　　　　　　　　　　MW

风电场装机容量	10min 有功功率变化最大限值	1min 有功功率变化最大限值
<30	10	3
30～150	装机容量/3	装机容量/10
>150	50	15

3. 有功功率紧急控制的要求

在电力系统事故或紧急情况下，风电场应根据电力系统调度部门的指令快速控制其输出的有功功率，必要时可通过安全自动装置快速自动降低风电场有功功率或切除风电场；此时风电场有功功率变化可超出调度部门规定的有功功率变化最大限值。紧急控制功能应符合下列要求：

（1）电力系统事故或特殊运行方式下要求降低风电场有功功率，以防止输电设备过载，确保电力系统稳定运行。

（2）当电力系统频率高于 50.2Hz 时，按照电力系统调度部门指令降低风电场有功功率，严重情况下切除整个风电场。

（3）在电力系统事故或紧急情况下，若风电场的运行危及电力系统的安全、稳定，允许电力系统调度部门暂时将风电场切除。

（4）事故处理完毕，电力系统恢复正常运行状态后，电力系统调度部门应允许风电场尽快并网运行。

3.4.2　有功功率的控制方式

风电场有功功率控制的方式分为风电场运行人员手动控制、有功功率控制设备自动调节，也可由地方调度远程控制。

风电场有功功率的控制可以由启/停风电机组来实现，也可以由风电机组监控系统对

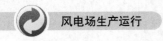

全场风电机组进行变桨调节，从而实现限总出力。

3.4.3 有功功率的控制范围

在切入风速以上、额定风速以下时，双馈异步风电机组通常采用最大风能追踪控制，从而保证最佳的有功功率输出。不同风速下，不同功率对应的角速度特性曲线如图 3－10

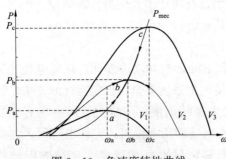

图 3－10 角速度特性曲线

所示。可以看出，在不同的风速下，通过调节转速（ω_r）就能够调节风机的风能利用系数 CP，从而对风机的有功输出进行限制。在不考虑风电机组稳定性的情况下，将转速下降到一定阶段后，能够让风电机组不对外输出功率，所以，理论上能够在 0 到额定功率之间进行调节。

考虑到风电机组的实际运行情况，实际的有功控制范围和理论有些出入，国家能源局颁布的《大型风电场并网设计技术规范》中规定风电机组的有功功率控制：有功功率控制范围可以在 20％～100％（对应风况的最大输出功率）的范围内平稳调节。

3.4.4 有功功率的控制接口

在实际的风电机组电能量控制当中，风机厂商所提供的有功功率控制方式有有功功率给定控制、发电机转速控制。

（1）有功功率给定控制即给定具体的有功功率上限值，风电机组的有功功率保持在给定的上限值之下。这种控制方式简洁，不用做功率转换，控制的功率范围宽。

（2）发电机转速控制即给定风电机组的发电机转速上限值，风电机组将其发电机转速保持在给定的转速限定值之下。这种方式需要对风电机组的功率-转速曲线进行转换，控制的功率范围要小，其原因是在风电机组处于恒转速区间时，相同步长转速对应的有功功率变化值大。典型双馈风电机组输出功率和转速的关系如图 3－11所示（P_e 为额定功率）。

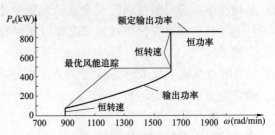

图 3－11 典型双馈风电机组输出功率和转速的关系

3.4.5 无功功率的控制要求

风电场的无功容量应按照分（电压）层和分（电）区基本平衡的原则进行配置，并满足检修备用要求。无功容量配置应符合下列要求：

（1）对于直接接入公共电网的风电场，其配置的容性无功容量能够补偿风电场满发时汇集线路、主变压器的感性无功及风电场送出线路的一半感性无功之和，其配置的感性无功容量能够补偿风电场送出线路的一半充电无功功率。

（2）对于通过 220kV（或 330kV）风电汇集系统升压至 500kV（或 750kV）电压等级接入公共电网的风电场群中的风电场，其配置的容性无功容量能够补偿风电场满发时汇集线路、主变压器的感性无功及风电场送出线路的全部感性无功之和，其配置的感性无功容量能够补偿风电场送出线路的全部充电无功功率。

（3）风电场配置的无功装置类型及其容量范围应结合风电场实际接入情况，通过风电场接入电力系统无功电压专题研究来确定。

（4）风电场电压控制应符合下列要求：

1）风电场应配置无功电压控制系统，具备无功功率和电压控制能力。根据电力系统调度部门指令，风电场自动调节其发出（或吸收）的无功功率，实现对并网点电压的控制，其调节速度和控制精度应能满足电力系统电压调节的要求。

2）当公共电网电压处于正常范围内时，风电场应当能够控制风电场并网点电压在额定电压的 97%～107% 范围内。

3）风电场变电站的主变压器应采用有载调压变压器，通过调整变电站主变压器分接头控制场内电压，确保场内风电机组正常运行。

3.5　风电场功率预测

要在保证电网安全、供电品质的前提下，增加风电在电网中的比例，目前主要有 3 种途径，一是加强电网结构，增强电网自身的抵抗能力；二是增加电网中能够快速启/停，具备紧急调峰能力的发电机组；三是开展风电功率预测技术的深入研究，提高风电功率的可预测性，逐渐将风电功率的一部分划入到基本负荷中，减轻电网的调峰负荷。

上述三种途径中，前两种集中在电网侧。由于资源分布、地理环境、社会历史等因素，我国各区域的电网网架结构及输电能力分布不均衡，受经济因素制约，这种状况在短期内不可能发生本质上的改观，并且在电网相关领域风电开发商有所作为的空间有限。而风功率预测系统对于充分利用风能资源，进一步提高风电质量，融入大电网有积极意义。2012 年，国家能源局印发《风电功率预报与电网协调运行实施细则（试行）》的通知。由此可见，对于中国大规模的风电场，开展风电场产能预测的研究和开发是必要的和急迫的。

3.5.1　风电场功率预测的意义

（1）优化电网调度，减少备用容量，节约燃料，保证电网安全、经济运行。

对风电场产能进行短期预测，将使电力调度部门能够提前为风电功率变化及时调整调度计划，从而减少系统的备用容量、降低电力系统运行成本。这是减轻风力发电对电网造成不利影响、提高系统中风电装机容量比例的一种有效途径。

（2）满足电力市场交易需要，为风力发电竞价上网提供有利条件。

从发电企业（风电场）的角度来考虑，将来风电一旦参与市场竞争，与其他可控的常规发电方式相比，风电的波动性和间歇性将大大削弱风电的竞争力，而且还会由于供电的不可靠性受到经济惩罚。提前对风电场功率进行预测，将在很大程度上提高风力发电的市场竞争力。

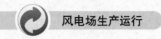

（3）便于安排机组维护和检修，提高风电场容量系数。

对风电场上网电量和运行效率等进行生产评估与验证，这对提高风电场安全生产和技术管理水平具有十分重要的意义。同时，应用中尺度数值模式与微尺度气象模式方法耦合，实时地预测风电场中短期的风况，并通过微分电量图计算风电场发电量，可以预先安排风电调度计划，提高风力发电在电网中的比例。

3.5.2　风电场功率预测的方法

风电场功率预测系统的整体流程如图 3-12 所示，一般为通过对风电场机组运行数据、风况信息和中长期气象数据的分析、对比及数据挖掘，采用风电场局地高分辨率数值天气预报模型，对风电场所在区域未来 1~3 天的气象要素进行预测，同时结合风电场历史运行数据的功率预测模型，将数值气象数值模式的预测结果转换成风电场的功率输出。

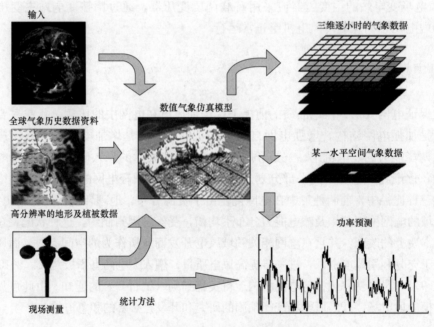

图 3-12　风电场功率预测系统整体流程

其中数值天气预报采用 WRF（Weather Research and Forecasting Model，气象研究和预测模型）数值气象模式，利用高分辨率的地形、地貌、水陆分布等数据，结合观测资料进行数据同化，建立风电场局地气象预报模型；功率预测模型主要是通过建立单台机组基于历史数据的统计方法，消除尾流、地形和位置所带来的微环境影响，结合机组的设备状态及运行工况，给出风电场未来有功功率的时间序列。

风电场功率的预测，按时间尺度分为长期预测（Long-Term Prediction）、中期预测（Medium-Term Prediction）、短期预测（Short-Term Prediction）和超短期预测（VeryShort-Term Prediction）。

（1）长期预测：以"年"为预测单位。长期预测主要应用场合是风电场设计的可行性研究，用来预测风电场建成之后每年的发电量。这种预测一般要提前数年进行。方法主要是根据气象站 20 年或 30 年的长期观测资料和风电场测风塔的至少 1 年的测风数据，经过统计分析，再结合欲装风电机组的功率曲线，来测算风电场每年的发电量。

（2）中期预测：以"天"为预测单位。这种中期预测主要是提前一周对每天的功率进行预测，主要用于安排检修，方法是基于数值气象预报，以"周"或"月"为预测单位。这种中期预测提前数月或一、两年进行，主要用于安排大修或调试。

（3）短期预测：应能预测次日零时起 3 天的风电输出功率，时间分辨率为 15min。

（4）超短期预测：应能预测未来 0~4h 的风电输出功率，时间分辨率不小于 15min。

3.6 风电场集中监控系统

3.6.1 风电场集中监控系统的作用

风电场集中监控系统是通过电力通信与信号渠道对系统内风电机组、变电站、测风塔等单元实施远程监视与控制的综合操控系统。风电场集中监控系统可以使多个独立的风电场在相应区域内实现集中控制，能有效提高项目公司的人员管理效率。

3.6.2 风电场集中监控系统的组成

风电场集中监控系统包括风电机组实时监控系统、变电站监控系统、风资源管理信息系统、状态监测系统、风功率预测系统、有功控制系统、无功控制系统等功能模块，如图 3-13 所示。

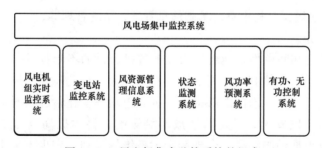

图 3-13　风电场集中监控系统的组成

1. 风电机组实时监控系统

风电机组实时监控系统的主要功能为实现风电场风电机组运行的集中监测与控制，具备控制、显示、报表、查询、报警、趋势预测等功能。另外，根据 IEC 61400-25：2006 规约，风电场监控应具备如下功能：测量、控制、监视、报警，后台存储以及其他辅助功能。

（1）测量功能。风电机组应具备的测量信息：机组的有功功率、无功功率、功率因数、电压、电流、频率、风速、风向、风轮转速、发电机转速、主要部位的温度、电缆缠绕圈数、振动等信息。

（2）控制功能。对风电机组进行启/停机、测试、复位、偏航。

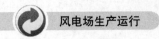

（3）监视功能。监视风电机组当前的状态（正常、风机故障、告警、急停等）。

（4）报警功能。

系统报警：变位报警、越限报警、事故报警、通信工况报警、系统本身告警。当风机出现故障时，触发声音报警或语音报警，同时软件界面上有视觉警示标识，值班人员确认故障后，报警停止。

远程报警：手机、邮件等。当风机出现故障时，可以通过相应的网络，将故障信息发送到指定的手机上。

（5）后台储存以及其他辅助功能。

后台储存：后台隔一定时间自动备份并传输到别处备份处。

其他辅助功能：绘制风电场风机分布图、功率分布曲线图、报表打印功能、后台通过采集的电流电压计算所需的量，还具备远程接口对每个风机和气象塔进行监视和维护，后台具备修改登录系统权限等功能。

2. 变电站监控系统

风电场变电站监控系统是通过遥测、遥信、遥控、遥视等手段对风电场输变电线路、变电站内设备进行监视和操作的系统，同时还可以对检测到的相应故障实施声响和显示报警，提醒工作人员进行处理。

3. 风资源管理信息系统

根据风电场规模的不同，一般风电场都配备1～2个前期测风塔和1～2个生产测风塔，风电场用这些测风塔来获取能够接近风电场实际的风资源信息。因为国内风电场建设速度很快，所以国内有些大型风电企业将各区域内风电场测风塔测试数据进行收集、汇总、统计、分析的工作集约化，开发和推广应用了风资源管理信息系统。该系统功能模块主要包含数据收集、数据分析汇总、基础信息管理、系统管理等。

4. 风功率预测系统

风能具有波动性和间歇性，随着风力发电装机容量的不断提升，风电在其区域电网中所占的比例逐步增加，使其对电网的影响越来越大。因此需要对风电场产能在相应区间内进行预测，使电力调度部门能够提前根据风电功率变化情况实时调整调度计划，减少风能发电特性对电网安全、稳定所造成不利影响，科学提高电力系统中风电配比容量。风电场也可以根据预测结果，合理制定设备维修计划，减少电量损失，提高运营经济效益。

5. 有功、无功控制系统

不具备有功自动调节能力的风电场，风电场运行人员通过风机厂商提供的SCADA系统远程停机，直到风电场的有功功率降到电网公司规定的限定值以下。有功自动控制阶段是风电场有功控制的高级阶段，其目的就是在风电场发电侧建立能对全风电场的有功功率进行自动控制的系统，能够根据所接收到的电网当日发电计划和突发有功调节命令，通过实时监测各风机状态，进行优化计算，分配每台风机出力，实现风电场科学运行，保障电网需求。

思考题

1. 运行监控的主要工作内容有哪些?
2. 什么是风电场的有功功率控制 (AGC)?
3. 风电场无功功率控制主要有哪些方式?
4. 风功率预测系统都有哪些预测周期?

风电场运行操作

4.1 倒闸操作

电气设备倒闸操作是风电场运行人员的一项重要工作。倒闸操作是指将设备从一种状态转换到另一种状态，或改变电气一次系统运行方式进行的一系列操作。倒闸操作的正确与否，直接关系到操作人员的安全和设备的正常运行，若发生误操作事故，其后果是极其严重的。因此，操作人员一定要树立"用心操作，安全第一"的思想，严肃认真地对待每一个操作。

4.1.1 电气设备的 4 种状态和调度术语

1. 电气设备的 4 种状态

（1）运行状态：是指设备的断路器、隔离开关都在合上位置，将电源端至受电端的电路接通；所有的继电保护及自动装置均在投入位置（调度有要求的除外），控制及操作回路正常。

（2）热备用状态：是指设备只有断路器断开，而隔离开关仍在合上位置，其他同运行状态。

（3）冷备用状态：是指设备的断路器、隔离开关都在断开位置。根据不同的设备，分为"开关冷备用""线路冷备用"等。

（4）检修状态：是指设备的所有断路器、隔离开关均断开，接地开关合上或接地线挂上，工作牌挂好，临时遮栏已装设，该设备即为"检修状态"。根据不同的设备，分为"开关检修""线路检修"等。

2. 电力系统常用调度术语

（1）报数。

幺、两、三、四、伍、陆、拐、八、九、洞；

一、二、三、四、五、六、七、八、九、零。

（2）直接调度设备。

由某级调度机构直调管辖的发电厂、变电所的一、二次主设备为该调度机构的直接调度设备。一次设备主要包括线路、主变压器、母线等的断路器、隔离开关、电流互感器、电压互感器；二次设备主要包括直调一次设备的继电保护和安全自动装置。

（3）调度许可。

在改变电气设备状态和方式前，根据有关规定由有关人员提出操作项目，值班调度员许可后才能进行。

（4）调度指令。

值班调度员对其管辖的设备发布有关运行和操作指令。

（5）调度同意。

上级调度员对所辖单位可接受调度命令的值班人员提出的申请、要求等予以同意。

（6）设备停役。

在运行或备用中的设备经调度操作后，停止运行或备用，由生产单位进行检修、试验或其他工作。

（7）设备复役。

生产单位将停役或检修的设备改变为具备可以投入运行条件的设备交给调度部门统一安排使用。

（8）设备备用。

设备处于完好状态，随时可以投入运行。

（9）设备试运行。

生产单位将停止运行的设备交给调度部门起动及新设备加入系统进行必要的试验和检查，并随时可以停止运行。

（10）停役时间。

线路及主变压器等电气设备从停役操作的开始时间工作算起，发电机组从开关断开算起。

（11）复役时间。

线路及主变压器等电气设备到复役操作的结束时间，发电机组指机组并网时。

（12）设备调度命名。

调度机构对其直接调度设备的正式命名，是设备调度运行管理时的身份标识，每一设备的调度命名应具有唯一性。

（13）设备双重命名。

设备的调度中文名称和统一调度编号的总和，如上莫 2246 线、#1 主变、220 千伏正（副）母线、220 千伏正（副）Ⅰ段等，在厂站范围内应具有唯一性。

（14）直流接地。

直流系统中某极对地绝缘降低或到零。

（15）直流接地消失。

直流中某极对地绝缘恢复，接地消失。

（16）开关拒动。

设备故障后，其保护正确动作，但开关最终没有跳开。

（17）保护拒动。

设备故障，其保护该动未动。

（18）空充线路。

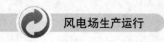

线路一侧运行，另一侧线路带电但开关不运行，且没有投入备自投。

4.1.2　倒闸操作基本条件

（1）要有考试合格并经批准公布的操作人员名单。

1）操作人和监护人应经培训考试合格，包括《电力安全工作规程》《调度规程》和《现场运行规程》。

2）两人进行监护操作时，由其中一人对设备较为熟悉者作为监护。

3）跟班实习运行值班人员（指经过现场规程制度学习和现场见习后，已具备一定运行值班素质的新人员）经上级部门批准后，允许在操作人、监护人双重监护下进行简单的操作。

（2）要有明显的设备现场标志和相别色标。

1）所有电气设备均有规范、醒目的命名标志。

2）现场一次设备要有相应调度命名的设备名称和编号。

3）现场二次转换开关、电流切换端子、切换片等应有切换位置指示。

4）现场需要操作的一、二次设备命名应与现场运行规程、典型操作票内命名相一致。

（3）要有正确的一次系统模拟图。

1）风电场控制室应具有与现场设备和运行方式相符的一次系统模拟图。

2）一次系统模拟图板上应标明设备间隔的名称和编号，能确切标明设备实际状态，能标明接地线的装设位置和编号。

（4）要有经批准的现场运行规程和典型操作票。风电场应制订《风电场现场运行规程》和《风电场典型操作票》，并经上级审核批准，其内容必须与现场设备相符。

（5）要有确切的操作指令和合格的倒闸操作票。

1）调度指令应符合现场设备状态，多个指令应符合顺序要求，下发正令时应有指令时间。

2）跟班实习运行值班人员经上级部门批准后，允许在拟票人的指导下填写操作票并签名。

3）应使用统一编号的操作票，编号应连号且自动生成或预先印制，按编号顺序使用。

4）经计算机打印后的操作票，不论是否执行，均应保存；发令人、接令人、发令时间、操作时间、人员签名不得用计算机打印，应手工填写。

（6）要有合格的操作工具和安全工器具。

1）风电场安全用具应按规定配置验电器、绝缘棒、绝缘靴、绝缘手套、绝缘梯等，并定期试验合格，使用前应检查完好。

2）风电场应具有操作杆、扳手、万用表等操作工具，使用前应检查完好，适宜于操作。

3）接地线数量应满足要求，接地线应统一编号，在固定位置对号放置，规格符合现场实际，应定期试验合格，使用前应检查完好。

4.1.3 倒闸操作的步骤

（1）接受调度倒闸操作预令，填写操作票。

1）接受操作预令。

2）开起录音设备，互报站（场）名、姓名。

3）受令人复诵预令。

4）了解操作目的和预定操作时间，在调度记录或运行日志中记录。

5）审核预令正确性，如发现疑问，应及时向发令人询问清楚。

6）接令人向值班长汇报接令内容。

7）值班长指定监护人和拟票人，向拟票人布置开票，交代必要的注意事项，拟票人复诵无误。

8）拟票人查对一次系统图，核对实际运行方式，参阅典型操作票拟票。

9）拟票人自行审核无误后在操作票上签名，并交付审核。

10）拟票人在填写操作票时发现错误应及时作废操作票，在操作票上签名，然后重新拟票。

（2）审核操作票。

1）当值人员逐级对操作票进行全面审核，对操作步骤进行逐项审核，是否达到操作目的，是否满足运行要求，确认无误后分别签名。

2）审核时发现操作票有误即作废操作票，令拟票人重新填票，然后履行审票手续。

3）交接班时，交班人员应将本班未执行操作票主动移交，并交代有关操作注意事项。

4）接班人员应对上一班移交的操作票重新进行审核。

（3）明确操作目的，做好危险点分析预控。

1）值班长向监护人和操作人讲清楚本次操作的目的和预定操作时间。

2）由值班长组织，查阅危险点预控资料，同时根据操作任务、操作内容、设备运行方式和工作票安全措施要求等，共同分析本次操作过程中可能遇到的危险点，提出针对性预控措施。此内容可写入操作票"备注"栏内。

（4）接受调度正令，模拟预演。

1）开起录音设备并扩音，互报站（场）名、姓名，发布正令。

2）受令人复诵正令。

3）调度认可后，明确发令时间，接令人在调度记录或运行日志中记录。

4）核对正令与原发预令和运行方式是否一致，如有疑问，应向调度询问清楚。

5）接令人在操作票上填写发令人、接令人、发令时间。

6）接令人向值班长汇报接令内容。

7）值班长向监护人和操作人面对面布置操作任务，并交代操作过程中可能存在的危险点及控制措施。

8）监护人（或操作人）复诵无误，接令人或值班长发出"对，可以开始操作"命令后，监护人、操作人依次在操作票上"监护人"和"操作人"栏签名。

9）监护人逐项唱票，操作人逐项复诵，检查所列项目的操作是否达到操作目的，核

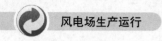

对操作正确。

10）根据操作票内容进行微机五防预演，核对正确后传票。

11）准备操作杆、防误钥匙等操作工具和绝缘手套、绝缘靴、验电器、接地线、绝缘梯等安全用具。

（5）核对设备命名和状态。

1）监护人根据操作票上设备命名，取下需操作设备相关钥匙。

2）在第一步开始操作前，由监护人发出"开始操作"命令，记录操作开始时间，并提示第一步操作内容。

3）操作人走在前，监护人走在后，到需操作设备现场。

4）操作人找到需操作的设备命名牌前，用手指该设备命名牌读唱设备命名。

5）监护人随操作人读唱，默默核对该设备命名与操作票上设备命名相符后，发出"对"的确认信息。

6）双方核对设备状态与操作要求相符。

7）监护人将该步操作钥匙交给操作人，操作人核对钥匙上命名与操作设备命名相符。

（6）实际操作。

1）监护人按操作票的顺序，高声唱票。

2）操作人根据监护人唱票，手指操作设备高声复诵。

3）操作人根据复诵内容，对有选择性的操作应做模拟操作手势。

4）监护人核对操作人复诵和模拟操作手势正确无误后，即发"对，执行"的指令。

5）操作人打开防误闭锁装置。

6）操作人进行操作。

7）操作人、监护人共同检查操作设备状况，是否完全达到操作目的。

8）操作人及时恢复防误装置。

9）监护人在该步操作项打"√"。

10）监护人在原位置向操作人提示下步操作内容，再一起到下一步操作间隔（或设备）位置。

11）在该项任务全部操作完毕后，应核对遥信、遥测正常。

12）监护人在操作票上记录操作结束时间。

（7）操作汇报。

1）监护人向值班长汇报操作情况及结束时间，并将操作票交给值班长。

2）值班长检查操作票已正确执行。

3）向调度汇报操作情况：开起录音机，互报站（场）名、姓名。

4）汇报人核对调度员复诵无误，记录在调度记录或运行日志上。

（8）改正图板，签消操作票，复查评价。

1）操作人改正图板或将一次系统图对位，监护人监视并核查。

2）如果使用电脑钥匙操作，应将钥匙内操作信息回传。

3）全部任务操作完毕后，由监护人在规定位置盖"已执行"章。

4）记录《倒闸操作记录》等相关内容。

5）将钥匙、操作工具和安全用具等放回原处。

6）值班长宜对整个操作过程进行评价，及时分析操作中存在的问题，提出今后改进要求。

4.1.4 倒闸操作的注意事项

（1）任何倒闸操作都不能违反《电力安全工作规程》中关于倒闸操作的规定。

（2）电网调度的操作令一般由调度许可的风电场值班员接受，正令宜由当班最高岗位接受。

（3）不属于本风电场调度的任何设备，没有上级调度员的命令，风电场运行人员不得自行操作或自行命令操作，但对人员及设备安全有威胁者和经调度核准的现场规定者除外。

（4）对直接威胁人身或设备安全的调度指令，运行人员有权拒绝执行，并将拒绝执行命令的理由，报告发令人和本单位领导。

（5）"发令时间"是调度员正式发出操作命令的依据，运行人员没有接到"发令时间"不得进行操作，操作结束时间是现场操作执行完毕的依据。

（6）调度直接发正令操作时，需明确操作目的。

（7）如果调度多个正令任务一起下发，则允许将这些任务全部操作完毕后一并汇报。

（8）操作票原则上由操作人填写，经监护人、值班长审核合格，并分别签名。拟票人和审票人不得为同一人。

（9）填写倒闸操作票必须字迹工整、清楚，严禁并项、倒项、漏项和任意涂改；若有个别错、漏字需要修改时，应做到被改的字和改后的字清晰可辨，否则另填新票。

（10）操作票中下列内容不得涂改：

1）设备名称、编号，压板插件。

2）有关参数和终止符号。

3）操作动词，如"断开""合上""投入""退出"等。

（11）作废的操作票（包括填写错误或填写后不再执行的操作票），应在每张操作票的操作任务栏内盖"作废"的印章。

（12）已使用的操作票（包括已执行和作废的）必须按编号顺序按月装订，在装订后的封皮上统计合格率及存在的问题，操作票保存一年。

（13）典型操作票不能代替操作票，只能作为拟开操作票的参考，拟写操作票时，必须核对系统和现场实际运行情况。

（14）如果是操作箱内或屏内设备，应先双方核对箱名或屏名正确，然后由操作人打开箱门或屏门，再次核对箱内或屏内命名。

（15）操作人手指设备原则规定：手动操作设备，手指操作设备命名牌；电动操作设备，手指操作按钮；后台监控机上操作设备，手指操作画面；检查设备状态，手指设备本身；装拆接地线，手指接地线导体端位置；操作二次设备，手指二次设备本身。

（16）在操作过程中因故中断操作，其操作票中未执行的几项"打勾"栏盖"此项不执行"章，未执行的各页"操作任务"栏盖"作废"章，并在"备注"栏内注明中断

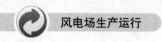

原因。

（17）因故中断操作后，在恢复时必须在现场重新核对当前步的设备命名并唱票、复诵无误后，方可继续操作。

4.1.5 倒闸操作的技术原则

1. 倒闸操作停/送电顺序

（1）变压器（含风电机组升压变压器）停电时，应先断开低压侧断路器，再断高压侧断路器（或负荷开关）。

（2）主变隔离开关的操作应先拉开低压侧，后拉开高压侧，送电时与上述顺序相反。

（3）线路停电时，先停断路器，再拉开线路侧隔离开关，最后拉开母线侧隔离开关，送电时与上述顺序相反。

2. 变压器中性点接地开关操作

（1）断开和投入 110kV 及以上的中性点直接接地的空载变压器时，应先合上变压器中性点接地开关，以防在拉合变压器时，因断路器三相不同期而产生的操作过电压危及变压器绝缘，待变压器带电后，再根据调度要求将隔离开关断开或保持合闸状态。

（2）在倒换不同变压器的中性点接地开关时，应先合上不接地变压器的中性点接地开关，然后再拉开接地变压器的中性点接地开关，且两个接地点的并列时间越短越好。

（3）变压器中性点带消弧线圈运行的风电场，如有两台及以上变压器并联运行，消弧线圈由一台主变压器切换至另一台主变压器时，应先拉后合，不得将消弧线圈同时并接在两台主变压器中性点上。

（4）中性点装设间隙保护的变压器，当间隙与零序保护共用电流互感器时，在合上中性点接地开关前，应投入变压器零序保护并停用其间隙保护。拉开中性点接地开关后再投入间隙保护，退出零序保护，若用独立电流互感器时，间隙和零序保护不需退出。

3. 断路器、隔离开关操作

（1）在操作隔离开关前，必须先检查断路器是否在分闸位置。

（2）在一个操作任务中，允许按任务中无原则入的几个断路器均拉开后，再逐一检查开关是否在分闸位置，但不允许将几个开关都合上后，再检查开关是否在合闸位置。

（3）电动操作的隔离开关（GIS 隔离开关除外），其操作电源只能在隔离开关操作时才合上，操作后随即拉开，以防运行中隔离开关误动。

（4）在倒闸操作过程中，若发现带负荷误拉、合隔离开关，则误拉的隔离开关不得再合上，误合的隔离开关不得再拉开。

（5）GIS 等设备看不到隔离开关断口或无法验电的情况下，可用检查其机械指示器位置来代替。

（6）封闭式开关柜由于机械连锁，合接地开关时无法验电，可用带电指示灯灭来代替，但断开断路器前必须检查带电指示灯正常，同时还应和开关柜上表盘指示的信息一同判断是否带电。

4. 电压互感器操作

（1）停送电操作顺序：先停低压，再停高压；先送高压，再送低压。

（2）两台电压互感器如有一台停电备用，必须将停电备用的电压互感器高低压两侧断开，以防止反送电。

5. 更换熔断器的操作

（1）高压侧装有高压熔断器的电压互感器或场用变压器，必须在停电采取安全措施后才能取下、给上。

（2）在只有隔离开关和熔断器的低压回路，停电时应先拉开隔离开关，后取下熔断器；送电时与此相反。

6. 二次设备的操作

（1）保护和自动装置的投入应先送交流电源（如电压、电流），后送直流电源。待检查继电器运行正常后，再投入有关压板，退出时与此相反，否则保护有可能误动作。

（2）继电保护装置的出口压板在投上前应测量两端确无电压。

（3）若因运行方式变化，引起保护和自动装置的定值或保护范围变化时，应对保护和自动装置进行相应调整，严防保护和自动装置误动或拒动，保护、自动装置定值的调整，应按继电保护规程和现场规定执行。

（4）备用电源自投装置、重合闸装置，必须在所属主设备停运前退出运行，在所属主设备送电后投入运行。但重合闸的接线方式确能保证该线路停电后不再起动者除外。

（5）接有保护、自动装置的电压互感器二次回路，运行中不得随意断开，如因工作需要断开时，应先将保护退出。

（6）设备不允许无保护运行，送电前必须检查保护及自动装置投入情况。

（7）汇流线路长时间充电运行时，该线路的自动重合闸应停用。

7. 下列情况下不许调整变压器有载调压装置的分接开关

（1）变压器过负荷运行时；

（2）有载调压装置轻瓦斯保护频繁、出现信号时；

（3）有载调压装置的油标无油时；

（4）调压次数超过规定；

（5）调压装置发生异常时。

4.1.6 典型操作票

风电场升压站典型操作票是升压站倒闸操作票的基础操作票，其他各种类型的操作票都要根据典型操作票来写，升压站正常的倒闸操作也可以执行典型操作票，典型操作票应根据现场设备的实际操作情况尽量将每个操作任务都编到典型操作票里，典型操作票需在升压站投入运行前进行修编，以后应定期进行修编，尤其是操作步骤更改或设备及运行方式更改时应及时进行修编。典型操作票涉及风电场执行倒闸操作工作的正确与否，关系到人员安全和设备安全，风电企业应高度重视典型操作票的编制和修编工作。

4.2 定期切换试验、检查和测量

设备的定期切换试验、检查和测量主要指场内电气设备的定期试验、定期轮换以及电

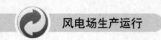

气设备定期状态检查核对和测量等工作。定期试验是指运行设备或备用设备进行动态或静态起动、传动，以检测运行或备用设备健康水平；定期轮换是指在运行设备与备用设备进行倒换运行的方式。设备定期切换及检查是运行人员的一项重要工作，做好该项工作可及时发现设备的缺陷或隐患，通过处理或制定防范措施从而保证备用设备的正常备用和运行设备的长期、安全、可靠运行。

4.2.1 风电场定期切换的设备和注意事项

1. 备用变压器（场用变压器）、备用开关的切换

（1）投入备用变压器及开关前先检查确认备用设备的状态以及设备的健康状况，有必要的话测量一次设备的绝缘电阻，确保投入的备用设备是正常的。

（2）备用变压器投入前应先拉开在用场用变压器的低压侧断路器及隔离开关，再合上备用场用变压器的断路器及隔离开关。

（3）备用变压器应每月充电一次，带负荷至少 4h。

（4）备用高压断路器每季至少投切一次，投入时间不应少于 1h，如有条件带负荷时应带上负荷。

2. 变压器冷却风扇的切换

（1）采用风冷或强油循环风冷的变压器应定期检查冷却风扇及油泵是否工作正常，周期应为每月检查一次。

（2）切换工作需由两人进行，风扇启动转换开关在试验完毕后，需打回至"自动"位置。

3. 事故照明切换

（1）事故照明主要有两种形式，一种是通过升压站的逆变电源实现，在场内交流电源断电情况下通过直流系统的蓄电池组逆变给事故照明灯使用。另一种是照明灯自带充电储能装置，在交流电源断电时自动投入自身电源提供短时照明。风电场升压站较普遍采用第一种形式的事故照明。

（2）事故照明一般每月进行检查切换一次，第一种事故照明，只需打开相应事故照明开关即可查看是否正常。自充电事故照明需断开照明回路总开关，检查事故照明自动投切是否正常。

4.2.2 风电场定期检查的设备和注意事项

1. 继电保护及自动化装置压板投退检查

（1）在定期检查中发现继电保护装置压板与实际不符时，检查人员应立即汇报当班值班长，不得自行变更压板状态。值班长在核对相关信息正确无误后方可下令改投退压板。

（2）属于电网公司调度管辖的保护压板，操作前需经调度许可。

（3）继电保护装置压板的投退操作由运行人员在有监护人的条件下进行。

2. 加热驱潮装置检查

（1）加热驱潮装置一般分手动和自动两种形式，手动式较为简单，手动合上电源开关，检查是否正常运行，可借助远红外测温仪测试。

（2）自动式加热器在检查时可调节加热器的启动相对湿度，起动后再检查加热板是否正常工作。检查完毕后需将设置的相对湿度调回。该项工作应每月开展检查一次。

3. 防小动物措施检查

防小动物措施检查主要是各开关室防鼠设施的检查和场内外电缆沟防小动物封堵措施的检查。周期一般为每月一次。

4. GIS 室、蓄电池等开关室抽风装置检查

第一次检查应确认风扇转向是否正确。周期一般为每月一次。

5. 升压站及风电机组漏电保护开关的定期检查测试

周期根据现场实际而定，一般每月测试一次。

4.2.3　风电场定期测量的设备和注意事项

1. 变压器的铁芯及铁芯夹件泄漏电流测量

（1）测量铁芯泄漏电流需使用漏电流钳形电流表，钳形表卡口的内径需大于接地扁铁的宽度。

（2）测量时应戴绝缘手套。

（3）测得的电流应小于 100mA。

（4）风电场大型变压器测量周期应根据现场设备及运行工况确定，一般情况下每半年测量一次，新投变压器及大修后变压器应在投运初期提高测量频率。

2. 沉降观测

沉降观测包含建筑物及风电机组基础。

（1）沉降观测的次数和时间。

1）应按设计要求，施工单位在施工期内进行的沉降观测不得少于 4 次。建筑物和构筑物全部竣工后的观测次数，第 1 年 4 次，第 2 年 2 次，第 3 年后每年 1 次，至下沉稳定（由沉降与时间的关系曲线判定）为止。

2）观测期限一般为：砂土地基 2 年，黏性土地基 5 年，软土地基 10 年。

3）当建筑物和构筑物突然发生大量沉降、不均匀沉降或严重的裂缝时，应立即进行逐日或几天一次的连续观测，同时应对裂缝进行观测。

（2）水准基点的设置注意事项。

1）基点设置以保证其稳定、可靠为原则，宜设置在基岩上，或设置在压缩性较低的土层上。

2）水准基点的位置，宜靠近观测对象，但必须在建筑物所产生的压力影响范围外。

（3）观测点的布置。

1）观测点的布置，应以能全面反映建筑的变形并结合地质情况确定，建筑物数量不宜少于 6 个点，风电机组不少于 4 个点。

2）测量宜采用精密水平仪及钢水准尺，对第一观测对象宜固定测量工具和固定测时人员，观测前应严格校验仪器。

3）观测时应登记气象资料，观测次数和时间应根据具体建筑确定。

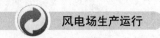
3. 接地电阻测量

（1）测量方法。

接地电阻的测试方法主要有电位降法、电流-电压三极法、接地阻抗测试仪法 3 种方式。其中电流-电压三极法又分为直线法和夹角法。对于风电场升压站及风电机组较大型的接地网宜采用夹角法测量。具体规定可参见 DL/T 475《接地装置特性参数测量导则》。夹角法测量如图 4-1 所示。

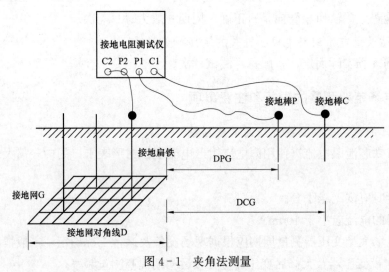

图 4-1　夹角法测量

图 4-1 中，P 为电压极，C 为电流极，D 为接地网对角线长度，电压线和电流线的夹角约为 30°时，DPG 和 DCG 的距离相等，土壤电阻率均匀的地区 DCG 最小取 2D，土壤电阻率不均匀的地区 DCG 最小取 3D。C2、P2（有的标 E）短接后连接到被测接地网上。

（2）注意事项。

1）接地电阻应每年测一次，最好安排在雷季开始前测量。

2）因接地电阻与土壤的潮湿程度密切相关，测量应选择在干燥的天气或土壤未冻结时进行。一般风电场测量接地电阻至少在雨天过后 7 天，南方地区雨水较多但也应至少晴 3 天后进行测量，否则容易造成较大误差。

3）测量前应拆除和风电机的所有接地引下线，把塔架和接地装置的接地连接全部断开。

4）当发现测量值和以往的测试结果相比差别较大时，应改变电极的布置方向，或增加电极的距离，重新进行测试。

5）进行测量时，应尽量缩短接地极接线端子 C2、P2 与接地网的引线长度，一般就在塔架门外。

6）接地引线统一采用铜线，与接地测试仪和接地棒的连接必须十分可靠，以减少接触电阻。

7）接地棒插入土壤的深度应不小于 0.6m。

8）测量风电机接地电阻前应脱开机组之间的接地网连接。

4. 风电机组水平度检查测量

（1）测量方法。

水平度检查主要是检查风电机组的基础是否存在水平超差的情况。水平度的检查可以采用数字水平尺检查，也可以采用水准仪检查。用水平尺检查较为简单，在塔架的基础法兰面 4 个方向分别测量并记录数据，如图 4-2 所示。该方法测得的值不是判断基础决定性的依据，主要是用于长期监测，将测得的值与原来的值进行比较，如有相对变化，应采用更精确的方法加以确认。

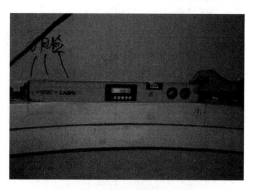

图 4-2　水平尺测量水平度

水平度的检查还可以用水准仪进行检查，水准仪的精度可以达到 0.1mm，是比较高精度的测量方法，完全满足风电机组基础测量的要求。测量时将水准仪放置在塔架内，在四周塔壁固定 4 个标尺，调平水准仪，旋转一周读取 4 个标尺的读数，即可得出高差，如图 4-3 所示。

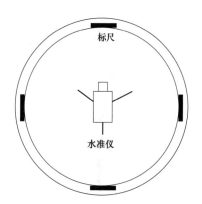

图 4-3　水准仪测量水平度

（2）注意事项。

1）水平度检查定期开展，开展的次数应根据现场实际情况确定，打桩的机组测量次数应适当增加。

2）风电机组法兰面水平度高差要求从 2～4mm 不等，具体参照机组厂家的设计要求。

3）水平度测量时要保持与塔下带电设备的安全距离，必要时做停电处理。

4.2.4　定期切换试验和检查工作的其他注意事项

（1）定期切换试验尽量安排在交接班时进行。

（2）定期切换试验前应检查备用设备的状况，发现明显异常时应进行进一步检查处理后方可投运。

（3）试验切换情况应在有关记录簿上做好详细记录。

（4）试验切换前应做好各种事故预想。

思考题

1. 倒闸操作的六要八步是什么?
2. 倒闸操作的技术原则主要有哪些?
3. 倒闸操作的注意事项有哪些?
4. 风电场定期切换的内容主要有哪些?
5. 接地电阻测量的注意事项有哪些?
6. 风电机组水平度测量时的注意事项有哪些?

风电场巡视检查

　　巡视检查是运行人员最主要的一项工作之一，它是通过巡视人员的身体感官器官以及工具等对设备进行检查的一项工作。巡视主要包括日常巡视、特殊巡视、夜间熄灯巡视、交接班巡视、专项巡视检查以及点检巡查等，内容上涵盖升压站电气设备、风电机组、输电线路、箱式变压器、建筑物、场区道路、消防安保措施等。巡视检查是发现设备缺陷、隐患的主要途径，是保证设备健康水平、提高设备完好率，对设备实施检修和制定反事故措施的重要依据，必须严格执行，一丝不苟地做好设备巡视检查工作。

5.1　巡视检查的方法和规定

5.1.1　巡视检查的方法

　　巡视检查的方法主要有目测法、耳听法、鼻嗅法、手触法以及借助相关工具检查等。

1. 目测法

　　目测法就是巡视人员用肉眼对运行设备可见部位的外观变化进行观察来发现设备的异常现象，如开裂、变色、剥落、变形、位移、破裂、冒烟、缺油缺液、渗油漏油、闪络痕迹、腐蚀污秽等都可通过目测法检查出来。可见目测法是设备巡查最常用的方法，目测的主要设备部位举例如下：

　　（1）各种绝缘子表面有无闪络、破裂痕迹。

　　（2）开关柜内电缆头有无鼓起、老化、变色。

　　（3）防小动物孔洞是否封堵完好。

　　（4）运行中的二次保护装置运行灯指示是否正常，有无告警。

　　（5）各种指示表计指示是否正常。

　　（6）充油设备有无漏油，充气设备有无漏气。

　　（7）设备的锈蚀、磨损情况。

　　（8）叶片、塔架、基础有无异常。

　　（9）机舱内外的各种设备有无异常。

　　（10）各种设备的锈蚀情况，防雷接地情况。

2. 耳听法

　　通过耳听法主要可以判别风电机组的叶片、传动系统是否存在异响，电磁式电气设备声音是否正常，一般要求设备在运行情况下开展，因此检查时还需注意相关的安全问题。

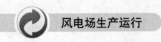

耳听的主要设备或部件举例如下：

（1）开关柜内的电晕声响变化情况。

（2）变压器等电磁设备运行的声音是否均匀、有规律。

（3）叶片运转的声音是否无杂音。

（4）在塔底下听机舱内发出的声音有无异响。

（5）在机舱内听转动设备运转的声音是否正常。

3. 鼻嗅法

电气设备的绝缘材料一旦过热会使周围空气产生一种异味。这种异味对正常巡查人员来说是可以嗅别出来的。当正常巡查中嗅到这种异味时，应仔细巡查观察、发现过热设备的部位。可以通过鼻嗅法发现问题的巡查方式举例如下：

（1）进入开关室内时气味有无明显变化。

（2）靠近设备边上的气味有无明显变化。

（3）打开控制柜、保护屏柜门的瞬间有无明显焦味。

（4）判断电机等有线圈的设备好坏时有无焦味对判断故障更有帮助。

4. 手触法

手触法可以检查设备的温升和发热情况，二次设备发热、振动等也可以用手触法检查，举例如下：

（1）变压器散热器的表面温升情况。

（2）发电机、电动机的表面检查温升。

（3）碰触接触器外壳检查振动情况。

5. 借助相关工具

无法用人的感官直接完成的巡视任务，可以借助工具来完成。例如，用远红外测温仪可以有效测量电气设备连接处的温度是否过热，利用望远镜可以观察风电机组叶片表面是否有裂纹，利用振动测试仪可以简单判断转动部件是否存在异常等。

5.1.2 巡视检查的规定和注意事项

1. 巡视检查的安全规定和注意事项

（1）高压电气设备巡视时需牢记对人体的安全距离。

（2）巡视中任何停运但未做相关安全措施的设备都应视为带电设备。

（3）巡视过程中发现缺陷，切勿自行处理缺陷。

（4）在风电机组叶片及输电线路有覆冰时，严禁站在叶片或输电线路下方。

（5）在触碰设备外壳或散热器片时应先用手背部分轻触设备，确认安全后再用手掌部位触摸。

（6）进入继保室等机房前应排除身体的静电。

（7）借助工具检查时要注意选用的工具是否符合安全要求。

（8）设备的巡视应沿着巡视路线走。

（9）巡视发现缺陷后及时做好登记，发现重大或紧急缺陷应立即汇报值班负责人。

2. 巡视检查的时间规定

(1) 日常巡视：一般每日分 3 个时间段巡视一次升压站设备，特殊情况下增加频率。

(2) 熄灯巡视：一般每周开展一次熄灯巡视。

(3) 交接班巡视：每次交接班时。

(4) 专项巡视检查：根据相关要求执行。

(5) 点检巡视检查：风电机组应根据点检的具体要求开展，登机检查一般每 1～2 月开展一次。

(6) 风电机组底部设备及箱式变压器的巡视一般每周开展一次。

(7) 输电线路的巡视一般每月开展一次。

3. 开展特殊巡视的情况

(1) 风电场出现大风情况或基本满发时。

(2) 风电机组非正常运行时。

(3) 风电机组大修理或更换部件后。

(4) 新设备使用后。

(5) 输变电设备新安装，或长期停用后重新起用时。

(6) 发生雷雨天气后。

(7) 事故跳闸时，设备有可疑现象或设备缺陷近期有发展时。

(8) 发生暴风雪、冰冻、沙尘暴、台风等恶劣天气后。

(9) 法定节假日及重要保电任务期间。

5.1.3 特殊巡视的重点检查项目

(1) 大风满发时应重点观察设备的温度、发热情况，设备有无过负荷，有无异常声音，冷却通风装置是否完好等。

(2) 非正常运行时多观察记录有异常数据的设备。

(3) 大修理或更换大部件后观察大部件的运行情况，如运行的声音、振动的幅度、接头温度等。

(4) 新设备使用后应侧重检查该设备的各种运行状态，如设备温升、运行声音等。

(5) 重新起用设备时重点检查设备的相关运行的数据。

(6) 雷雨天气过后应重点检查避雷器的动作情况，绝缘子有无开裂、风电机组叶片有无受雷击等现象。

(7) 节假日期间重点检查升压站设备和有游人在附近的风电机组场地是否存在不安全现象。

(8) 严寒季节重点检查充油设备油面是否过低，SF_6 的压力是否降低，机组叶片是否覆冰，绝缘子若有结冰还应加强巡视。

(9) 高温季节应重点检查充油设备油面是否过高，高温高负荷运行时应加强巡视力度。

(10) 大雾时应重点检查设备瓷质部分放电是否严重，有无放电打火、电晕等异常现象。

（11）机组新换大型部件后应根据机组特点增加对新换大部件的相关项目检查内容。

（12）台风过后应根据台风的强度重点检查下列项目：

1）风电机组的叶片是否有受损。

2）风电机组的机舱是否完好。

3）架空线路、箱式变压器是否有损坏。

4）风电机组偏航发电机和偏航减速箱是否完好。

5）测风塔设备有无受损。

6）开关室、电缆沟有无进水积水等。

（13）事故跳闸后，应重点检查下列项目：

1）继电保护、自动装置动作情况有无异常，查看打印报告。

2）跳闸回路的设备有无烧痕、变形现象。

3）充油设备的油色、油面变化，以及有无喷油、冒烟等情况。

4）绝缘子有无闪络、破损等情况。

5）有关设备的温度、音响、压力有无异常。

6）开关跳、合闸位置是否正确，对于电磁机构开关，每次合闸后应检查合闸保险。

7）设备有无过负荷现象。

8）开关计数器动作情况。

5.2 风电场主要电气设备的巡视检查项目

5.2.1 变压器的巡视检查项目

（1）变压器有无异音，如不均匀的响声或放电声等（注意，正常情况为持续均匀的有节律的"嗡嗡"声）。

（2）油位是否正常，套管、变压器油管、散热器、接合面等处有无渗、漏油现象。

（3）油温是否在规定范围内。

（4）套管是否清洁，有无裂纹、破损和放电等现象。

（5）各引线连接线接头有无发热现象。

（6）气体继电器是否漏油，内部是否充满油。

（7）呼吸器是否畅通，油封呼吸器的油位是否正常，呼吸器中的硅胶是否已吸潮饱和（注意，干燥时，硅胶呈深蓝色，吸收水分达到饱和后呈粉红色）。

（8）冷却系统是否运行正常，特别是强迫油循环水冷或风冷的变压器，应检查油、水、温度、压力、流量等是否符合规定。

（9）中性点与外壳接地线是否完好。

（10）消防设施是否齐全完好。

（11）干式变压器的本体及绝缘支撑件有无裂纹、污闪痕迹。

（12）接地变压器的接地电阻有无变色、变形现象。

（13）各控制箱和二次端子箱有无受潮现象。

5.2.2 GIS、高压开关柜的巡视检查项目

1. GIS

（1）断路器、隔离开关、接地开关分、合闸位置机械指示是否正确、清晰，且与控制屏、保护屏、监控机指示一致。

（2）各气室 SF_6 压力表指示是否正确。

（3）汇控柜各种信号是否正常，各种小开关投停位置是否正确。

（4）气压或液压机构压力是否在正常范围内，弹簧机构是否处于储能状态。

（5）组合电器各部分及管道有无异音、漏气声和异味。

（6）避雷器泄漏电流指示是否平稳正常。

（7）设备本体外壳、支架、配管、法兰有无损伤、锈蚀。

（8）均匀环是否倾斜、松动、变形、锈蚀。

2. 高压开关柜

（1）开关柜保护装置及其他显示装置有无告警异常。

（2）各压板投退状态是否与实际相符。

（3）开关柜内有无异常放电声。

（4）开关柜内有无小动物活动痕迹。

（5）观察窗可见到的设备有无放电闪络痕迹。

5.2.3 高压断路器的巡视检查项目

（1）本体及机构箱分、合闸位置指示是否一致，开关实际位置与监控机信息是否相符。

（2）本体 SF_6 气体压力是否正常，有无漏气、泄压声音。

（3）机构压力是否正常。

（4）弹簧机构是否完整、良好，弹簧储能是否正常，链条、齿轮等有无断裂、卡壳等异常现象。

（5）气泵曲轴箱油位是否在合适位置，油色是否透明、无变色。

（6）各连接销子、转轴有无脱出，拐臂有无断裂或异常现象。

（7）断路器外观是否整洁，完整，周围有无杂物堆积。

（8）真空泡有无变色、发热现象。

5.2.4 隔离开关、母线的巡视检查项目

（1）各连接拉杆有无弯曲、变形、开焊，销子有无脱出，铁件有无断裂、锈蚀等异常现象。

（2）隔离开关分、合是否到位，动、静触头接触是否良好，深度到位。

（3）电动操作机构箱密封是否良好，有无进水、受潮等异常现象，加热器按规定投停。

（4）隔离开关闭锁装置是否良好、完整。

（5）电气连接处是否接触良好，有无松动、过热现象。

（6）操作完毕后，应检查隔离开关操作电源是否在断开状态。

（7）母线绝缘子是否清洁，有无放电闪络现象，弹簧销子是否脱出。

（8）母线及引线有无过紧、过松、过热、断股等异常现象。

（9）引线夹有无过热，压接处有无松动、脱出现象。

（10）硬母线有无振动、变形等异常现象。

（11）双回软母线间隙棒有无松动、位移等异常现象。

5.2.5　电压互感器、电流互感器的巡视检查项目

1. 电压互感器

（1）设备外壳是否清洁，运行中有无异音，接地是否良好。

（2）二次快速空气开关和二次保险是否完整并接触良好，位置是否正确，有无异味或过热现象。

（3）二次接线部分是否清洁，有无放电痕迹。

（4）端子箱密封是否良好，有无进水受潮现象。

（5）油色、油位是否正常。

（6）金属膨胀器膨胀位置指示是否正常。

2. 电流互感器

（1）设备外壳是否清洁，运行中有无异音，外壳及屏蔽线接地是否良好。

（2）二次接线端子排压接是否牢固，有无过热、放电痕迹。

（3）端子箱、接线盒密封是否良好，有无进水受潮现象。

（4）油色、油位是否正常。

（5）金属膨胀器膨胀位置指示是否正常。

5.2.6　无功补偿装置、消弧线圈的巡视检查项目

1. 无功补偿装置

（1）瓷质和电容器套管是否清洁，有无裂纹、破损现象。

（2）电容器外壳有无明显鼓肚、渗漏油等异常现象。

（3）SVC/SVG、电容器室内温度是否符合规定。

（4）开关室的进、出风口有无阻塞物，通风装置是否正常。

（5）SVC/SVG 柜体有无放电痕迹。

（6）电容器组双桥不平衡电流是否在正常范围内。

2. 消弧线圈

（1）套管、隔离开关、绝缘部分是否清洁完整，有无破损和裂纹。

（2）各部分引线是否牢固，外壳接地和中性点接地是否良好。

（3）消弧线圈正常运行时应无声音，系统出现接地时有"嗡嗡"声，但应无杂音。

（4）干式消弧线圈外壳有无变色、变形现象。

5.2.7 直流系统、二次设备的巡视检查项目

1. 直流系统

（1）直流屏各表计指示是否正常，母线及蓄电池电压是否在正常范围内，各信号灯指示是否正常。

（2）直流系统运行方式及各空气开关、隔离开关、切换把手、控制把手投切位置是否正确。

（3）充电模块、馈线屏、直流接地巡检仪、电池巡检仪指示是否正常。

（4）蓄电池上部是否清洁，有无灰尘、杂物，蓄电池有无破裂、渗漏水，接头有无生盐现象。

（5）蓄电池连板牢固，无锈蚀现象。

（6）蓄电池室温度在规定的范围内。

2. 二次设备

（1）配电盘、控制盘、保护盘、继电器盘、仪表等表面是否清洁，外壳是否完整，盘门关闭是否良好。

（2）各保护测控屏压板投、退位置是否正确。

（3）装置的二次线有无松动、发热现象。

（4）各种信号指示是否正常，控制开关、二次设备把手位置是否正确无误。

（5）保护及自动装置液晶显示是否正常。

（6）打印机有无缺纸、卡涩现象，字迹是否清晰。

（7）故障录波器自检是否正常。

（8）二次接线有无松动、发热现象、TV、TA 回路有无异常。

（9）二次设备时钟是否正常。

5.2.8 输电线路的巡视检查项目

1. 架空线的巡视检查项目

（1）线路的杆塔横担倾斜度是否在规定范围内。

（2）线路拉线应紧固，连接螺栓是否可靠、有无锈蚀情况。

（3）混凝土杆塔基础是否有沉降、裂纹、钢筋外露等现象。

（4）导线有无断股现象，三相导线的弛度是否一致。

（5）绑扎线是否有松动、断裂或脱落现象。

（6）线路与树林、竹林的交叉距离是否符合要求。

（7）绝缘子、瓷横担应无裂纹。

（8）跌落式熔断器瓷件不应有裂纹、闪络、破损。

（9）熔丝管有无松动，上下触头应在一条直线上。

2. 电力电缆的巡视检查项目

（1）电缆路径上有无挖掘痕迹、有无堆积物等现象。

（2）电缆标桩是否损坏或丢失。

（3）上杆塔的电缆固定是否完好，电缆终端头外壳、引线是否正常。

（4）电缆终端头的屏蔽接地线连接是否正常，接头有无过热痕迹。

（5）电缆的中间接头井是否有积水、小动物，中间头是否完好。

（6）电缆沟内支架是否牢固，接地是否良好。

5.2.9　箱式变压器的巡视检查项目

（1）箱式变压器的基础有无开裂、破损、下沉等现象。

（2）箱式变压器的接地引下线与接地铜排连接是否完好。

（3）欧式箱式变压器的箱体是否完好，有无明显开裂、变形现象。

（4）美式箱式变压器还应重点检查散热器有无渗漏油现象，有无锈蚀情况。

（5）凝露控制器及加热板工作是否正常。

（6）地处山区的箱式变压器还应检查箱式变压器与树木、杂草之间的防火隔离带是否达到要求。

（7）箱式变压器的防小动物封堵是否完好。

（8）箱式变压器内部有无老鼠、蛇等动物活动痕迹。

（9）变压器有无异音，接缝处有无渗、漏油现象。

（10）变压器的套管是否清洁，有无裂纹、破损和放电痕迹。

（11）高低压出线接头处有无发热现象。

（12）高压电缆头有无破损、变色等现象。

（13）避雷器是否完好。

5.2.10　测风塔的巡视检查项目

（1）测风塔拉线是否完好，拉紧度是否正常，拉线的固定螺栓有无锈蚀情况。

（2）测风塔上风速仪风向标及压力计是否完好。

（3）测风塔控制箱密封是否完好，有无锈蚀情况。

（4）进入控制台的门锁是否完好。

（5）控制箱内设备电源电压是否正常。

（6）塔架上的电缆固定是否完好。

5.3　风电机组的巡视检查项目

5.3.1　风电机组基础及塔架的巡视检查项目

1. 塔架及塔架附件

（1）塔架混凝土基础表面有无明显裂纹。

（2）塔架基础环与混凝土结合处有无缝隙。

（3）塔架内外壁表面漆膜有无开裂、老化。

（4）塔架法兰面等焊接缝有无裂纹。

（5）塔内照明是否正常。

（6）爬梯、防坠绳、助爬器及平台连接是否可靠。

（7）底、中、顶法兰及紧固件连接螺栓有无位移。

（8）塔架与基础、塔架与机舱、各段塔架间接地连接是否可靠。

（9）塔架内电缆桥架、电缆防护套及电缆是否磨损、松动。

（10）自由延展段电缆有无过度扭绞情况。

（11）导电轨有无松动、变形。

2. 塔内电气柜及开关柜

（1）塔架内控制柜、电缆连接及照明是否正常。

（2）操作面板显示是否正常。

（3）控制柜通风散热、加热、密封及控制柜接地有无异常。

（4）有机载高压变压器的风电机组，还应检查底部高压电缆头有无破损、变色等现象，开关柜内有无放电声响和防小动物封堵情况。

5.3.2　偏航系统的巡视检查项目

（1）偏航驱动电动机有无积水锈蚀现象。

（2）偏航减速器有无渗漏油，油位是否正常。

（3）偏航小齿轮与回转齿圈的润滑油脂是否正常，是否有滴油或干涩现象。

（4）偏航时，驱动电动机、减速箱、偏航轴承等有无异常声响。

（5）偏航计数装置（限位开关、接近开关）是否正常。

（6）偏航系统润滑装置有无异常。

5.3.3　叶片与变桨系统的巡视检查项目

1. 叶片

（1）叶片表面有无裂缝现象。

（2）叶片运行声音有无异常。

（3）叶片引雷装置接线是否可靠。

（4）变桨时，叶片轴承有无异音。

2. 轮毂

（1）轮毂表面的防腐涂层是否有腐蚀、脱落及油污现象。

（2）轮毂、导流罩表面是否有裂纹。

（3）轮毂与导流罩的连接螺栓有无松动、脱落现象。

（4）轮毂与叶片的连接螺栓有无断裂现象。

（5）轮毂支架是否有裂纹，支架螺栓有无断裂现象。

3. 变桨装置

（1）液压站压力是否可以正常建压，有无渗漏油。

（2）电动变桨蓄电池表面有无裂纹。

（3）超级电容表面有无开裂异常现象。

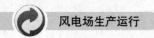

（4）定桨距叶片内液压缸有无漏油、钢丝绳有无断股。

5.3.4 传动系统的巡视检查项目

1. 主轴

（1）有无移位、裂纹。

（2）主轴与轮毂的连接螺栓有无断裂情况。

（3）主轴运转时有无异常声音。

2. 齿轮箱

（1）箱体有无渗漏油，油位是否在 1/4～3/4 之间（或 max/min 标志之间）。

（2）运行时有无异响，有无异常振动。

（3）缓冲器橡胶元件有无裂纹、破损现象。

（4）齿轮箱齿有无点蚀、崩齿、异常磨损现象。

（5）齿轮油循环冷却系统各管路及接点有无油污、有无渗漏，有无裂纹。

（6）热交换器有无渗漏、堵塞现象。

（7）冷却系统电动机转动有无杂音、异常振动现象，转向是否正确。

（8）齿轮油精滤系统各管路有无油污、破损老化、裂纹。

（9）泵电机转动有无杂音、异常振动现象，转向是否正确。

3. 机械制动系统

（1）刹车盘有无裂纹、破损。刹车片磨损度是否正常，厚度是否符合相关机组的要求。

（2）液压油管有无渗漏、破损、裂纹。

4. 联轴器

（1）防护罩有无破损，连接是否可靠。

（2）橡胶缓冲部件磨损是否正常，弹簧膜片有无裂纹。

（3）刚性联轴器是否有打滑迹象。

5.3.5 发电机的巡视检查项目

（1）发电机表面漆膜应无龟裂、起泡、剥落。

（2）发电机与底座固定螺栓连接有无位移现象。

（3）外壳与接地线接地是否良好。

（4）弹性减震器安装是否正常。

（5）主电缆引出线是否完好，线鼻处有无发热现象，电缆固定是否牢靠。

（6）冷却风扇运转有无摩擦声。

（7）通风管道安装是否牢固，有无破损。

（8）检查电刷磨损度是否正常、滑环室有无过多积碳刷粉。

（9）发电机运转时轴承声音是否正常。

5.3.6 液压系统及水冷系统的巡视检查项目

（1）液压站的油位是否正常，本体及各油管接头处有无渗漏情况。

（2）蓄能器有无漏油、漏气现象。

（3）液压站的各部件有无锈蚀情况。

（4）液压站电动机运转声音是否正常。

（5）液压站建压时间是否正常。

（6）水冷系统的管子、散热箱等是否渗漏。

（7）水冷箱的水位是否在正常位置。

5.3.7 电控系统的巡视检查项目

（1）控制柜内有无放电声或其他异常声音。

（2）柜内有无异味。

（3）柜内的铜排、接触器等部件有无明显放电痕迹。

（4）各电缆有无破损、过热现象，接头是否有松动。

（5）柜内卫生状况是否良好，有无遗留杂物，有无积尘、积水等。

（6）接线端子排布线是否整齐，有无脱开线头情况。

（7）控制柜排气扇风扇运转是否正常，有无异常声音。

（8）柜内避雷器指示、连接线连接是否正常。

（9）电容器柜内的电容器有无破损、漏液情况。

（10）电容器柜内无杂物，电缆连接是否正常，有无放电痕迹。

（11）变频器柜内变频器、母排有无放电痕迹。

5.3.8 其他巡视检查项目

（1）机舱外壳表面漆膜有无龟裂、起泡、剥落现象。

（2）顶部围栏有无锈蚀、弯折、断裂现象，与机舱连接是否可靠牢固。

（3）风速仪、风向标安装是否可靠牢固，有无卡塞现象。

（4）航标灯安装是否牢固，是否正常工作。

（5）机舱天窗有无破损、开裂现象，是否有渗漏水现象。

（6）机舱内服务吊车安装是否牢靠，有无锈蚀。

（7）吊车吊钩有无损坏、裂纹；链条有无损坏，运转、制动是否正常。

（8）风电机组外观标识（各类安全提示以及高压标识、关键操作提示等）是否齐全完好。

（9）风电机组的外部、内部的清洁卫生情况是否良好。

思考题

1. 巡视的方法有哪些？

2. 在哪些情况下应开展特殊巡视？

3. 特殊巡视的重点项目有哪些？

4. 主变压器巡视检查的重点项目有哪些？

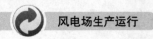

5. GIS 巡视的重点检查项目有哪些？

6. 箱式变压器的巡视检查项目有哪些？

7. 风电机组偏航系统的巡视检查项目有哪些？

8. 风电机组电控系统的重点巡视检查项目有哪些？

风 电 场 运 行 管 理

近年来，随着风电场集中规模投产速度的加快，风电场运行管理方面所产生的问题也越来越多。例如，风电场现场人员技术素质参差不齐、设备机型不统一、大部件规格配置不统一引起的备件管理难度逐渐加大、大容量机组技术不成熟、风机并网性能缺陷、电网接纳能力不足等问题逐渐显现。风电运营企业的主要工作重心从资源拓展向风电场运营管理转变，风电场运行技术工作便显现出十分重要的地位。

6.1 风电场运行管理制度

6.1.1 风电场工作制度

1. 工作内容

（1）负责风电场安全监察、开展安全性评价，负责现场消防、安全文明生产管理等工作。

（2）贯彻落实有关安全生产的法规、指示和通报，执行电力安全工作规程和有关规程制度、措施、标准，使本风电场的人身、设备的安全处于受控状态。

（3）编制风电场年度反事故措施和安全技术劳动保护措施计划，经过公司审核批准后，并组织落实。

（4）按公司部署和风电场实际，组织安全大检查和各种形式的安全活动，并组织落实整改安全大检查中查出的问题。

（5）按《事故调查规程》及安全管理制度组织事故调查，对事故本着"四不放过"的原则查清原因、落实责任和防范措施，并提出处理意见。

（6）按照公司制定的消防管理规章制度的规定对风电场的消防进行管理，防止火灾事故的发生。

（7）按照公司制定的文明生产管理制度和班组管理标准，对风电场的文明生产管理，应定期组织进行落实、检查，并且对工作完成不到位的提出考核意见。

（8）监督风电场所有员工正确佩戴使用劳保用品、安全工器具。

2. 生产管理

（1）及时准确、全面填报运行报表、记录及运行日志、检修技术记录及设备台账。

（2）要求风电场员工填写并分析日报表、月报表、对标分析，发现问题找出原因，制定措施，不断提高设备的利用率。

（3）对运行中所出现的异常现象和影响安全、经济运行的设备缺陷及时进行处理。

（4）编制本风电场年度、月度检修和运行的生产计划，报公司审核后组织落实。

（5）负责统计本风电场月度发生的设备缺陷，并且有重点地分析频发性缺陷的原因，提出整改意见。

（6）编制本风电场年度、月度风电场培训（安全、专业技术）计划，加强本风电场员工的现场技术培训工作，定期组织员工开展季度安全、专业技术理论考试，并且将考试成绩上报安生部。

（7）做好风电场库房管理，做到账、卡、物相符，摆放有序；做好备品备件的出入库手续；每月向公司安生部上报本月出入库清单，同时上报下月备品备件采购计划。

（8）每月上报本风电场月度报表、对标分析，两票统计分析和月度工作小结，缺陷月报、采购申请。

（9）对生产现场发生的不安全事件要及时汇报公司领导和职能管理部门，同时要及时组织分析，将不安全事件经过（运行方式、经过、暴露出的问题、采取的措施、责任认定、考核意见）报公司安生部。

（10）参加公司月度安全生产例会和各种培训活动。

3. 技术监督工作

（1）落实公司的技术监督工作计划（继电保护、绝缘、金属、油务、电能质量、电测仪表等）。

（2）按要求上报相关技术监督报表。

4. 设备管理工作

（1）负责风电场的设备年度检修计划的编制。

（2）负责风电场电气系统、风电机组的运行方式。

（3）建立风电场固定资产台账。

（4）进行设备缺陷的消除和验收管理工作。

（5）严格执行公司制定的生产调度管理制度。

5. 技改、安全措施和反事故措施工作

（1）落实公司已批准的技改、安全措施和反事故措施工作计划。

（2）对外围工程的施工配合安生部进行验收、检查工作。

（3）围绕安全经济生产，组织发动风电场员工提出合理化建议并审核上报安生部。

6.1.2　风电场安全工作制度

安全工作制度包括安全生产责任制、安全生产目标责任制考核办法、安全工作规定、生产事故调查规程、安全工作规程、安全生产工作奖惩规定、安全大检查管理规定、反习惯性违章管理规定、交通安全管理规定、消防管理规定、应急预案等。

落实安全生产责任制是安全管理的重要内容。建立安全生产责任制的目的，一方面是增强风电场各岗位工作人员的责任感，另一方面明确生产经营单位中各级负责人员应承担的责任。在风电场中风电场的第一负责人应组织好本风电场安全生产责任制的落实，并对风电场的安全生产负责。风电场班组长贯彻执行风电场安全生产的规定和要求，督促本班

组人员遵守各项规章制度和安全操作规程，切实做到不违章指挥，不违章作业。风电场运行检修人员对本岗位的安全生产负直接责任，应认真接受安全生产教育和培训，遵守有关安全生产规章和安全操作规程，不违章作业。

"两票"管理。"两票"是指工作票、操作票。"两票"是电力企业保障电气倒闸操作安全和检修维护工作的重要组织措施。风电场人员要熟悉工作票、操作票的使用要求，正确填写工作票和操作票。出于对操作人员和工作人员的安全考虑，倒闸操作有严格的程序要求。为确保不出现误操作情况，风电场应建立电气设备典型操作票，进行电气操作时根据典型操作票进行填写。操作票的格式各地方有所不同，但是一般至少包括操作任务、操作开始结束时间、操作票编号、操作项目、开票人、监护人、值班负责人签字等内容。

工作票主要在具体进行巡视检修维护工作前需要填写。工作票包括变电第一种工作票、变电第二种工作票、线路第一种工作票、线路第二种工作票、继保工作票、动火工作票、风电机组工作票。应按照工作内容的不同分别填写不同的工作票。风电场工作应杜绝无票作业。

风电场每月应由安全员对工作票、操作票进行审核，对合格率进行统计；安生部定期对风电场工作票、操作票检查、考核。

工作票执行流程如图 6-1 和图 6-2 所示，操作票格式如表 6-1 所示。

6.1.3 风电场运行工作制度

1. 运行监控制度

（1）运行人员必须按上级批准的值班方式和时间进行值班监控，如需更改应报请运行主管部门批准。无特殊情况，运行人员不得私自调班和连续值班。

（2）在值班时间内应坚守岗位，不得迟到早退，不擅离职守，因故需要离开时，必须经站长或运行主管部门领导批准。

（3）运行人员值班时要穿公司统一的工作服装，衣着要整齐并佩戴标志。在值班时间禁止穿拖鞋，禁止穿背心、短裤和裙子。

（4）在值班岗位上，不做与运行无关的任何事情，办公电话不准长期占用，不准在电话里相互聊天，不得用监控系统计算机打游戏。

（5）运行人员除维护设备、巡视检查设备和倒闸操作外，不得随意离开控制室。正常情况下，主控室必须保证有人值班监控。

（6）经常注意仪表、监控系统运行参数及各类信息的变化和继电保护的运行及动作情况，分析设备的状态，按规定进行各种检查和试验，对异常情况要加强监视。

（7）按规定将监控数据记入记录本，字迹工整清楚，内容正确详细，按规定标准填写，严禁编造数据。

（8）在值班岗位上，要认真地做好值班工作，严格执行规程制度，必须了解掌握系统运行情况，随时检查和处理异常状态。

（9）非值班人员不得随意进入控制室和高压室。

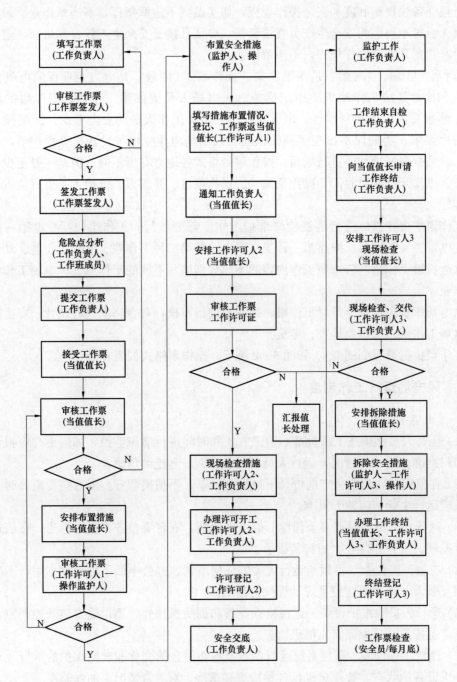

图 6-1　工作票典型执行流程

注：工作许可人 1、2、3 由当值值长安排当值人员担任，相互之间不存在必然的关联关系。

2. 设备巡视制度

（1）巡视检查工应按照规程、制度的要求，安排好日常巡视和特殊巡视工作。

（2）巡视工作应根据巡视内容和对象制定巡视单，应按规定的时间路线，认真对照检查，确保巡视到位。

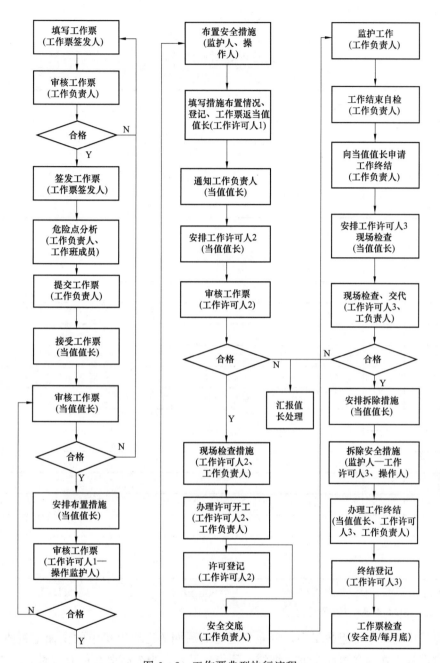

图 6-2 工作票典型执行流程

注：工作许可人 1、2、3 由当值值长安排当值人员担任，相互之间不存在必然的关联关系。

（3）在巡视检查输变电设备时，必须遵守《电力安全工作规程》有关高压设备的巡视的规定。

（4）风电机组巡视时，必须遵守《风电场安全规程》或场内有关规定，确保登塔巡视的安全。

（5）巡视发现的缺陷应及时汇报值班长或有关领导，并做好记录。

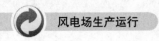

表 6 - 1

操 作 票 格 式

_____公司
_____风电场倒闸操作票

No：

		操 作 项 目	
操作时间	开始	年___月___日___时___分	
	终了	年___月___日___时___分	
操作任务		_____ 由_____转为_____	

模拟	操作	顺序	操 作 项 目	时分
备注				

操作人：   监护人：   风电场场长：   值长：

评价情况：经检查本票为（盖章）_____票。   检查人：_____

　　风电场因为风电机组数量多，分布广泛，短周期进行风电机组的全面巡视难度很大，所以每次巡视工作应尽可能全面、细致、到位。另外，为提高巡视的有效性，风电机组安装完成正式投入运行前，应对机组所有主传动系统部件的螺栓、基座等可能产生位移的部件用记号笔或油漆进行标示，发现有位移情况要引起高度重视。

　　3. 定期切换试验制度

　　定期试验切换制度是"两票三制"中的一个基本制度。定期试验切换能检验运行和备用设备是否长期处于完好状态，保证在出现异常运行或发生故障时有关设备能及时投入或正确动作，以实现安全连续供电。一般风电场需要进行切换和试验的设备如下：

　　（1）场用备用变压器。一般每月进行一次，进行全场带负荷切换，有 BZT（备用装置自动投入装置）装置的应使用 BZT 进行投切。

（2）事故照明。一般每月进行一次，可断开正常照明电源，自动投切检查照明是否正常。

（3）蓄电池。每月进行一次，观察并测量浮充、全组电压和室温，并做好记录，免维护不要求检查。

（4）备用母线（包括旁母）。一般每月应充电一次，隔离开关特别是室外的半年进行一次操作，锁每月至少打开一次。

（5）变电站同一级电压并列运行的母线上装有两台变互感器且有一组处于备用时，则每3个月应对备用电压互感器及二次回路进行一次切换，切换过程中应防止继电保护误动作。

（6）强油循环冷却器的主变压器风扇有备用风扇的应定期进行，一般可安排一个月一次，应选择在负荷较小的时候进行切换。

（7）对定期切换试验工作的管理要求如下：

1）定期切换试验尽量安排在交接班时进行。

2）定期切换试验前应检查备用设备的状况，发现明显异常应进行进一步检查处理后方可投运。

3）涉及调度部门的设备需要请示调度部门，同意后方可进行切换。

4）由场内自行调度的设备的试验切换前必须取得值班长的同意。

5）试验切换情况应在有关记录簿上做好详细记录。

6）试验切换前应做好各种事故预想。

6.1.4　风电场备件管理制度

1. 总则

（1）备品备件管理是一项专业技术性较强的工作，应设立专、兼职人员加强管理。

（2）备品备件管理主要内容包括备品备件分类，备件计划编制，备品备件规范，备品备件购置订货，备品备件存储保管、领用、补充，备品备件资金管理等。

（3）备品备件管理实行现场储备、管理。储备备品备件的品种及数量，由企业归口管理部门统一核定，并视备品备件的使用情况，对备品备件进行调配。

（4）为保证安全生产，备品备件必须根据生产实际、资金情况核定计划和储备，备品备件应保证随时可以使用，使用后应适时补充。

（5）制定科学、合理的备品备件计划和符合实际情况的储备方式。备品备件工作要贯彻勤俭节约为企业的方针，充分利用国内市场修造能力，解决备件的制造和加工，大力开展修旧利废，节省物资和资金。

2. 备品备件分类

（1）按备品备件用途分类：

1）事故备件：当风力发电主设备或主要辅助设备发生事故时需要更换的较重要的部件或特殊材料，该类备件一般指加工制造周期长、机件占用资金较大或比较特殊的材料并有特殊的规范要求等，如风力机叶片、发电机、齿轮箱、回转体等。

2) 易损件备件：故障多发，有一定规律性、用量较多的备件。

3) 消耗性备品：在生产运行中，需定期补充使用的备件，如润滑油脂。

4) 一般性备件：故障率小、投入使用周期较长，用量比较少或经过维修后可以再次投入使用的备件，包括某些标准件。

（2）按备品备件的使用专业分类：

1) 气动系统备品备件。

2) 机械系统备品备件。

3) 液压系统备品备件。

4) 电气系统备品备件。

5) 控制系统备品备件。

6) 消耗性备品备件。

7) 塔筒设施及其他备品备件。

（3）按备品备件本身的类型分类：上述各专业系统备品备件，都应按通用型和专业型分为两类。通用型指非本专业所独有的备品备件类型，其他专业也有同类备品配件，如电动机、电磁阀、电力熔断器等。专业型指只有本专业独有的类型，如风力机叶片、测风仪、偏航组件等。这样划分的目的是为了查询专业的一些通用型备品备件、必要时可以通用，以达到更合理的储备数量。

3. 备品备件计划编制

（1）备品备件计划编制是备品备件管理的基础工作，以保障安全生产及满足运行、检修工作需要，并重视备品备件储备品种、数量与资金占用之间的矛盾，要摸清设备的使用情况及各设备可能发生事故的规律性，实事求是地确定其品种和数量，确定合理的订货周期，减少资金占用。

（2）备品备件计划编制应采取生产一线及上一级主管生产管理部门两级管理方式来进行。

（3）备品备件计划编制以一年为一周期。

（4）备品备件计划编制主要内容应包括：

1) 备品备件编号：风力机备件编号要与风力机厂家编号一致。

2) 备品备件名称：要求名称准确、具体。国外进口备品备件要同时标外文名称。

3) 备品备件规格。

4) 备品备件制造厂家。

5) 备品备件图纸编号。

6) 备品备件现储备量及年度使用说明。

7) 备品备件计划订购数量。

8) 备品备件单价。

9) 备品备件存储使用单位（地点）。

10) 备品备件要求到货时间。

4. 备品备件计划编制程序

（1）根据设备实际运行维修情况，按照备品备件储备原则和要求，提出备品备件计划。

（2）生产部门进行认真的初审修改。初审重点是备品备件项目是否齐全，数量是否合理，备品备件计划各项内容是否完整、准确。

（3）计划初审后交主管领导审核，并确定采购计划。

（4）备品备件计划和存储管理应实现信息化。

5. 备品备件计划的编制原则

（1）事故备件：原则上在保证安全生产不影响检修工期基础上提出计划，不可造成该类备件过剩，长期积压和资金浪费。

（2）易损性备件：在掌握其更换规律后，其存储量应有一定的裕度。

（3）消耗性备品：按照设备厂家技术规范，定期做好备件储备。

（4）一般性备件：对其计划及存储基本上可保证使用即可。

6. 临时备件计划的编制

因突发性故障需要，且未列入备品备件计划的紧缺备件，应及时汇报主管生产管理部门。保证备品备件购置使用，并补入年度备品备件计划中。

7. 备品备件订购

（1）备品备件订购是计划的具体实施，在完成备件计划后，企业实施对备品备件的订购及资金使用。

（2）备品备件订购要充分利用市场机制，综合各方面的制造能力，努力实现备品备件的优化替代。

（3）国内订购的备品备件，可采用招投标、询价方式，综合质量、价格、交货期、信誉等条件货比三家，择优订购。

（4）国内无法解决的备品备件，可从风力发电机制造厂或其他制造厂进口。对于需要进口的备品备件，也要多方比选，择优订购。

（5）计划内备品备件采用批量订购，临时性备品备件计划视具体情况进行订购。

（6）风电场每月将备品备件采购申请上报主管生产管理部门。

（7）主管生产管理部门根据生产费用计划，对申请的采购计划进行严格控制。

（8）备品备件专责根据所报备品备件的轻重缓急及时采购到位。

8. 备品备件储备管理

（1）备品备件的存储应根据批准的备品备件计划安排，对尚未储备和储备不齐的备品备件，要根据供应和资金的可能，分清轻重缓急，有计划的储备。

（2）备品备件完成购置后，由上一级主管单位组织验收工作和进行必要的试验或检查工作，参加验收人员还应有技术人员，验收合格后填写验收单，有关人员签字后妥善保管。验收单及有关说明及时报安生部汇总备查。验收不合格的备品备件不能入库。

（3）备品备件图纸和制造厂家的检验合格证书等有关文件，设专档妥善保存。

（4）新机组随机带来的专用工具和备品备件，由生产部门汇同基建部门和供货方共同清点登记，专职保管。

（5）应定期对备品备件数量与质量及使用和储备情况进行检查，每半年做出备品备件使用、储备报告，汇总于安生部，以便全面掌握了解，及时修正补充备品备件计划。

9. 备品备件仓库的定置管理

（1）风电场要设置普通备品备件库、油品库、工器具库、废品库 4 种仓库。

（2）备品备件仓库的选择要视备件的品种、存储数量，做到场地大小要合适，通道畅通，备品备件转运方便。库区卫生清洁，不得存放与备品备件无关的物品。

（3）备品备件库要放置消防器具，建立防火制度，并悬挂消防警示牌。

（4）凡备品备件入库，必须登入库台账，按备品备件类别存库并分区定置，按机型存放。按"四号"（库号、架号、层号、位号）定位，做到齐、方、正、直、上轻下重，整齐有序，保证安全，便于作业，取用方便。

（5）每种备品备件必须有卡片，标明品名、规格、数量和用途，做到账、卡、物相符。标牌的高低、大小、色调，要达到物处状态、定置类型、区域划分的要求。区、架、位标志准确醒目。

（6）燃料油及润滑油品等易燃、易爆、有毒物品要另库存放，进行特别定置。

（7）精密仪表、精密备品备件的保管，要注意温度、湿度和阳光照射的影响，按技术要求，妥善保管。

（8）报废和淘汰的备件，要转入废品库存放，并及时处理。

10. 备品备件领用

（1）备品备件领用时，要执行领料单审批制度，履行领用手续。

（2）事故备件的使用，需经主管领导同意后方可领用。

6.1.5 风电场交接班制度

1. 交接班条件

（1）值班人员必须按照公司规定的轮值表值班，特殊情况下经过生产副总经理批准方可变更交接班时间。

（2）遇到处理事故或进行重要操作时不得进行交接班，接班人员应在交班班长（值长）的指挥下协助工作。事故处理或重大操作告一段落时经双方班长（值长）协商同意后方可进行交接班。

（3）系统或主设备运行不正常时，应经班长（值长）或风电场场长同意方可交接班。当上值未完成工作任务时应在完成后再交接班。

（4）上班前喝酒人员以及其他原因不能胜任工作时不准上班，接班班长（值长）发现后应劝其休息，并汇报风电场场长。

（5）值班人员不得连值两个轮班，特殊情况经过场长做适当调整方可值班。

（6）交班事项应详细记在周总结上，禁止单凭口头交接班。交接完毕后在周总结上接班人员先签名，交班人员签字后方可正式交接班，严禁不办理交接班手续离开工作岗位。

（7）交班前应做的工作。

1）将所管辖的设备系统全面检查，有异常时应恢复到正常状态。

2）将正在操作的工作告一段落，并做好记录。

3）将所发现而不能当值消除的设备缺陷登入缺陷记录内，并通知检修人员处理，向接班人员交代清楚。

4）将规定的各项定期试验、轮换等工作全部进行完毕。

5）将所管辖的卫生区域打扫干净。

6）清点仪器、工具、钥匙、各种记录等，整理整齐且按定置摆放。

7）班长（值长）应对各种报表、台账、记录正确性全面负责检查，对全班的安全、文明生产全面负责。

8）值班长及交班人员要按时完成当值期间所有的各种记录、报表；对备品备件和车辆进行准确无误交接。

9）所有接班人员排好队听从交班班长（值长）交代和本值班长（值长）的工作安排。

2. 交班内容与要求

（1）交班人员应将所有情况向接班人员全面交代清楚。

1）设备运行、检修、试验情况及安全措施。

2）异常情况的全过程及处理经过和吸取的教训和防止对策。

3）设备缺陷的详细情况及采取的安全措施和事故预想。

4）上级命令和指示。

5）本值遗留的工作和下值的任务。

6）本值操作中的经验。

7）各种记录、图纸、资料、钥匙、仪表、工器具、车辆等。

8）生产现场、值班场所、备品备件库、个人宿舍的文明卫生检查工作。

（2）对异常情况所采取的对策及注意事项除书面交代外，必要时双方应到设备现场进行交代。

（3）交班者应虚心听取接班人员对本值工作情况的询问，并进行详细解答。

（4）交班后应认真总结工作。

1）总结当值任务完成情况和经验教训。

2）检查值班纪律及各项规程制度执行情况。

3）分析不安全事件发生的经过、原因及今后防止对策。

4）表彰好人好事。

3. 接班内容与要求

（1）接班人员应提前半天到达现场进行接班前的设备系统检查，听取交班人员的交待。

（2）接班人员应根据岗位规定范围进行接班前的全面检查，查阅运行日志、缺陷记录、接地线登记、命令指示等有关记录，并详细了解以下情况：

1）设备状况、运行方式和预计本班要进行的操作项目。

2）设备检修情况及系统隔绝情况、电气接地线实际位置和编号。

3）设备缺陷及异常现象的发展情况以及预防事故发生应采取的安全措施。

4）本值上次值班至今所发生的不安全问题及处理情况。

5）上级指示和有关交代事项。

（3）发现交班人员交代与实际情况不符时应向交班人员提出。

（4）接受图纸、资料、钥匙、工器具、备品备件库、车辆、生活设施和各种记录，并

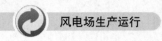

检查生产现场及值班场所清洁卫生情况。

（5）接班人员除进行必要的音响试验及正常检查外，不允许操作任何设备。特殊情况由风电场场长安排。

（6）接班工作安排如下：

1）接班人员汇报接班检查情况。

2）班长（值长）交代设备运行方式，布置工作任务。

3）班长（值长）根据运行特点、气候情况交代事故预想，根据安全、技术交待相关注意事项。

（7）交接手续办完双方签字后，接班人员应立即到自己的工作岗位值班。

6.1.6 风电场应具有的规程制度

1. 风电场应具备的规程

风电场应具备的规程，包括电力行业制定的风电场的安全规程、运行规程和检修规程，《电力安全工作规程》《事故调查规程》《电力变压器运行规程》《高压断路器运行规程》《电力电缆运行规程》《蓄电池运行规程》《电气事故处理规程》《继电保护及自动装置运行管理规程》《继电保护与安全自动装置运行条例》《电气设备预防性试验规程》《电气装置安装工程电气设备交接试验标准》《变压器油中熔解气体分析和判断导则》《有关设备检修工艺导则》《电力系统电压和载功管理条例》《变电站设计技术规程》《高压配电装置设计技术规程》《SF$_6$气体监督导则》《电力安全生产工作条例》《电气设备消防规程》《接地特性参数测量导则》《电力设备过电压保护设计技术规程》《变压器有载调压开关运行维护导则》等。

2. 风电场其他应具备的规程制度

变电站应具备的规程制度，除以上规程外，还包括各级调度管理规定，有关各类反事故措施，防止电气误操作装置管理，各级安全生产责任制度，设备运行、检修维护消缺管理制度等。

6.2 风电场运行技术管理

风电场运行技术管理工作包括风电场技术档案管理、现场运行记录、风电场运行分析、风电场保护定值管理、风电场技术管理、风电场状态监测、风电场管理信息系统、风电场点检系统等。

6.2.1 风电场技术档案管理

在风电场的运行管理工作中，技术档案管理是非常重要的管理工作之一，能提高风电场运行管理的技术水平。风电场技术档案包括可行性研究到设计、建设，从引进项目合同到设备清单及设备技术资料，从风电场设备的档案记录到设备运行数据的采集及分析，从运行人员的工作科研记载到参观宣传，从国际风电技术资料到国内风电技术资料，技术资料种类较多。

在风电场的技术管理工作中，技术档案管理是非常重要的内容之一，档案验收也是工程项目竣工验收的内容之一。风电场管理工作中应要求严格执行有关规程、制度、规范，建立健全运行技术资料、台账、图表、图纸、规程，确保各类技术资料完备、系统、正确。健全的技术资料档案是运行、检修和技术改造的重要依据。

1. 设备台账和设备档案

设备台账和设备档案是设备管理的基本文档。

设备台账内容应包括设备名称、设备型号、生产厂家、设备编号、档案编号、安装位置、设备原值、折旧年限、投产时间、维修时间、更换部件、技术改造内容与时间等。

设备档案是对每台设备分别建立完整的运行、维护记录，内容包括设备名称、设备型号、生产厂家、设备编号、主要技术参数、安装位置、设备原值、折旧年限、投产时间、调试记录、试运行记录、初步验收报告、最终验收报告、机组定值表、每年发电量记录、维护记录、维修记录、维修验收报告、更换零件记录、更换部件记录、更换部件验收报告、定值更改记录、技术改造记录、技术改造验收报告、事故记录、事故报告等。

2. 技术档案内容

（1）项目原始资料。

1）前期工作文档资料，包括可行性研究报告、环境影响评价报告、水土保持评价报告、接入系统方案设计。

2）输变电工程技术资料，包括设计任务书、设计计算书、竣工图、更改设计资料、设备安装调试报告、设备说明书、设备出厂试验报告、设备合格证、监理记录、验收报告等。

3）土建工程技术资料，包括设计任务书、设计计算书、竣工图、更改设计资料、监理记录、验收报告等。

4）风电场工程技术资料，包括地质勘查报告、风能资源分析评价报告、微观选址报告、风电机组设计任务书、设计计算书、竣工图、更改设计资料、监理记录、塔架图纸、塔架监造记录、塔架出厂合格证、风电机组安装记录、调试记录、试运行记录、初步验收报告、竣工验收报告等。

（2）设备投运批准书、启动方案及并网协议。

（3）风电机组安装、运行、监控、维护等手册。

（4）设备技术档案，包括安装交接资料、设备参数、历年大修、小修预试报告、保护校验报告。

（5）设备台账，包括设备所发生的严重及以上缺陷与检修、修试、校验等内容，必须记入台账运行记事栏内。

（6）设备事故、障碍分析报告、试验记录及分析报告。

（7）调度协议、调度通知及调度文件。

（8）继电保护及自动装置整定书（保护定值单）。

3. 技术档案管理的要求

（1）风电场所建立的日志、台账等记录，内容应真实、齐全，项目完整，数据准确，查阅方便快捷，技术问答记录［要求2次/（人·月）］。

（2）风电场的有关规程、标准、技术台账、技术记录、图表、图纸等技术资料及原始资料的管理应符合档案管理的要求。

（3）加强信息管理，做好各种原始记录、统计报表、台账填写及计算机录入工作，及时准确地向有关部门提供所需的数据资料。

（4）各种运行技术资料夹应整洁、排列整齐，每月应检查一次，运行技术资料内容是否齐全，缺少的应及时补齐。

（5）风电场收到运行技术资料后，由专职管理人员归档。

（6）作废及超时限废止的运行技术资料应及时收存，不得与使用的运行技术资料混放。

（7）各检测、试验报告在设备检测或试验后一个月仍未收到的，应及时催交和查询。

（8）电气主接线更改或设备变动时，应在设备投运前完成典型操作票、相关现场规程的修订。

（9）新的继电保护定值单执行后，运行人员必须及时与调度部门核对，并将新的继电保护定值单归档，并对运行规程进行修改工作。

（10）新（扩）建设备投运或技术改造项目完成前，工程管理及施工单位必须向运行单位移交相关的图纸、资料。

（11）风电场设立兼职档案员，负责档案管理，包括风电场资料的存档、整理、出入管理、保密等工作。

6.2.2 现场运行记录

1. 风电场运行值班记录内容

（1）交接班记录；

（2）运行日志；

（3）风力机巡视记录；

（4）风力机特殊巡视记录；

（5）变压器巡视记录；

（6）变压器特殊巡视记录；

（7）油断路器巡视记录；

（8）六氟化硫断路器巡视记录；

（9）隔离开关巡视记录；

（10）电容器巡视检查记录；

（11）电压/电流互感器巡视记录；

（12）所用变压器巡视记录；

（13）母线/电缆巡视记录；

（14）防雷设备巡视记录；

（15）其他设备巡视记录；

（16）断路器跳闸/操作记录；

（17）避雷器放电记录；

（18）蓄电池记录；

（19）防小动物措施检查记录；

（20）工作票及工序卡管理记录；

（21）操作票管理记录；

（22）风电场工序卡；

（23）风电场生产事故、一类障碍月（年）度综合统计表；

（24）安全活动记录；

（25）反事故演习记录；

（26）安全工器具试验记录；

（27）电力系统继电保护和安全自动装置动作统计月度报表；

（28）风电机组运行信息表；

（29）风电机组（故障）检修记录；

（30）风电机组油品加注记录；

（31）运行分析记录；

（32）电气设备检修与试验记录；

（33）设备缺陷记录；

（34）风电场设备定级记录。

需要说明的是，在风电场运行值班记录内容中，变压器、断路器、隔离开关巡视记录一般合成输变电设备巡视记录和特殊巡视记录。日常运行值班记录内容各风电场可根据实际内容进行调整。可参考风电场运行值班记录典型配置表。

2. 填写工作的要求

（1）各种记录由值班运行班组的相关人员填写，当天的情况当天记录。无特殊情况不允许隔天补记。

（2）各种记录要求统一用碳素墨水书写、字迹端正、工整、用词恰当、数据准确、情况真实、严禁涂改。

（3）记录内容要求按记录本中说明进行记录，各种记录本之间的记录内容不得混淆。

（4）在交班时做好有关记录资料交接工作。

（5）值班长应每天检查各种记录，发现问题及时处理；风电场场长每半个月应检查一次各种记录，在每月一次的运行分析会上，复检抽查一个月来的各种记录。对两个班组的记录做出评比，对不符合要求的记录责令重写。

3. 记录存放保管

（1）各种记录应由专人放置在风电指定地点保管，并建立登记、统计、查阅管理制度。

（2）应定期将各种记录进行整理登记、编号、存档。

（3）记录存放期限：除工作票、操作票记录保存1年；安全管理、反事故演习和其他记录（如来客登记、班组会议、培训活动、合理化建议、技术革新）保存2年外，其他有关生产、设备等记录要求存放5～10年（风电机组运行记录存放10年，其他生产、设备记录存放5年）。到期注销要登记备案，按档案要求管理。

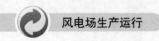

4. 记录表格填写说明

（1）运行日志。

本日志由当日值班员填写（打印），值班长阅后签字。运行日志应填写日期、天气、风速、安全运行天数、上网电量（站送出电量），运行日志还应记录如下内容：

1）风电机组运行及故障处理情况：记录风电机组的运行、检修、维护情况，并在《风电机（故障）检修记录》中详细记录检修过程、备件更换情况及损失电量等内容。因电网原因造成的大面积停机情况可在"电网运行情况"栏中记录，在本栏中可不做该项记录。

2）变电设备运行情况记录：①设备运行方式的改变和继电保护、二次设备变动情况、直流系统及所用变运行情况等；②定期切换：记录切换后设备（主变压器、电压互感器、所用变压器、蓄电池、重合闸等）时间、编号、结论，对例行切换试验不做记录；③设备检修及试验情况：记录当值期间新开工检修、试验的设备、正在检修的设备、检修工作间断的设备和已竣工的设备情况，在《电气设备检修与试验记录》中要具体填写有关内容；④装设接地线情况：记录当日值班结束时遗留装设的接地线、接地刀开关的地点、编号和组数。

3）电网运行情况：记录电网发生失电或电流、电压等异常的情况，各段母线电压异常情况，由此造成的风电机停运情况。

4）执行工作票、操作票和工序卡的情况：记录工作票、操作票、工序卡执行情况的起止时间、编号、种类、主要工作内容等。

5）上级通知事宜：①记录上级下达的各种文件、通知；②上级下达的生产事宜；③收到的各种试验报告；④厂内的有关通知。

6）调度有关事宜：调度命令由接令人填写。记录调度员姓名、时间、发令内容及受令人姓名，向调度提出的有关申请及回复等。命令内容应随听随记，全部命令记完后，受令人向发令人复诵一遍，并得到发令人的同意。值班人员向调度员申请并得到同意的操作任务应在发令人栏内填写上"×××同意"字样。操作任务完成后填写终了时间，调度下令的操作还应向调度回令（电话记录保存3个月）。

7）其他需要特殊说明的事宜。

8）日上网电量（站送出电量）：报调度的上网电量或厂（站）送出电量。

（2）风电机、变压器等设备巡视记录的填写：根据巡视记录所列内容，认真对风电机组及输变电设备进行检查，若所查项目正常，在"状态"栏内打"√"，不正常打"×"并在"不正常状态描述及处理意见"栏中具体说明异常现象，提出处理意见。无专门巡视记录的设备，巡视结果在"其他设备巡视记录"中填写。值班长、场长应定期检查各种记录情况并签署意见。

巡视周期：

1）日巡：风电机组巡视检查记录、变压器巡视检查记录、油断路器巡视检查记录、六氟化硫断路器巡视检查记录、隔离开关巡视检查记录、电容器巡视检查记录、电压互感器巡视检查记录、所用变压器巡视检查记录、母线/电缆巡视检查记录。

2）值巡：防雷设备巡视检查记录。

3）月巡：各厂依据实际情况，安排每日风电机组及其变压器的巡视台数，每台每 2 个月至少上塔检查一次。特殊巡视检查记录为不定期巡视；电缆沟每月巡视 2 次。夜巡应在"时间"项中注明；场用变压器特殊巡视情况在"变压器特殊巡视记录"中记载。凡几种设备共用一张巡视记录时，在"设备名称"项中写清设备名称及运行编号。

（3）断路器跳闸/操作记录。

1）本记录由当值人员填写并签名。

2）统计范围：运行方式变更、限负荷操作、断路器事故跳闸。

3）按开关或线路名称分页填写，记录操作时间、动作次数（220kV 及以上断路器应分相统计），保护及重合闸动作情况、外观检查情况、检修日期、负责人等。

4）断路器经过检修后，应写明检修日期，跳闸的累计次数从零开始计算，并用红笔在检修前记录的下方划一红线，注销以前的跳闸记录。

（4）避雷器动作记录：本记录由值班人员填写，每值由值长检查一次并签名。按电压等级及运行编号分相、分页进行记录，每次核对动作记录。避雷器动作后，在底码栏内记录放电计数器所指示的实际数字，次数栏填写此次检查与上次检查的差额数字。每月定期核对一次，雷雨季节在每次雷雨过后应增加核对一次，并在日期栏内填写工作时间。避雷器新投入前，应记录计数器指示数，此时动作为零。避雷器更换或经过预试后，应记录其指示数，累计动作次数从零开始重新累计，备注栏内注明"预试"或"更换（相别）"等动作原因。

（5）蓄电池记录：本记录由值班员填写。每值定期抽测代表电池，每月定期进行一次整组测量。充放电测试次数按产品规程规定执行，并由值长亲自组织实施。

（6）风电机组运行信息表。

1）由风电场指定的进行运行分析或负责统计的人员填写并由值长审核，作为月报的一项内容提出。

2）风电机组运行信息表按机型对每台机组分别记录。

3）记录月发电量、运行时数、非正常停机时数、损失电量等。故障原因按故障类别分别统计停运时数、故障检修及设备更换的简要情况。

4）损失电量的计算：按值分机型统计，参考同类型无故障机组在相应时间段内的平均功率计算，按月汇总填报。

（7）风电机（故障）检修记录。

1）由检修风电机的人员在工作完毕后记录。当日值班员应记录停机时间、恢复运行的时间，并填写相应信息表。

2）检修人员应详细记录风电机组故障现象、故障原因，检查、修复过程，所使用的备件及处理结果。如需执行工序卡，则应同时填写和执行工序卡，并记录相应工序卡编号。值长负责工作质量验收并做绩效统计考核。

（8）通过风电机组油品加注记录可以分析风电机组是正常渗漏还是非正常渗漏。

（9）运行分析记录：综合分析由场长或技术员组织每季度至少一次，题目要预先选好交值班员准备。根据具体内容可列为安全活动或技术培训。事故预想并入专题分析，由值长根据可能出现的问题，组织当值人员进行，每值每月至少一次。分析后要记录活动日

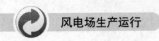

期、参加人员姓名、分析的题目及内容、对存在问题所采取的措施。发现的问题及时向领导汇报，以利于问题的解决。

（10）电气设备检修与实验记录。

1）由工作负责人填写并签名，场长审核后签字，按值移交。记录工作内容和起止日期、时间。如需执行工作票，则应同时填写和执行一、二两种工作票并指明工作票编号。

2）本记录应按设备名称，分页填写，每次填写可连续使用。

3）修试性质应分类：交接——新投入设备的检修；大修、预试、临修（检）；消缺——非检修类的缺陷处理；校验——计量及指示仪表工作。

4）在检修试验项目及内容栏，应记录以下内容：

① 清楚交代检修的全过程及检修中发现的问题和处理情况。

② 工作负责人应说明检修设备是否有遗留问题、运行中的注意事项，并做出自检结论。对停电检修设备的结论应包括：试验数据是否合格，设备是否可以投运。做到工完料尽场地清洁。

③ 设备验收人对设备验收后填写验收报告，根据验收情况，说明设备现状，确定设备经检修后是否符合要求，并通过实验数据和外部检查，确保正常投运。

④ 对不停电检修工作（取油样）结论。经外观检查无油迹、螺钉紧固，油位正常，符合运行要求。

⑤ 值长负责（组织）工作安排并对工作质量把关和做绩效统计考核。

（11）设备缺陷记录：风电场缺陷记录可分为输变电和风电机组两大部分内容。缺陷记录执行闭环管理，主要记录内容应有设备缺陷记录本（内容为包括发现—通知—消缺—验收的汇总表）、缺陷通知单（为运检人员消缺过程记录本）。

（12）设备定级记录：本记录由场长或负责技术的人员填写。根据设备的编号及名称，按设备定级的单元进行。定级的依据要准确，每次定级后统计各级设备的数量并计算设备的完好率。

（13）防小动物措施检查记录：由安全员每值至少检查一次落实情况，发现问题及时处理并做好记录。

（14）工作票/工序卡管理记录：本记录由安全员记录，每月由值长统计审核一次，场长阅后签字。在项目栏中写明所填写的是"第一种工作票"、"第二种工作票"还是"工序卡"，并依次在相应栏目中写清所涉及的内容。

（15）操作票管理记录：本记录由安全员记录，每月由值长统计审核一次，场长阅后签字。在操作票管理记录中所填的编号、操作时间应与操作票实际内容一致。若操作任务是接受了调度令，则填写调度员姓名，若是场内根据工作需要自行安排，则填写直接安排操作任务的负责人姓名。在"受令人"栏中填写操作员姓名。

（16）风电场工序卡：按照风电场工序卡管理相关要求填写。

（17）风电场生产事故、一类障碍月（年）度综合统计表：由风电场安全员每月填报一次并由风电场负责安全生产工作的总负责人审核，作为安全月报的一项内容，经场长批准后报出。

（18）电力系统继电保护和安全自动装置动作统计月度报表：本记录由风电场熟悉电气设备及继电保护、安全自动装置的技术员或主值、副值填写并由值长审核后报场长批准。于每月将本单位上月份的保护装置运行情况经认真分析后，作为安全月报的一项内容上报公司生产管理部门。按被保护设备或线路名称分故障类型记录保护行为及安全自动装置动作情况并分析故障原因及责任。

（19）交接班记录：由交、接班值负责各项工作的负责人分别按项目填写、签名。符合要求的打"√"，不符合的打"×"并具体写明原因。值班期间的设备运行情况（含调度令完成情况）、存在问题及消缺措施和重点移交等具体情况由交班值长（或专门负责人）填写（可另附页说明设备情况），交、接班值长对交接班记录中所填内容负责。该记录需由分管场长审核签字。"调度命令及落实情况"栏填写值班期内接受调度令×项/次，完成×项/次；"上级生产指标及落实情况"栏填写指示×项/次，未完成×项/次；"设备检修次数"栏填写值班期内检修电气设备×次，风电机组×次。"资料档案"栏专业记录项中应记录设备运行、管理及安全管理等记录的填写情况。"安全用具、消防设施"栏中写明安全用具或消防设施共×件，×件完好；安全文明生产其他项目按要求在方框中打"√"，或打"×"并具体说明原因（可附页）。接班记录由风电场按时间统一编号。

6.2.3　风电场运行分析

风电场进入运行阶段后，通过现场监控系统（SCADA）可积累大量的运行数据。运行数据的分析对于科学地开展好风电场的运行和维护具有重要意义。

可以用于分析的数据包括发电量、上网电量、场用电量、功率、风速、各部件温度、振动量、告警信息等。

通过发电量数据分析可以得出风电场的大风月、小风月，为合理安排检修和维护、消缺工作提供依据。

通过发电量、上网电量，可以分析出场内的线损率水平，以合理调节变压器的分接头，优化运行。

通过分析统计设备故障率，可以得出场内常见的故障，针对性地加强技术管理。

6.2.4　风电场保护定值管理

风电场保护定值管理包括风电机组的定值管理和风电场输变电系统的保护定值管理。电力行业已有相当完备的输变电系统定值与保护参数管理的技术标准和管理规定，下面简要介绍风电机组运行定值管理相关内容。

风电机组运行参数主要包括机组启/停机、故障报警，以及发电机功率、环境温度、温控系统、转速、偏航、解缆、变桨位置等。

风电机组控制系统中均有由厂家设定的运行和保护参数表。对参数表的修改会直接影响机组安全和运行状态。操作者根据授权级别获得调整参数表的权限。风电场应严格控制参数表的设置权限，制定管理制度，由企业最高技术负责人审批，未经授权不得擅自修改。批准修改的参数应保留修改审批记录并存档保管。

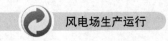

6.2.5 风电场技术监督

风电场技术监督是围绕设备进行的安全经济运行评估，依据国家、行业有关标准和规程，采用有效的测试方法，阶段性反映风电场设备健康状况的重要手段。

风电场技术监督包括两部分，风电场输变电系统技术监督和风电机组技术监督。

技术监督通常包括金属、化学、电气设备性能、电测、节能与环境保护、电能质量、保护与控制系统、自动化、信息及电力通信系统等内容。

1. 风电场输变电系统技术监督

（1）风电场输变电系统技术监督内容。

1）电能质量监督：频率和电压。频率质量指标为频率允许偏差，电压质量指标包括允许偏差、允许波动和闪变、三相电压允许不平衡度和正弦波形畸变率。

2）绝缘监督：电气一次设备绝缘性能，防污闪，过电压保护及接地。

3）电测监督：各类电测量仪表、装置、变换设备及回路计量性能，电能计量装置计量性能。

4）继电保护及安全自动装置监督：电力系统继电保护及安全自动装置、自动化装置、直流系统，上述设备电磁兼容性能。

5）节能监督：线路及变电设备电能量损耗。

6）环保监督：输变电系统电磁干扰、环境噪声、污染排放。

7）化学监督：电力用油、六氟化硫，电气设备的化学腐蚀。

8）金属监督：金属材料部件在承压、交变应力下长期运行的变化规律。机械性能试验、无损探伤、焊缝检验、金相组织。

（2）预防性试验。预防性试验是电力设备运行和维护工作中的一个重要环节，是保证电力系统安全运行的有效手段之一。预防性试验规程是电力系统绝缘监督工作的主要依据。

风电场输变电设备的预防性试验是保证设备稳定运行，及时发现缺陷和隐患的有效措施。预防性试验主要是通过检测设备的绝缘电阻和直流电阻、泄漏电流、介质损耗、交（直）流耐压水平、局部放电、油色谱分析等，检查设备的性能和状态。

预防性试验主要参考依据是《电力设备预防性试验规程》（DL/T 596—1996）。根据规程中规定的试验项目、周期进行，并根据规程中规定的试验数据判断标准对设备的状态进行分析，判定设备是否满足运行要求。在风电场中一般可委托有资质的试验单位进行试验工作，风电场应注意做好以下几项工作：

1）雷季来临前，必须完成输变电设备接地电阻测试、避雷器的预防性试验工作。

2）风电机组升压变压器（油浸式）容量较小，为试验规程中未明确规定试验的项目，但风电场运行环境恶劣，应加强对该设备的试验工作。具体可将以下项目列入试验项目中：①测量绕组绝缘电阻、吸收比或极化指数；②测量绕组直流电阻；③交流耐压试验；④绝缘油试验及油中溶解气体色谱分析。

3）试验所得的合格数据不应作为判断设备状况的绝对标准，还应将试验的结果同设备间的数据、出厂试验数据、上期测试数据进行分析和比较，各类试验数据不应有明显变化；同时，试验结果的判断和分析还应充分考虑试验时的气候因素，综合判断。

4）油色谱分析所得数据出现超过注意值情况，应在短期内进行再次取样试验，用于分析产气的速率。在其他试验项目合格情况下，第二次采样无明显变化，可以判定设备无异常。

2. 风电机组技术监督

（1）齿轮箱、液压系统油品技术监督。

鉴于油品在机械系统中具有保护机械摩擦表面、防锈、散热、润滑等作用，油品状况至关重要。技术监督部门应按照标准或厂家规定，定期对油品进行监督检查。技术监督部门应具备油品检测资质或委托有资质部门或实验室进行试验。油品状况最重要的运行指标有金属颗粒度、黏度、沸点等数据，上述指标应进行检测，必要时要求风电场进行油品更换。

（2）金属机械监督。

1）螺栓预紧力。是否根据厂家要求对安装在中法兰和底法兰的螺栓进行紧固、是否按厂家规定紧固齿轮箱与机座螺栓、是否根据厂家规定对偏航系统螺栓进行紧固、是否根据厂家规定对叶片螺栓进行紧固、润滑剂使用、是否根据厂家规定对主轴法兰与轮毂装配螺栓进行紧固，是否根据厂家规定力矩表 100% 检查发电机紧固底脚螺栓。

2）机械振动。振动传感器即振动开关、振动加速度计定期校验，振动参数值设定以及振动分析报告。

（3）风电机组的环保监督。

1）风电机组的噪声。风电机组噪声的测试方法按照 GB/T 22516 执行。

在居民区附近，机组噪声的排放量应符合《声环境质量标准》（GB 3096—2008）中的有关规定。

2）电磁干扰（兼容性）。风电机组会对无线电磁波的传输产生干扰，因此应避免在导航设施或通信中继站附近安装风电机组。

（4）发电机和电缆绝缘监督。

发电机应定期进行绝缘检测，做好记录和检测报告。发电机应定期进行检查，发现缺陷及时处理，避免故障进一步扩大。发电机定期监督内容如下：

1）额定风速下温升；

2）检查发电机振动和噪声是否在规定范围内；

3）空冷装置：空气入口、通风装置和外壳冷却散热系统；

4）水冷系统：有无漏水、缺水等情况，应在厂家规定时间内更换防冻液；

5）外观检查发电机消音装置是否正常；

6）轴承润滑：是否按厂家规定定期进行轴承注油和检查油质；

7）定期检查空气过滤器并进行清洗；

8）按规定定期检查发电机绝缘、直流电阻等有关电气参数。

电缆绝缘监督内容如下：

1）电力电缆预防性试验有无超标及超期项目；

2）对电缆按规定进行定期巡视，并做完整记录；

3）检查电力电缆终端头是否完整清洁，有无漏油、溢胶、放电、发热等现象；

4）检查电缆有无老化、外皮脱落现象；

5）检查是否按厂家规定紧固电缆接线端子；

6）检查发电机电缆有无损坏、破裂和绝缘老化；

7）检查下落电缆、通信电缆、控制电缆有无过扭破坏以及外皮磨损现象。

（5）安全及功能性试验技术监督。

安全及功能性试验的目的是验证风电机组的设计特性以及与安全有关的保护措施和规定是否得到落实。试验应按照制造厂推荐的方法进行。

1）安全性试验。

人身安全设施的验证试验包括旋转部件的防护隔离措施、塔架爬梯设施的安全性、触电保护隔离措施。上述设施的功能应满足设计要求。

风电机组安全保护系统。风电机组必须具备一套逻辑上独立于控制系统的安全系统（链）。在运行过程中有关安全的极限值被超过以后，或者如果控制系统不能使机组保持在正常的运行范围内时，则安全系统（链）动作，使机组最终停止转动。允许采取间接的方法验证安全系统在出现下列情况时可靠动作：超速、功率超限、发电机短路、机舱过度振动、由于机舱偏航转动造成电缆的过度缠绕、控制系统功能失效、紧急停机、其他与安全系统有关的故障。

2）控制功能试验。控制系统的功能应满足在规定的运行条件下都能使风电机组的运行参数保持在他们的正常运行范围内。控制系统的控制功能试验项目如下：机组的启动和停止、发电特性、偏航稳定性、转速变化的平稳性、功率因数的自动调节、扭缆限制、电网异常或负荷丢失时的停机等、制动功能（正常刹车和紧急刹车）。上述控制功能应满足设计要求。

3）控制系统的检测和监控功能。应测试控制系统对风电机组运行参数和状态的检测和监控功能，包括以下内容：

① 风速和风向。

② 风轮和发电机转速。

③ 电气参数：包括电网电压和频率、发电机输出电流、功率和功率因数。

④ 温度：包括发电机绕组温度和轴承温度、齿轮箱油温、控制柜温度和环境温度等。

⑤ 制动设备状况。

⑥ 电缆缠绕。

⑦ 机械零部件故障。

⑧ 电网失效等。

6.2.6　风电场状态监测

风电场状态监测系统（Condition Monitoring System，CMS）。状态监测系统通常由测量仪器、分析软件、状态监测用户、技术解决方案等组成。使用状态监测系统，可通过长期监测，如机器振动、温度等参数来了解机器的运行状态，并预测需要采取相应维修措施的时间。通过这种维修策略，可以充分了解机器运行状态，避免不必要的停机、减少不必要的备件、准确判断机器故障，以达到提高维修效率的目的。

状态监测系统的任务是对风电机组传动系统、润滑系统、运行参数等数据进行全面的监测，有助于全面了解风电机组状态，更加准确及时地确定风电机组故障部位和故障严重程度。

风电机组状态监测系统具体包含对风电机组上主轴、齿轮箱、发电机、偏航系统和变桨系统等部件系统的监测与故障诊断，通过有效的状态监测与故障诊断模式，对风电机组关键设备的运行情况进行监测，掌握每台机组关键设备的运行状态，保证机组关键设备的故障可提前预判，达到降低风电维修成本、提高设备可靠性、延长设备使用寿命的目的。

1. 状态监测技术方法

（1）振动监测。

振动监测是旋转机械状态监测中使用最广泛的方法，振动监测系统分在线振动监测系统和离线振动监测系统，在风电机组振动监测中主要用来监测齿轮箱的齿轮和轴承、发电机轴承和主轴承运行状态，当运行状态异常时可通过对机组振动信号的分析判断出故障部位和故障类别。

（2）油液监测。

油液监测是实现机械设备故障预报和诊断的重要手段之一，油液监测主要监测所用润滑油、液压油的质量和被润滑部件的磨损状态。在线油品监测系统可以实时监测油品中的水分和微粒，而对于采集的油液样品可以应用润滑油分析技术更好地了解油品质量和被润滑部件的磨损状态。润滑油分析技术主要有以下几种：

1）理化性能分析。

采用油品化验的物理化学方法对润滑油的各项理化指标进行分析。润滑油的主要性能指标有黏度、油性（或极压性）、闪点、凝点以及酸度等；润滑脂的主要性能包括针入度、滴点、抗腐蚀性、水分含量、机械杂质、游离酸碱和灰分等。

2）光谱分析法。

光谱分析法主要用于检测分析润滑油中所含各种微量元素的浓度，通过分析得出的所含各种元素的含量反推出含有这些元素的机械零部件润滑系统的磨损状态。光谱分析法根据检测方法的不同有原子吸收光谱分析法、原子发射光谱分析法和 X 射线荧光光谱分析法。

3）铁谱分析法。

铁谱技术是国外 20 世纪 70 年代发明的一种新的机械磨损测试方法，它利用高梯度的强磁场将润滑油中所含的机械磨损碎屑按其粒度大小有序的分离出来。通过对磨屑进行有关形状、大小、成分、数量及粒度分布等方面的定性和定量观测，来判断机械设备的磨损状况，预判零部件的失效。

（3）温度监测。

温度监测通常监测电气元件和机械部件重点部位的温度，通过实时的温度监测可及时反映出设备劣化、过负荷等情况下引起的设备故障。在齿轮箱、发电机和变流器等重要设备中都安装有温度传感器，实时监测部件温度。

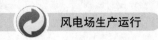

（4）电气参数监测。

电气参数是风电机组重要的性能指标，直接反映风电机组的发电性能和运行状态，当风电机组故障或电网异常时及时调整设备状态，避免设备损坏和电网冲击。

（5）应力监测。

通过安装应力传感器了解安装部位的应力变化，可以监测设备部件的结构载荷和低转速转矩。应力监测可用于风电机组的寿命预期和设计验证。

（6）其他监测。

对设备系统的基本运行参数进行监测，如对风电机组中风速、叶轮转速、液压压力和桨距角等运行参数的监测，可以反映风电机组的基本运行状态。

2. 风电机组监测部件

（1）齿轮箱。

齿轮箱是机械设备中一种必不可少的连接和传递动力的通用部件，风电机组中齿轮箱位于塔架顶部的机舱内，是风电机组传动链上的重要部件，是连接主轴和发电机的枢纽。齿轮箱系统包含齿轮、传动轴、轴承和箱体等部件，内部结构和受力情况较为复杂，在变工况、变载荷的情况下运行更容易发生故障。箱体结构在齿轮箱系统中起支撑和密封作用，出现故障的概率较低。据统计，齿轮箱故障主要发生在齿轮箱、传动轴和轴承中，占到故障的 90％以上。齿轮箱典型的故障形式有齿形误差、齿轮均匀磨损、断齿、轴弯曲、轴承疲劳剥落和点蚀等，因为齿轮箱位于塔架顶端，维修困难而且备件订货周期较长，当齿轮箱发生严重故障时维修周期偏长，将导致较大的经济损失，所以非常有必要对齿轮箱工作状况进行监测。

面对风电机组齿轮箱频繁发生的故障和造成的巨额损失，人们越来越重视对齿轮箱故障检测的研究。齿轮箱的运行状态和故障的征兆主要由温度、润滑油中磨粒含量及形态、齿轮箱的振动及其辐射的噪声以及齿轮齿根应力分布等构成。每个量都从各自的角度反映了齿轮箱的状态，但局限于现场测试条件及分析技术，有些征兆的提取与分析不易实现，相对来说齿轮箱的振动是目前公认的最佳征兆提取量，它对齿轮箱的状态变化反应迅速、真实、全面，能很好地反映出绝大部分齿轮、轴承和轴系故障的性质、范围。目前对齿轮箱运行状态的监测方式主要有温度监测、油液监测和振动监测。

（2）发电机。

发电机是风电机组的核心部件，它负责将旋转的机械能转化为电能，同时为电气系统供电。随着风电机组容量的增大，发电机的规模也逐渐增加，使得发电机的密封保护受到制约。发电机长期运行于交变工况和电磁环境中，容易发生故障。常见的故障有发电机振动大、轴承损伤、定转子线圈短路、转子断条、发电机过热和绝缘损坏等。据统计，发电机故障中轴承故障约占 40％，定子故障占 38％左右，转子故障占 10％左右，其余故障约占 12％。对于发电机轴承损坏、联轴器不对中等机械故障可通过振动监测有效的发现，而对于发电机定、转子故障一般通过对定转子电流信号、电压信号以及输出功率等发电机参量的分析得出。

（3）叶片。

叶片是风电机组吸收风能的关键部件。叶片长期在露天的恶劣环境下工作，难免受到腐蚀、雷击等因素破坏或产生疲劳裂纹等故障隐患。风力机叶片长度一般为 30～40m，体积、质量巨大，一旦发生故障，不仅造成叶片本身的损坏，还会威胁风电机组的安全运行。

一般对于叶片的故障检测，主要通过安装在叶片上的应力应变传感器检测叶片运行过程中应力应变的变化识别出叶片的故障状态。此外还可以利用声发射和红外成像等现代无损检测手段对叶片的健康状况进行识别，从而有效地保证叶片的安全运行。

（4）偏航系统与电气系统。

偏航系统在风电机组中的作用是转动机舱，使叶轮随时与风向保持一致，以保证风电机组具有最大的发电能力。偏航系统主要由偏航电动机、偏航齿轮、偏航齿圈等组成，出现的故障主要有轮齿磨损、偏航电动机故障以及限位开关故障等，可通过振动检测和对偏航电动机电流、电压的检测有效识别偏航系统的故障。

风电机组的电气系统通过变频器等电气设备与电网相连，向电网输送电能，同时控制电能参数。电气系统部件繁多，发生故障概率大。主要的故障有短路、过电流、过电压以及超温故障等。电气系统任一部件出现故障，均可能引起电气系统甚至发电机的损坏。电气系统通过对电压、电流、功率和温度等参数的监测判断电气系统各个部件的健康状态。

6.2.7　风电场管理信息系统

管理信息系统（MIS）核心是采用基于 Web 的 B/S 架构，是实现风电场办公、财务、备件、人事、安全监察、计划统计、生产技术、实时运行、设备维护检修、基建等信息化管理、供业主决策的现代化手段之一。

所谓 MIS，是一个由人、计算机及其他外围设备等组成的能进行信息的收集、传递、存储、加工、维护和使用的系统。

作为一门新兴的科学技术管理手段，MIS 系统在风电企业的应用主要是通过对企业拥有的人力、物力、财力、设备、技术等资源的调查了解，建立正确的数据，加工处理并编制成各种信息资料及时提供给管理人员，以便进行正确的决策，不断提高企业的管理水平和经济效益。目前，MIS 主要用于风电场内部生产缺陷管理、日报管理、交接班管理、物资管理、人事管理等工作，如能与风电企业辅助决策系统（DSS）、工业控制系统（IPC）、办公自动化系统（OA）以及数据库、模型库、方法库、知识库、上级机关及外界交换信息作对接将能发挥更大的作用。

6.2.8　风电场点检系统

1. 点检定修制概述

点检定修制是全员、全过程对设备进行动态管理的一种设备管理方法。它是与状态检修、优化检修相适应的一种设备管理方法。这种体制，点检人员既负责设备点检，又负责设备管理，点检、运行、检修三方之间，点检处于核心地位，是设备维修的责任者、组织者和管理者。点检定修制提出了对设备进行动态管理的要求，要求运行方、检修方和管理方都要参与围绕设备的 PDCA 循环，使设备的各项技术日趋完善，设备寿命周期不断延

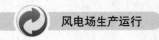

长，达到故障为零、设备受控，科学掌控设备运维费用。

2. 设备点检管理

（1）设备点检定义。

设备点检是一种科学的设备管理方法。它是利用人的感官"五感"，即视、听、触、嗅、味觉或用仪表、工具，按照标准，定点、定人、定期地对设备进行检查，发现设备的异常与隐患，掌握设备发生故障的前兆信息，及时采取对策，将故障排除在发生之前的一种设备管理方法。与传统设备检查形式的区别体现在：传统的对设备进行事后检查、巡回检查、计划检查、特殊性检查均属非针对性检查方法，而点检是一种结合设备实际状态进行针对性检查的设备管理方法。

广义的点检是指对设备各维护点的检查、检测、技术诊断的总和，根据这些状态信息最终确定设备的劣化程度，判定设备能否连续可靠运行，并适时安排检修。

（2）点检管理的基本原则和主要优点。

1）设备点检管理的基本原则（八定）。

① 定点：科学的分析、找准设备可能发生劣化的部位，确定设备的维护点以及该点的维护项目和内容。

② 定标准：根据检修技术标准的要求，确定每个维护检查点参数的正常工作的范围。

③ 定人：按区域、按设备、按人员素质选定，明确专业点检员。一经确定，不轻易变动。点检员是经过专门培训、具有一定设备管理能力、精通本专业技术、有实际工作经验、有组织协调能力的设备管理人员。

④ 定周期：制定设备的点检周期，周期根据不同的点，以班、日、周、月、年等具体情况制定。按分工进行日常巡检、专业点检和精密点检。

⑤ 定方法：根据不同设备和不同的点检要求，明确点检的具体方法。

⑥ 定量：采用技术诊断和劣化倾向管理结合的方法，对有磨损、变形、腐蚀等减损量的点，进行设备劣化的定量化管理。

⑦ 定作业流程：明确点检作业的程序，包括点检结果的处理对策。业务流程应包括日常点检和定期点检，发现的异常缺陷和隐患，急需处理的由点检员通知维修人员，其余的列入正常维修处理。

⑧ 定点检要求：做到定点记录、定标处理、定期分析、定项设计、定人改进、系统总结。

上述点检管理的内容和要求，都必须贯彻全面质量管理的原则，不断进行 PDCA 循环，通过实践提高，再持续改进，不断提升管理水平。

2）主要优点。

① 准确掌握设备现状，发现隐患，及时采取对策，把故障消灭在萌芽状态。

② 通过资料积累，提出合理的设备维修和零部件更换计划，不断总结经验，完善维修标准，保持设备性能稳定，延长设备寿命。

③ 设备的故障和事故停机率有效控制，经过一段时间的努力，可靠性逐步达到并保持较高的水平。

④ 维修费用明显下降,有资料表明日本实施点检管理后,维修费用降低20%~30%。

⑤ 维修计划加强,定修模型确定,检修周期延长,维护时间缩短,维修效率提高,设备综合效率提高。

⑥ 在实施点检制后,在持续改进设备的同时,不断总结经验,加强设备状态检测和技术诊断,不断扩大状态检修比例,实现优化检修。

3. 点检计划制定

(1) 运行岗位应编制相应的巡(点)检路线图。

1) 点检员应根据点检标准的要求,按开展点检工作方便、路线最佳并兼顾工作量的原则编制所辖设备的点检计划,再按照每天点检计划编制点检路线图,达到准确、合理、省时、有效作业的目的。

2) 为了达到路线最佳的目的,在编制点检计划时,应把相近的设备列入同一天点检计划。

3) 为了使点检工作量均衡化,应合理安排点检任务,保证点检员完成工作的质量。

4) 按点检标准编写定期点检计划。

(2) 点检业务流程。

点检作业流程是指点检定修业务进行的程序,也称点检工作模式,即点检员进行计划、实施、检查、改进的 PDCA 循环。

点检流程图是点检作业进行的程序语言,它是代替上下、横向之间的业务关系,完全改变了传统管理,按科学的程序进行管理。这种作业管理的全过程,即计划(根据标准编制的作业表、计划表)→实施(确认设定点的状态、结果记录、异常的发现及调整处理)→检查(计划的确良执行情况、信息传递、整理分析)→反馈(核对计划、标准),以提出修正、修改意见,改善点检作业过程中的各种条件,提高点检管理水平和工作效率。

图 6-3 所示为典型的点检业务流程。

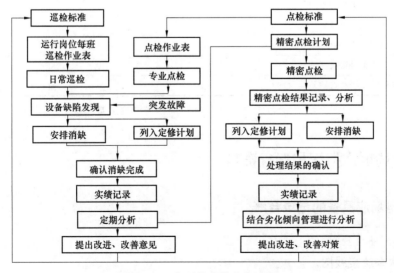

图 6-3 典型的点检业务流程

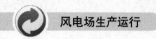

表 6-2 所以为金风 750kW 机组登机点检检查表。

表 6-2   **金风 750kW 机组登机点检检查表**

风机编号：

序号	检查项目	检查结果	处理情况
1	齿轮油油位		
2	齿轮箱是否漏油		
3	液压油油位		
4	系统压力（Bar）		
5	叶尖压力（Bar）		
6	高速闸液压系统是否漏油		
7	偏航液压系统是否漏油		
8	叶尖液压系统是否漏油		
9	偏航减速器是否漏油		
10	偏航系统运行声音是否正常		
11	主轴承运行声音是否正常		
12	发电机轴承运行声音是否正常		
13	联轴器运行声音是否正常		
14	齿轮箱运行声音是否正常		
15	机组振动是否正常		
16	叶片有无裂纹		
17	叶片有无呼啸现象		
18	塔筒螺栓有无松动		
19	塔筒接地是否正常		
20	电缆有无老化及磨损现象		
21	爬梯、安全绳、照明系统是否完好		
22	计算机柜有无异常现象		
23	配电柜有无异常现象		
24	消防器材是否完好		
25	叶片、塔架外部有无油污		
26	塔架焊缝是否存在缺陷		

检查日期：   检查人员：

6.3   风电场生产指标与运行资料

6.3.1   风电场应具备的记录台账

1. 图纸、资料清单

（1）一次系统接线图。

（2）风电场平、断面图。

（3）继电保护、自动装置及二次回路展开图、安装图。

（4）远动及自动化设备二次回路图。

（5）站用电系统图。

（6）正常和事故照明接线图。

（7）接地装置、接地网布置图。

（8）直击雷保护范围图。

（9）直流系统图。

（10）电缆敷设图（说明电缆芯数、截面直径）。

（11）升压站建筑物及土建部分施工和结构图。

（12）升压站建筑物及水工和地下工程的总平面图（包括地下隐蔽工程图）。

（13）设备和构架等基础施工和断面图。

（14）风机布机图。

（15）送电线路图。

（16）配电线路图。

（17）光缆拓扑图。

（18）消防设施（或系统）布置图（或系统图）。

2. 记录清单

（1）运行值班日志（随当时登记）。

（2）工作票登记本（随当时登记）。

（3）政治学习记录（每轮班一次）。

（4）民主生活会记录（每轮班一次）。

（5）班组安全活动记录（每轮班一次）。

（6）电容器投退记录（当时登记）。

（7）交接班总结记录（含运行分析）（交班一次）。

（8）接地线（接地开关）登记本（当时登记）。

（9）技术培训记录本（每人每月两题一图）。

（10）设备缺陷登记本（风机和电气设备分开登记）。

（11）设备定期切换登记本（按规定）。

（12）万能钥匙使用登记本（当天登记）。

（13）备品配件出库登记本（当时登记）。

（14）电气设备绝缘登记本（按规定）。

（15）事故预想记录（每轮班一次）。

（16）反事故演习（每季度一次）。

（17）巡视记录（按点检规定执行）。

（18）点检记录（当天登记）。

（19）检修记录（当天登记）。

（20）车辆维护记录。

（21）备品配件入库登记（当时登记）。

（22）消防器材检查记录本（每月一次）。

（23）收发文登记本（当时登记）。

（24）继电保护动作记录（当时登记）。

（25）断路器事故跳闸记录（当时登记）。

（26）调度指令记录本（当时登记）。

（27）技术问答记录本（按风场规定）。

（28）应急预案演习记录（按演练计划执行）。

（29）塔筒水平度测量记录（每季度一次）。

××风电场缺陷登记簿如表 6-3 所示，运行值班日志如表 6-4 所示。

6.3.2　风电场数据储存

为保证风电场规范管理、数据完善，各风电场应做好数据存储工作，要求各风电场应定期导出有效、可读的风机运行数据、风电场全部报表、风速数据和其他关键数据。风电场数据备份应专人专管，风电场计算机由当值班长负责，使用人员应正确使用计算机，未经同意不得在办公计算机上连接任何移动式存储设备。导出数据所用硬盘、U 盘等存储工具应先格式化或杀毒后才能使用，避免值班报表用计算机或厂家 SCADA 系统因病毒侵入影响安全运行。

做好数据存储工作，风电场每月导出有效、可读的风机运行数据，风电场全部报表及风速数据，刻录两份光盘储存，一份风电场留存，一份项目公司安生部留存。

风电场风机及变电站设备技术资料做好存储工作，以备随时查看，必要时集团公司也需存档。

数据存储主要包括以下内容：

1. 风机运行数据

（1）风机实时数据，包括风速、功率、转速、各部位温度、变桨角度、偏航角度、环境温度、风机消耗电量、故障信息及时间等内容。

（2）风机故障、缺陷信息，包括风机故障时间、处理措施、分析报告、风机缺陷情况记录、处理信息、计划信息及分析报告等内容。

（3）风机功率信息，包括风机电量、功率曲线等内容。

2. 变电站运行数据

变电站运行记录、异常记录、事故记录、事故报告、缺陷记录、各参数记录；监控后台电压、电流、功率记录、曲线。

3. 各种报表

风电场各种运行报表，风电场安全、事故、障碍、异常、缺陷、技术监督等报表。

6.3.3　风电场安全生产指标统计

1. 安全统计指标

安全统计指标包括死亡及重伤事故、新增职业病人数、重大火灾事故、重大设备事故、重大责任事故、员工教育培训率、特种作业持证率、事故隐患整改率、职业危险岗位、职业健康体验率。

表 6-3

××风电场缺陷登记簿
××风电场缺陷登记簿（设备类缺陷）

序号	缺陷发现时间	缺陷名称	风机号	缺陷专业（电气、机务、控制）	缺陷发现人	登记人	消缺时间	消缺负责人	消除情况	设备责任人	验收人	验收情况

表6-4

运 行 值 班 日 志

日期		天气		风速		温度		安全运行天数		值:
管理人员										
值长		值班人员								

	日售电量(MW·h)	一期日发电量(MW·h)	二期日发电量(MW·h)	日总发电量(MW·h)	站用变压器用电量(kW·h)			
	月累计售电量(MW·h)	一期月累计发电量(MW·h)	二期月累计发电量(MW·h)	月总累计发电量(MW·h)	正常运行	检修	无通信运行	样板风机主
	年累计售电量(MW·h)	一期年累计发电量(MW·h)	二期年累计发电量(MW·h)	年总累计发电量(MW·h)	故障	未调风机	场内受累	样板风机备
风机运行台数	风机	风机	风机	风机				
场内受累台数	风机	风机	风机	风机				
故障台数	风机	风机	风机	风机				
××1线	风机	风机	风机	风机				
××2线	风机	风机	风机	风机				
××3线	风机	风机	风机	风机				
××4线	风机	风机	风机	风机				

系统运行方式	运行设备	
	热备用设备	
	冷备用设备	
	检修设备	

值班运行情况及工作票统计	
1	
2	
3	
4	
填报人	

续表

00：00 抄×关口表码正向有功 A＋；反向有功 A－：

正向无功 R＋：反向无功 R－：

年调度限负荷累计损失电量	日累计 (10MW·h)	月累计 (10MW·h)	年累计 (10MW·h)

故障停机统计

序号	机组名称及代码	故障时间	恢复时间	故障处理	停运时间 (h)	损失电量 (kW·h)
1						
2						
3						
4						
5						

计划停机统计

序号	机组编号	停机原因	停机时间	起机时间	停运时间 (h)	损失电量 (kW·h)
1						
2						

限负荷停机统计

序号	机组编号	限负荷原因	限负荷时间	限负荷时负荷 (10MW)	恢复时间	恢复时负荷 (10MW)	限负荷时间 (h)	损失电量 (10MW·h)
1								

受累停机统计

序号	机组编号	停机原因	停机时间	起机时间	停运时间 (h)	损失电量 (kW·h)
1						
2						

注　此为运行值班日志典型表，可根据实际情况调整。例如，去掉值班运行情况及工作票统计中"工作票统计"，去掉故障停机记录，增加值班运行记录，在记录末增加其他要交代事项（结合风电场每天故障、工作票、操作票多的实际情况，单独设置《工作票登记本》、《操作票登记本》、《风机停运记录本》，值班运行日志以每日风速、电量、记事为主）。

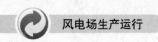

2. 风电场统计指标

(1) 发电设备容量是从设备的构造和经济运行条件考虑的最大长期生产能力。设备容量是由该设备的设计所决定的,并且标明在设备的铭牌上,也称铭牌容量,计量单位为"千瓦"。

(2) 期末发电设备容量是指报告期内的最后一天发电实际拥有的发电机组容量的总和。本期末的发电设备容量即为下一期初的发电设备容量。

(3) 期末发电设备综合可能出力是指报告期末一日机组在升压站等设备共同配合下,可能达到的最大生产能力。"期末发电设备综合可能出力"与"期末发电设备容量"的区别在于综合可能出力要考虑设备经技术改造并经技术鉴定后综合提高的出力,机组、升压站之间配合影响出力,设备本身缺陷影响的出力,扣除封存的发电设备出力。如果没有上述各种因素的影响,则两种应当相同。

(4) 期末设备平均容量指发电机组在报告期内按日历时间平均计算的容量。若在报告期内发电机组无增减变化时,则发电设备平均容量等于期末发电设备容量;若发电机组有新增或减少(拆迁、退役、报废)时,则发电设备平均容量为发电设备容量按照构成本场发电设备小时数的加权平均。

(5) 发电设备平均利用小时是反映发电设备按铭牌容量计算的设备利用程度的指标。

(6) 发电设备平均利用率是反映发电设备利用程度的指标。

(7) 发电设备等效可用系数(及机组可用系数)指发电设备在报告期内实现完全发电能力的程度。

(8) 发电量是指电厂(发电机组)在报告期内生产的电能量,简称"电量"。它是发电机组经过对一次能源的加工转而生产出的有功电能数量,即发电机实际发出的有功功率(kW) 与发电机实际运行时间的乘积。

(9) 电厂上网电量是指该电厂在报告期内生产和购入的电能产品中用于输送(或销售)给电网的电量及厂、网间协议确定的电厂并网点各计量关口表及抄见电量之和。它是厂、网间电费结算的依据,其计算公式如下:

电厂上网电量=∑电厂并网出关口计量点电能表抄见电量

(10) 购网电量是指发电厂为发电、供热生产需要向电网或其他发电企业购入的电量。

(11) 售电量是指电厂在报告期内实际取得销售收入的电量。

3. 能耗统计

(1) 电量平衡电力生产和消费的特点是产、供、销、用同时实现,没有在产品,也没有库存品,因此,电力产品从生产到消费,时刻处在一种平衡状态。发电企业电量平衡主要体现报告期内发电企业电量的生产与分配去向的数量平衡关系。

(2) 综合厂用电量是电厂全部耗用电量,其计算公式如下:

综合厂用电量=发电量+购网电量-上网电量

综合厂用电率是综合厂用电量与发电量的比率。

(3) 发电厂用电量=发电量-厂供电量。发电用厂用电量为发电厂生产电能过程中消耗的电能,发电厂用电量包括动力、照明、通风、取暖及经常维修等用电量、励磁用电量,既要包括本厂自发的用做生产耗用电量,还包括购电量中用做发电厂厂用电的电量。

不能计入发电（供热）厂用电量的有：

　　1）计划大修以及基建、更改工程施工用的电力。

　　2）发电机做调相运行时耗用的电力。

　　3）修配车间、车库、副业、综合利用、集团企业、外供及非生产用的电力。

　　4）发电厂用电量不含供热所耗用的厂用电量。

　　4. 负荷统计

　　负荷是指发电厂、供电地区或电力系统在某一瞬间实际承担的工作负荷。由于电能生产是发、输、配同时完成，电能不能存储，因此电力的生产及输送、营配就必须根据用户的用电负荷需要进行。发电负荷是指发电厂或电力系统瞬间实际承担的发电工作负荷，即某一瞬间的发电实际出力。

　　（1）最高负荷是指报告期内记录的负荷中数值最大的一个。

　　（2）最低负荷是指报告期内记录的负荷中数值最小的一个。

　　（3）平均负荷是指报告期内瞬间负荷的平均值，即负荷时间数列序时的平均数，表明发、供、用电设备在报告期内达到的平均生产能力和用电设备平均开动的能力。

　　（4）负荷率是平均负荷与最高负荷的比率，说明负荷的差异程度。数值大，表明生产均衡，设备能力利用高。

　　5. 风能资源统计指标

　　风能资源统计指标主要用于反映风电场在统计周期内的实际风能资源状况，主要包括平均风速、平均空气密度、有效数据完成率。

6.3.4　风电场报表清单

　　（1）风电场日报信息包括发电量、限电量、平均风速及风机、变电站设备情况。

　　（2）当风电场因检修、停电等导致风机通信中断时，应及时汇报。

　　（3）每天按时将实时非计划停运台数、停机原因等信息通过报表系统报送。

　　（4）每月做好可利用小时分析，形成报表。

　　（5）技术监督报表将技术监督计划及执行情况相关信息形成报表。

　　（6）风资源报表、线损月报表于次月形成，相关的系统报表、运行分析等报表应根据要求及时填报。

　　（7）风电场控制设备停机、二类障碍、一类障碍、若发生设备停机并构成相关障碍，应及时按要求报告。

　　（8）每天根据风功率预测数据填报风功率预测报表并报送相关单位。

　　（9）风电场有备件出入库情况时，应及时办理出库、入库手续，并定期上报物资消耗统计。

　　（10）风电场每季度进行运行经济指标的综合分析工作。

　　（11）综合计划执行情况定期上报。

　　（12）涉网报表根据各风电场所接入电网要求按照实际情况填报。

　　（13）风电场设备实时信息报表，如设备故障停运、计划检修、通信中断及恢复情况，要及时且闭环形式申报。

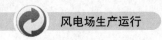

（14）省（市）调度中心、中电联、电网公司、可再生能源中心等相关机构规定的定期报表。

6.4　风电场班组建设

班组建设的核心理论是以人为本的"三全"管理，即以全员、全方位、全过程进行管理。

6.4.1　风电场班组生产组织

班委会是班组民主管理的一种形式，是班组管理的核心，是具体实施民主管理和联系群众的纽带。班组设置"工管员"同样是班组民主管理的一种形式。工管员是班组民主管理员的简称，由班组民主选举产生。

成立班委会。班委会组成以班长为主，工会小组长、生产骨干参加。班委会是班组开展管理工作的领导组织，集体讨论决定班组重要事项和重点工作。班委会成员要分工明确、职责具体，每月至少召开一次会议。

设置"工管员"。班组实行班长负责制和班组民主管理相结合的制度，设安全员、培训员、宣传员、考勤员、工具材料员等工管员，协助班长做好日常管理工作。班组人员较少的，可根据实际情况设定"工管员"人员组成方式。

6.4.2　风电场班组工作要求

班组工作管理要认真落实企业的安全管理、生产管理、劳动管理、物资管理、节能管理、教育培训管理、民主管理等各项规章制度。通过管理充分发挥全班组人员的主观能动性和生产积极性，团结协作，合理分工产生"1+1>2"的效应。

1.　过程管理

根据企业、部门下达的年度、月度工作计划，制定班组工作计划，按月检查分析计划完成情况，并进行月度、年度工作总结。

（1）班组年度工作计划主要包括年度生产指标、技术监督、"两措"落实、专项安全检查、设备维护检修、备件采购、职工培训等。班组年度工作计划要责任明确、措施到位、落实到人，规定完成时间和进行计划预算。

（2）班组月度工作计划主要包括月报工作、月度生产分析、技术监督、"两措"落实、库房盘点、绩效考核、风机维护检修等。班组月度工作计划要细化到工作内容、工作要求、完成时间。

（3）规范工作流程。班组各项工作或作业项目均应明确负责人，对工作或作业项目全过程进行管理。对所负责的工作或作业项目进行检查，对问题提出改进建议，并对问题、原因、措施、完成情况进行跟踪并记录，形成闭环管理。

（4）班组工作总结。应根据班组年度工作计划、月度工作计划等内容及完成情况进行梳理总结，其内容应包括计划完成情况、未完成的项目原因说明、影响计划实施的主要因素分析、存在问题的整改措施等。

2. 制度管理

班组应具备安全生产管理、运检管理、班组考核等相关管理制度。

（1）安全生产管理制度包括安全生产责任制、安全生产目标责任制考核办法、安全工作规定、生产事故调查规程、安全工作规程、安全生产工作奖惩规定、安全大检查管理规定、反习惯性违章管理规定、交通安全管理规定、消防管理规定、应急预案等。

（2）运检管理制度包括生产运行管理规定、设备检修管理规定、风力发电设备可靠性管理办法、风力发电技术监督管理办法、安全生产信息管理办法、风电工程生产准备管理办法、风电机组出质保验收管理办法、风电机组试运行管理办法、工程移交生产验收管理办法、风电场值班管理规定、操作票管理规定、工作票管理规定、交接班管理规定、设备缺陷管理规定、巡回检查管理规定等。

（3）班组考核制度包括班组考核分配、奖金考核分配等。

（4）其他管理制度包括安全保卫工作规定、班组培训管理规定、车辆管理规定、工器具管理规定、文明生产管理规定、备品备件管理规定、图纸资料管理规定等。

3. 成本管理

（1）强化意识、开展活动。班组要强化班组成员的成本意识和效益意识，努力提高各项生产经营指标，开展好增收节支、修旧利废、指标竞赛等活动，养成节约一滴水、一滴油、一度电、一张纸等良好习惯。

（2）定期分析、提高效益。每月开展一次班组生产成本分析、运行指标分析（运行类班组）、节能分析、质量工艺分析（检修类班组），提高设备利用率和各项生产指标。

4. 信息化管理

（1）建立健全班组信息化管理系统。按照公司信息化工作的相关要求，在专业管理信息系统中建立班组工作日志、安全活动记录、班务记录、设备缺陷管理、人员信息库、职工培训试题库、班组资料管理等功能模块，为班组信息化管理打好基础。

（2）完善班组必备的记录台账。按照公司生产管理的统一要求和实际需要，设立有关班组专业管理的台账、图表、图纸、资料等。班组必备的记录有工作日志、安全活动记录、班务记录等。

1）工作日志。由班组长记录当班当天班组出勤情况，工作布置、安全技术交底、缺陷处理、工时记录、工作内容完成情况，以及安全生产和安全互保情况、好人好事、违纪考核等。

2）安全活动记录。由安全员按企业相关规定记录安全活动的开展情况。

3）班务记录。分别由培训员、宣传员、考勤员记录技术培训、政治学习、班委会、民主生活会、经济责任制考核分配等班组管理工作的开展情况，各项班务管理活动也可根据情况合并或分开记录。

（3）专业管理台账。有关班组专业管理的台账要指定专人负责并及时记录，按照公司安全生产管理要求分设安全管理台账、公共技术台账、运行技术台账、检修技术台账、设备台账等。

（4）技术图纸资料。班组技术图纸资料的收集、整理、统计和保存要指定专人负责，资料要齐全完整，包括技术标准规程、技术图纸、生产规程、作业指导书、专业报表、设备台账等。

（5）熟练应用信息系统。加强班组专业管理信息系统的使用培训，班组成员应掌握并熟练应用，提高班组信息化应用水平，推进班组管理的网络化、流程化、规范化。建立班组信息化平台，反映班组工作动态，加强经验交流，促进共同提高。

6.4.3　风电场班组文明生产

加强班组文明管理，有助于提升企业形象和美誉度。通过班组环境建设，改善班组职工的工作、学习、生活条件，提高职工幸福指数和企业凝聚力。

（1）班组加强基本设施建设，配齐必备的工器具。推行 7S 管理模式，即整理、整顿、清扫、清洁、素养、安全、节约；创建文明规范的作业场所，每天收工前做到"工完、料净、场地清"。

"三无"：工作现场无杂物、无积水、无油污；

"三齐"：工具、材料、零部件摆放整齐；

"三不乱"：电线不乱拉、管路不乱放、杂物不乱丢；

"三不落地"：使用的工器具、卸下的零部件、脏物不落地。

工器具摆放整齐、电缆敷设整齐、标识齐全，如图 6-4 和图 6-5 所示。

图 6-4　工器具摆放整齐　　　　　　图 6-5　标识齐全

（2）班组卫生区域清洁。无杂物、烟头、痰迹，无卫生死角；在岗职工着装符合劳动保护要求，各项生产秩序井然；库房物品摆放整齐，按"四号"（库号、架号、层号、位号）定位；保管条件符合要求，标志正确清晰，领用方便，账、物、卡、号、图相符。

备品备件存放整齐、库房物品摆放整齐，如图 6-6 和图 6-7 所示。

图 6-6　备品备件存放整齐　　　　　　图 6-7　库房物品摆放整齐

（3）班组要实行定置管理。班容班貌做到"五净""五齐"，如图 6-8 和图 6-9 所示。

图 6-8　五净、五齐（一）　　　　　图 6-9　五净、五齐（二）

五净：门窗、桌椅、资料柜、地面、墙壁干净。

五齐：桌椅放置、资料柜放置、桌面办公用品摆放、上墙图表悬挂、柜内资料物品摆放整齐。

6.4.4　风电场班组安全管理

结合班组实际，制定可量化考核的安全目标，逐级签订安全承诺书（责任书），提高班组成员安全意识。全面有效落实班长、安全员、工作负责人、工作许可人和班组成员的安全生产岗位职责，努力实现年度班组安全目标。

1. 安全生产责任书

年初，风电场与有关公司签订了年度安全生产责任书后，风电场与班组，班组与班组成员逐级签订安全生产目标责任书，安全生产目标责任书主要包括安全生产目标、完成安全生产目标的保证措施、考核办法及考核期限、责任双方签字。

2. 风电场与班组安全生产目标责任书

（1）安全生产目标。根据班组专业性质和年度安全情况、安全管理基础、人员素质、设备状况完成风电场下达的安全生产任务，保证设备可利用率，控制风电场厂用电率。制定班组安全目标，如异常、未遂和违章行为控制到多少次数，包括提出"零目标"，即无异常、无未遂、无误操作、无违章、两票合格率100％等。

（2）完成安全生产目标的保证措施。根据班组的实际，制定保证措施，并在责任书中予以明确，确保班组安全生产责任目标顺利完成。保证措施应包括安全管理、技能水平、安全教育等。

（3）考核办法及考核期限。风电场结合实际制定班组考核办法，对安全目标完成情况进行奖罚。考核期限为当年一年。

（4）责任双方签字。风电场场长与班组长分别签字后本责任书生效。风电场班组在年初与风电场签订安全生产责任书后，班组长要组织班组成员严格落实保障措施，认真检查每项工作任务完成情况，及时做好记录。

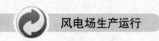

3. 班组与班组成员安全生产目标责任书

(1) 安全生产目标：按照安全生产目标四级控制的要求，个人控制失误和差错，不发生人身未遂和异常，制定个人的安全生产目标，因界定和统计存在一定难度，因此内容可不涉及各项生产指标。

(2) 完成安全生产目标的保证措施：根据个人安全生产责任目标，制定保证措施，并在责任书中予以明确。

(3) 考核办法及考核期限：班组结合实际制定个人考核办法，对安全目标完成情况进行奖罚。考核期限为当年一年。

(4) 责任双方签字：班组长与每位班组成员分别签订一份责任书，签字后本责任书生效。在考核期限内，班组长要认真地检查记录好每位成员的履职情况，同时组织发挥民主管理作用，相互监督检查提高，年终按照考核办法对班组成员进行考评，并将考评结果上报风电场（或公司）。

4. 班组日常安全管理

班组安全管理是一项系统工程，应实行"三全"（全员、全方位、全过程）管理。具体内容有：班前会和班后会、安全日活动、安全月活动、反违章活动、"两措"计划、"两票"管理、缺陷管理、安全工器具管理、安全检查、危险点辨识和防范、应急预案演练及反事故演习、安全互保、安全培训、消防安全、安全性评价、班组安全奖惩等。

(1) 班前会和班后会。

1) 班前会。班组每天工作前开的会，要对每天的工作做具体的安排，强调工作中存在的危险点和防范措施。会上还应充分调动组员的积极性，班组成员各抒己见，阐述工作中的难点，班组进行讨论、分析，找出解决的办法。班前会有利于把管理工作细化到个人，有利于培养班组目标任务观念。通过召开班前会，管理人员的领导能力、组织能力、表达能力、指挥能力、策划能力都将得到极大地提高；也为职工提供了一个学习交流的平台，提高了班组的学习氛围和职工的知识水平。

2) 班后会。班组每天工作结束以后开的会，要对每天的工作进行总结，对发现的问题和存在的隐患进行点评、分析。表扬工作中表现突出的职工，应对工作不认真，不积极的职工提出批评。通过班后会能促进班组内信息交流，从而对于碰到的新问题能及时地总结和分享，达到共同提高的作用。

(2) 安全日活动。

安全日活动是指在安全生产及管理过程中定期组织开展相关安全活动。安全日活动以场级、班组级组织开展，班组安全日活动应以本班组在当班期间内选择一天开展，活动的内容可以从"预想""演练""考问""操作"等形式展开。

(3) 安全月活动。

每年六月份是国家规定的安全生产月，年初国家安监总局会发布本年度的安全月活动主题。安全月活动旨在增强公司的安全文化氛围，提高公司职工的安全意识，杜绝各类违章行为的发生。公司每年会按照安全月活动要求，编制安全月活动计划。风电场及班组按照活动计划，落实各项工作，积极地参与到安全月活动中来。

（4）反违章活动。

班组安全员负责班组的反违章检查，组织和动员班组成员相互监督，发现违章及时制止，杜绝违章行为。反违章工作开展应以"三检制"（指班前、班中、班后进行安全检查）为原则，突出班前"三交"（交任务、交安全、交措施）；班中"四查"（检查违纪、检查组织措施、检查安全工器具、检查技术措施）；班后教育三结合（与技能锻炼结合、结合职工个体差异、与警示教育相结合）等。

（5）"两措"计划。

"两措"计划是指反事故措施计划与安全技术劳动保护措施计划（简称反措计划、安措计划）。

反事故措施主要为防止雷害事故；防止污闪事故；防止架空线路倒塔、断线和掉串事故；防止变压器设备事故；防止开关和GIS设备事故；防止继电保护事故；防止安全稳定控制系统事故；防止直流系统事故；防止电磁干扰事故；防止误操作事故；防止系统稳定破坏事故；防止大面积停电事故等措施，是针对可能发生的设备事故采取防护措施。

安全技术劳动保护措施主要为以改善劳动条件，防止工伤事故，防止职业病和职业中毒等引起伤害的保护措施。简而言之，安措是针对人身安全采取的保护措施。

风电场负责制定"两措"计划，报公司批准后按时落实，公司应保证各项资金的落实。班组按照两措计划，做好落实工作。同时，班组在巡视、监盘、检查等过程中如遇到设备等存在隐患，应及时做好记录，并告知风电场，及时列入明年的安措和反措计划中，紧急的隐患的应报公司批准加入当年的两措中，及时消除。

（6）"两票"管理。

两票即工作票与操作票。两票制度是确保安全的最基本的制度，班组应认真执行两票制度。风电场每月进行一次统计，班组应确保开具的两票合格率达100％。结束的工作票和操作票保存一年。

1）工作票。工作前应认真填写工作票，工作票签发人、工作许可人、工作负责人必须经过公司批准。工作前应在工作票上写明安全措施，危险点辨识及防范措施，并对工作班组成员进行安全交底，工作班组成员签字确认掌握现场设备情况。工作票终结前严禁送电、复位设备。

2）操作票。操作人员按调度预先下达的操作任务（操作步骤）正确填写操作票。经审票并预演正确或经技术措施审票正确。操作前明确操作目的，做好危险点分析和预控。调度正式发布操作指令及操作时间。操作人员检查核对设备命名、编号和状态。按操作票逐项唱票、复诵、监视、操作，操作设备状态变位并勾票。向调度汇报操作结束及时间。做好记录并使系统模拟图与设备状态一致然后先销操作票。在倒闸操作时，应使用操作票，并经班组长审核。操作时严禁随意解除闭锁装置。对于重要的操作，应记录操作时间。

（7）缺陷管理。

风电场缺陷分为紧急、重大、一般缺陷，主要由定期巡视、点检、维护、监盘等途径发现缺陷。班组成员发现缺陷后如果是能随手处理的，应及时处理。如果不能处理的一般

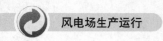

缺陷，应汇报风电场，纳入工作计划。如果为重大缺陷，应及时汇报风电场及安生部，制定检修方案，落实整改措施。如为紧急缺陷，应及时汇报风电场、安生部及生产副总，及时消除缺陷，实现闭环管理。

（8）安全工器具管理。

安全工器具是用于防止触电、灼伤、高空坠落、摔跌、物体打击等人身伤害，保障工作人员人身安全生产的各种专门用具和器具。本标准中安全工器具分基本绝缘安全工器具、辅助绝缘工器具、防护安全工器具、登高安全工器具、安全围栏和标示牌 5 类。

绝缘安全工器具无检验"合格证"标签的，不准使用；超过使用日期而未经检验的，不准使用。

安全工器具应定期进行目视检查，每次使用时还应进行使用前和使用后检查，是否存在破损、裂纹、漏气、断股等异常情况，禁止使用不合格的安全工器具，使用完成后应进行清洁和再次目视检查，无损坏和破损后方可放入工器具柜中。

高压验电器使用前应进行手动试验，确认绝缘部分要保持干净、干燥、连接牢固，方可按照安规要求开展验电工作，使用中要保证不小于最短有效绝缘长度。

绝缘操作杆可以不同电压等级共用，但只允许高电压等级使用于低电压等级，不允许低电压等级用于高电压等级。

在使用过程中发现安全生产工器具有质量问题的，必须查明原因，且对所属同一厂家生产的安全生产工器具进行重新全部检验、评估，报安全生产部认可后方可继续使用。

（9）安全检查。

通过经常性和规范性的安全检查，确保安全生产的实现。班组安全检查形式较多，按时间划分有季节性检查、节假日检查，按检查内容划分有普通性检查、专业性检查。

1）春、秋季安全大检查。班组在开展春、秋检工作要做到"六有"，即有计划、有动员、有组织、有检查、有整改、有总结。班组春、秋季安全大检查工作主要是根据风电场的春、秋季自查大纲，对设备进行检查。及时消除能消除的缺陷，并对于隐患和缺陷做好汇总记录，报告风电场，由风电场统筹安排消缺计划。班组按照风电场的消缺计划、指派专项责任人，完成各项消缺工作，保证春、秋季安全大检查的闭环。

2）安全稽查。安全稽查由各级安全员不定期地对风电场日常工作、大型作业检修等进行检查，包括事故隐患排查、危险源辨识，风险评估等工作中存在的不足。班组安全员应不定期的对本班组的生产行为进行稽查，发现的事故隐患、管理缺陷等应及时登记汇报，及时消除事故隐患。对于安全稽查中发现的问题，应填写整改计划，确认责任人和完成时间，实现闭环管理。

（10）危险点辨识和防范。

危险点是指在作业中有可能发生危险的地点、部位、场所、工器具或动作等。班组在开展工作前应在工作票中对工作的危险点进行详细记录，并确保工作班组成员均熟悉和掌握了危险点预防措施。签发人及许可人应在签发和许可前对各项工作进行检查。

（11）应急预案演练及反事故演习。

班组按要求参加公司及风电场组织的应急演练。应急预案演练及反事故演习应在现场处置方案的基础上制订演习方案，演习过程中必须保证人身和运行设备的安全，演习结束应对事故预想和反事故演习进行评议和评价，及时发现应急预案中存在的问题，提高应急预案的可操作性。

（12）安全互保。

安全互保是指在工作中，根据工作的内容和存在的危险点，工作班组成员相互提醒、监督，保证对方安全作业，杜绝违章行为。

年初签订安全互保责任书，班组所有成员签字。

在接班后，班组长组织签订劳动互保协议，根据本值的工作安排确定主要互保内容，班组所有成员签字确认。

在工作前，工作负责人组织签订互保承诺，根据工作的实际情况，告知重点互保的内容和范围，工作班组成员确认签字。

对于劳动互保协议和承诺书，部分风电场采用分散形式，即每个人与班组其他成员各签订一份，部分风电场采用集中形式，即将互保内容确定后，班组成员确认后集中签字。

（13）安全培训。

每年三月份公司组织开展一次安规考试和"三种人"的考试。安规考试之前，班组应结合安全日活动，组织开展安规学习。

（14）消防安全。

消防工作与风电场安全稳定运行密切相关。只有普及消防法规和消防科技知识，提高消防意识，增强防范与扑救能力，才能有效地预防和减少火灾的危害。

班组设立义务消防队，队长即班组长，队员为班组全体成员。义务消防队队长的安全职责如下：

1）组织全体职工中开展消防安全宣传教育。

2）根据公司的年度消防工作计划，积极组织义务消防队开展消防演练。

3）定期对各种消防设施及器材进行检查。

4）在接到火警后必须在5min内组织义务消防队员赶到火灾现场开展救火工作。

5）在日常的设备巡视检查中，巡视人员应对设备和生产场地的消防设施、器材进行检查。

（15）安全性评价。

安全性评价作为一个企业行为，班组要重点做好落实整改工作，对发现的问题依照公司及风电场制定的整改措施落实责任人、整改时间、完成时间并做好验收工作等，做到闭环管理。

（16）班组安全奖惩。

班组安全奖惩制度是一种很有效的安全教育方法。通过安全奖惩，调动全体人员做好安全工作的积极性和创造性。实行奖惩公开化，奖惩直接关系到职工的切身利益，一定要慎重从事，必须以事实为依据，使大家心服口服，从而更加努力地工作，树立起良好的遵章守纪风气。

班组安全奖惩应专款专用，罚金应作为好人好事等的奖励基金，不得挪为他用。

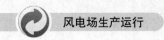

6.4.5 风电场班组技能培训

通过班组的技能培训管理工作，让职工感觉到在班组中自我价值的提升以及自我发展希望的实现，从而为更好地实现班组的目标奠定基础。

1. 培训管理方法

（1）班组培训。集体培训的最小单位，班组培训工作由班长主抓。

（2）培训需求调查。班组培训计划的制定应根据培训需求调查以及参照风电场年度重点工作计划编制，培训调查除分析培训内容外，还应分析培训方式、培训时间、培训建议等内容；调查时还应分析职工的学历结构、所学专业结构、个人特长等信息。

（3）培训计划和内容。班组培训计划时间和内容应年初制定，中间执行过程可根据需要进行合适调整，强调灵活性。班组培训内容应强调"时效"和"实效"，风电场重要设备的变更、技术改造、重大两措项目等内容都应及时纳入班组培训内容中，要确保职工熟知自己的设备，计划和内容应围绕该主题编制。

2. 培训方法

风电场班组人数较少，年龄相对较轻，工作经验少，因此培训应结合风电场班组的特点开展，避免出现任务式讲课模式，浪费培训资源。风电场班组培训应侧重导师带徒、现场演练、事故预想等实际有效的培训方式。

（1）导师带徒。

导师带徒培训是让新进职工能快速提高安全意识、快速掌握运行检修技能、迅速进入自己的岗位角色，行之有效的一种极佳的班组培训方式。但要让导师带徒培训方式真正发挥出好的效果，项目公司应建立一套行之有效的管理办法，要明确师徒的责任和义务以及奖励措施。

1）师傅的选择与标准。师傅应由职业道德良好、技术水平全面、经验丰富的职工担任，由风电场及安生部审核确定，师傅负责向徒弟提供学习上的便利和解决徒弟在工作中遇到的疑难问题，切实把一技之长传授给徒弟，同时把优良的工作作风传给徒弟，引导徒弟良好安全的行为习惯，培养良好的职业道德。

2）签师徒协议。师傅和徒弟应签订师徒协议，协议期根据实际情况而定，协议期满，徒弟应参加统一考试，项目公司应根据考试结果奖励成绩优异的师徒。

（2）现场演练。

现场演练是让职工积累经验的一种非常有效的手段，尤其是演练过程中出现的各种状况更能让职工产生深刻记忆，所以在开展现场演练时，班长可以根据现场设备情况适当设置一些"故障点"，事先不通知演练人员，过程中让演练人员去处理相应问题，这样就能让演练人员切实地发现和处理问题，从而起到应有的作用。

（3）技术问答、事故预想。

技术问答以及事故预想等相关的方式对于提升班组运检人员的技能水平能够起到较好促进作用。技术问答可以采用班组成员间相互考问形式，以此加深问答效果。以班组为单位开展的事故预想，是班组成员间相互学习、共同提高技能的有效途径。事故预想应至少每月开展一次，方式应以班组成员间相互讨论的方式开展，事故预想的内容应结合季节和气候以及升压站和机组的特点开展，班长要起到确保事故预想处理步骤不出现较大漏洞。

（4）网络培训学习。

网络培训学习平台是通过应用信息科技和互联网技术进行内容传播和快速学习的一种方法，它是项目公司考核职工的一种培训学习方法，同时也可以利用网络学习平台的便利性开展以班组为单位的技能测试及学习工作。班组长可以利用题库系统或者自编技术问答等题目对班组成员进行定期测试和考核，对于提高班组成员的学习热情和学习效率能起到积极的作用。

6.4.6 风电场班组劳动竞赛

劳动竞赛作为班组技能建设的一项重要内容，有利于提高班组的凝聚力，促进企业文化的建设，同时也是个人施展技术才华的一个大舞台。劳动竞赛的形式可以多样化。

1. 班组技能竞赛

班组技能竞赛内容可以多样化和全面化，如比拼检修风机、使用工具、修理配件等和平常工作息息相关的内容。班组竞赛应尽量全面反映班组的整体能力和水平，尽可能地让每位职工都能参与进来，进行综合评比。

2. 小指标竞赛

小指标竞赛主要能够进一步加强风电场以及班组精细化管理，提高安全管理水平和设备的可利用率以及人员技能水平。小指标主要内容是产能比、二类障碍、安全检查、日常管理和人员培训等情况，可由风电场牵头，组织班组参加。纳入培训评比的小指标是：定期的技能考试成绩、风电场及班组培训工作的开展情况评比以及其他和培训工作相关的内容。

3. 职工岗位练兵

开展岗位练兵活动可以促进班组作业标准化，引导职工立足本职岗位学练技能，使班组形成比、学、赶、帮、超的良好氛围。要本着"干什么练什么，缺什么补什么"的原则，结合班组自身工作特点，对班组成员开展实用性和针对性较强的形式灵活多样（如理论考试、实际操作、现场考问、技术竞赛等形式）的练兵。通过岗位练兵，检验出职工存在的不足并进行总结，经过班组讨论提出改善措施，切实使职工技能水平得到锻炼和提高。

岗位练兵是常态化的工作，在日常的各项工作中均可以开展，内容应包括生产工艺流程及正常操作调整方法、设备的"四懂三会"、开关设备的倒闸操作、各种事故的预防及处理、检修作业标准等。例如，可开展以"变电站规范性倒闸操作"、"电气仪器仪表正确使用"等为主题的练兵。班组成员维修液压站和登机进行振动测试如图 6-10 所示。

4. 建立并实施激励措施

结合公司实际情况制定奖励标准。例如，将职工培训成绩纳入班组内部绩效考核，对在各类竞赛中获得优秀成绩的职工，给予一定的物质和精神奖励。对于班组内部开展的竞赛，活动经费可由班组向公司工会提出申请。

通过竞赛形式选拔优秀人才，拓展职工职业发展空间，引导支持职工岗位成才，形成职工职业生涯发展良性机制，促进职工与企业共同发展。

图 6-10 班组成员维修液压站，登机进行振动测试
(a) 班组成员维修液压站；(b) 登机进行振动测试

6.4.7 风电场班组创新管理

班组技术创新活动的内容包含合理化建议、"五小"活动、技术攻关、QC 小组活动等；管理创新包括班组文化创新、对标管理、绩效管理等。

1. 合理化建议

合理化建议包括改进经营管理思路和方法、改进各种工作流程、规程、改进操作方式等。班组要定期开展合理化建议征集活动，并组织参与上级组织的合理化建议征集活动。

2. "五小"活动

"五小"活动内容如图 6-11 所示。

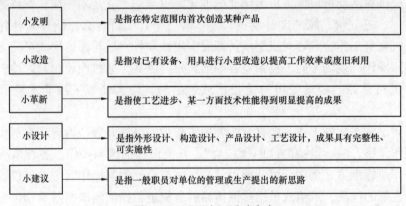

图 6-11 "五小"活动内容

3. 技术攻关

技术攻关是指集中人力物力对关键性技术进行研究，克服困难，及时解决处理的一项活动。班组应根据现场的实际情况成立攻关小组，确定攻关项目并制定实施方案。方案的制定应包括现状调查、基础条件、技术力量、前期准备工作、攻关内容、实施计划、资金概算、效益分析、风险防范、保障措施、预期效果等内容。形成具体方案后应向公司申

报，通过审核后开始正式实施。

技术攻关小组的日常活动以定期和不定期两种形式展开。定期要求每月至少召开一次全体成员会议，对本月存在的问题进行总结，并对下一月份提出新的要求或新的课题指出新的努力方向。不定期要求在平时发现问题或偶然性的质量不稳定时，召集相关人员以座谈形式找出问题的根本原因，采取措施，尽快解决。

4. QC 小组

QC 小组即质量控制小组，是指职工围绕企业的经营战略、方针目标和现场存在的问题，以改进质量、降低消耗，提高人的素质和经济效益为目的组织，运用质量管理的理论和方法开展活动的小组。

如何开展 QC 小组活动。首先要成立 QC 小组，确定小组成员、小组名称和活动目标等，小组活动要严格执行 PDCA 循环工作管理流程，实现闭环管理，如图 6-12 所示。对于活动所立项目管理包括立项、申报、项目过程管理、结项、成果评选等环节。课题完成后，班组应整理 QC 小组活动资料并上报公司，经公司评审通过后向上级公司提交。

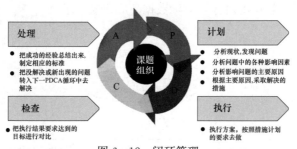

图 6-12 闭环管理

活动流程。包括选择课题、现状调查、设定目标、分析原因、确定要因、制定对策、实施对策、检查效果、巩固措施、总结和下步打算等。PDCA 循环适用于 QC 小组活动的所有过程，其模式如图 6-13 所示。

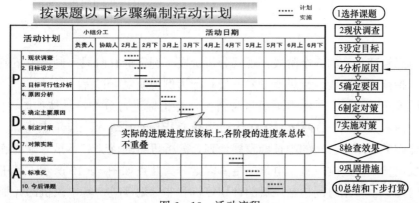

图 6-13 活动流程

6.4.8 风电场班组对标管理

班组对标管理是指企业班组以行业内的一流班组作为标杆，从各个方面与标杆班组进

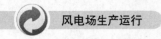

行比较、分析、判断，通过学习他人的先进经验来改善自身的不足，从而赶超标杆班组，不断追求优秀业绩的良性循环过程。

1. 对标原则

班组对标管理采取"动态比较、持续改进、指标对标和管理对标相结合"的原则。选择与本班组各项条件相近但总体运行、管理指标高于本班组的班组为标杆，经过不断地改进、提高，当本班组整体指标高于标杆班组时，则选择更高标准的班组作为标杆，通过对标管理的动态比较、持续改进来提高本班组的指标和管理水平。

班组对标应努力做到4个结合：对标与班组安全生产管理相结合、对标与班组基础管理工作相结合、对标与班组创新工作相结合、对标与班组 QC 活动相结合。

2. 对标内容

班组对标的内容必须是量化、有可比性的指标，如发电量、平均风速、综合场用电率、风机不可利用小时数等生产指标。也可包含"两票"合格率、车辆油耗、习惯性违章次数、登塔次数、出勤、日常表现、公共卫生等日常管理指标。对标工作至少每月开展一次，也可进行季度对标和年度对标，对标数据务必真实、准确。

3. 对标过程

班组对标指标如图 6-14 所示。

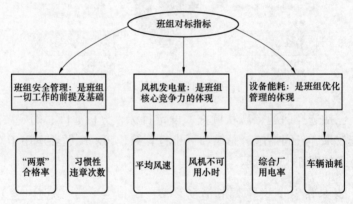

图 6-14　班组对标指标

开展对标管理工作的 5 个阶段：现状分析阶段、选定标杆阶段、制定方案阶段、对标实践阶段、持续改进阶段。以风电场发电量对标为例说明对标过程。

（1）现状分析阶段。了解本班组自身情况，将指标进行分类，具体如图 6-15 所示。将班组对标内容分成 A、B 两级，A 级为班组核心指标，B 级为班组重点指标。同时对 B 级指标具体归类。结合公司的中长期发展计划，分析班组的优势和不足，最终确定对标内容为风机发电量。将影响风机发电量的主要因素分为几点如图 6-16 所示，其中可控范围为不可用时间。不可用时间包括风机的计划停机和非计划停机，其中风机的计划停机主要工作为风机的定检、巡视、技改消缺工作，这些都是为提高风机自身的健康状况，如果这些工作做得不到位会严重影响非计划停机时间并造成班组职工的登机次数增多，加大职工工作量。非计划停机主要为风机故障处理和大件的更换工作。

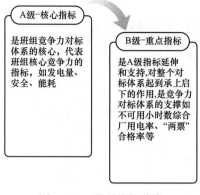

图 6-15 班组指标分类　　　　　　　　图 6-16 影响风机发电量的主要因素

（2）选定标杆阶段。初步选取若干个潜在标杆班组，对潜在标杆班组进行研究分析，逐一进行对比，明确班组在公司同类班组中所处的位置，结合班组自身实际，选定标杆班组，并将自身与标杆班组在影响风机发电量的要素上进行逐一比较，如图 6-17 所示，查找自身与标杆班组的差距，分析自身不足的具体原因，根据原因制定合理的对标指标目标值。

（3）制定方案阶段。总结标杆班组在指标管理上先进的管理方法、措施手段及最佳实践，查找本班组在管理实践上的差距，分析出影响指标先进性的主观因素和客观因素，找出工作不足的原因，明确下一步的工作目标，结合自身实际，制定切实可行的改进方案和实施计划，如图 6-18 所示。

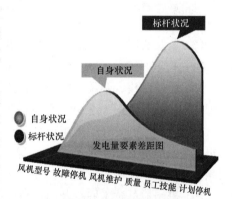

图 6-17 选定标杆班组

（4）对标实践阶段。按照前期制定的方案组织落实，责任落实到人，对措施落实和指标提升情况进行跟踪监督，定期对整改实践效果进行总结，根据效果对方案进行修正，不断的循环进行图 6-18 所示的工作，确保在制定时间内完成预期目标。

（5）持续改进阶段。在达到预期目标后，进行典型经验总结，将班组工作的最优流程固化，建立班组管理工作标准，然后重新选择其他对标指标，确定标杆，制定下阶段对标计划。

6.4.9 风电场班组民主建设

1. 班务公开

班务公开要形成统一完整的、可操作性强的管理制度，对公开的内容、程序、形式、标准、时间要有明确的规定，做到有章可循，避免随意性。班务公开的主要内容如下：

（1）年度、月度计划公开。让全体班组成员熟悉本阶段的生产目标、生产任务，充分发挥班组成员的主人翁作用，更好更合理安排时间，有秩序的、有节奏地完成工作计划。

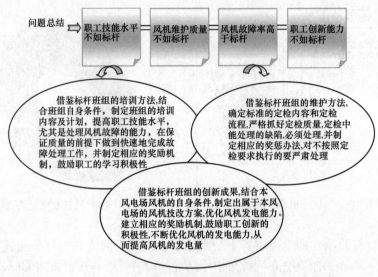

图 6-18 制定方案

（2）食堂费用公开（适用于部分班组）。将食堂费用明细清单每周在班务公开栏公示，将购物收据或小票留存备查，接受班组成员的公开监督，以不断完善班组伙食管理。

（3）绩效考核、奖金分配公开。公司对班组、班组对成员每月绩效考核的情况及奖金分配、加班费发放等，公开、公示，确保公平。

（4）考勤休假公开。班组成员要在规定时间、规定地点按时参加工作。班组成员每天的出勤情况公布在班务公开栏上，对无故缺席的成员在班务会上进行公开通报批评并报公司相关部门。

（5）班组成员技术职称及岗位技能评定、班组成员晋级、晋职公开。公司对班组成员考核、评选、岗位晋级的情况，班组要在班务公开栏上公开公示，告知全体班组成员，更好地体现先进性、模范性，更好地起表率作用。

（6）女职工权益保护公开。维护女职工的特殊合法权益，建立平等和谐、稳定的劳动关系，最大限度地保护女职工参与公司发展建设的积极性和创造性。班组对孕期、产期、哺乳期女职工给予特殊保护的执行情况进行公开，并按规定减轻劳动定额、降低劳动时间和强度。

班组民主生活会是班务实现班组民主管理的一种重要形式，也是班组成员之间进行思想交流、开展批评和自我批评、监督班组管理的有效途径。如何开好民主生活会，具体可参照图 6-19 所示的。

2. 班组沟通

班组沟通是将情报、情意传达给班组成员得知，并且希望对方从中得到正面的反应，或者是良好结果的一种言语行为。班组沟通包括班组长与班组成员之间的沟通、班组成员之间的沟通两个层面。

（1）班组沟通的重要性。良好的沟通是开展工作的重要条件，有效的沟通是提高工作效率的基础，沟通的重要性表现在以下几个方面：

	班组民主生活会	
(1) 要把班组民主生活会开得有声有色,首先要选准议题,做好会前的准备工作。		(3) 班组成员按照民主生活会的内容逐项认真讨论,发言要切合实际,不弄虚作假,真实反映自己的意见和建议。
(2) 认真开展好批评与自我批评。班长发挥带头作用,针对班组民主生活会上提出的主要问题,要制订切实可行的整改措施,使班组长和班员共同接受监督,做到共勉共进。		(4) 班组长按时组织职工召开民主生活会,每年至少举行一次。
		(5) 会议记录员可由班长(工会小组长)指派专人担任。记录字迹工整、真实,应符合检查要求。

图 6-19　班组民主生活会主要内容

1) 通过沟通达成一致、协调行动,促进工作顺利开展。

2) 通过沟通增加对班组成员的性格、爱好、观点的了解,提高人员管理的针对性。

3) 通过沟通协调班组成员之间的是非观念、行为准则、降低班组管理的成本。

4) 通过沟通增进班组成员之间的感情交流,提高班组凝聚力。

（2）班组沟通的基本环节。完整、有效的沟通需要具备3个基本环节,如图 6-20 所示。

图 6-20　3个基本环节

1) 表达:有指令、要求、请求、建议、信息共享等方式。

2) 倾听:要采取积极的倾听方式,如适当点点头、面带微笑、注视对方、记录重要部分、表示同感的语言。

3) 反馈:多鼓励,以促进对方表达意愿;要询问,以探索的方式获得更多的信息;有反应,告诉对方你在听等多种方式。

3. 班组沟通的原则

班组沟通的原则如图 6-21 所示。

图 6-21　班组沟通的原则

4. 班组沟通的常见方法

班组沟通不受时间、空间的限制,班组长与成员之间,班组成员之间可以随时、随地、按需进行沟通交流。

（1）QQ群、微信。为了加强工作的信息交流,提高信息传递效率,成立班组内部QQ群,在群空间轻松的环境下自由沟通、交流业务,方便快捷地传递、共享文件,以发布群公告形式来让成员了解近期的最新工作安排和活动,分享快乐、经验,交换

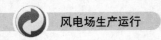

意见。

（2）班组信息公告栏。在公告栏上公开班组信息，包括业务文件、班组班务安排、绩效考核、评选活动结果以及临时通知等。

（3）班组长信箱。班组长需及时了解、掌握组员对自己管理风格、管理方式的意见和建议，并积极改进，与组员共同成长。组员通过班组长信箱向班组长反映心声、反映困难。班组长定期进行收集，将相关的意见和解决办法、建议及时进行反馈。

（4）生日会。班组定期举办集体生日会（如每季度一次），为过集体生日的班组成员们庆祝生日，一方面加强班组成员之间工作以外的沟通，另一方面充分体现公司以人为本的企业精神，让员工感受公司、班组对员工的关心，增强班组的凝聚力和归属感，进一步激发每一位成员的工作热情。

（5）家属联欢会。班组定期（如半年一次）举行不同形式的家属联欢会，邀请班组成员家属一起参加，使家属对组员工作有进一步的了解，密切组员与家庭之间的联系，从而促进家属对组员工作的理解和支持，保持公司与家庭之间和谐的关系。

思考题

1. 风电场运行值班记录包含哪些内容？对于值班记录的填写要求有哪些？
2. 风电场运行工作管理制度包含哪些方面？
3. 风电场应具备哪些规程制度？
4. 风电场交接班需具备哪些条件？
5. 如何做好风电场备品备件管控工作？
6. 风电场安全生产指标统计包含哪些内容？各统计指标的含义是什么？
7. 风电场班组建设包含哪些内容？
8. 风电场班组如何开展对标管理工作？

风电场运行故障分析与事故处理

7.1 风电场异常运行与事故处理基本要求

（1）处理事故时，首先应保证场用电的供应。

（2）尽速限制事故的发展，消灭事故的根源，并解除对人身和设备的威胁。

（3）用一切可能的方法保持设备继续运行。

（4）与电网调度汇报相关情况、协同处理。

（5）当风电场设备在运行中出现异常时，当班值长应立即组织人员查找原因，及时排除异常，处理设备缺陷，恢复设备正常运行，并记录处理情况。

（6）当风电场设备在运行中发生事故时，运行人员应立即采取有效措施，防止事故扩大，保护事故现场，并及时上报。若发生人身触电、设备爆炸起火时，运行人员可先切断电源进行抢救和处理，然后报相关部门。

（7）若事故发生在交接班过程中，应停止交接班，交班人员应坚守岗位、处理事故。接班人员应在交接班值长指挥下，协助处理事故。事故处理告一段落，由交接双方值长决定是否交接班。

（8）事故处理完毕后，当班值长如实记录事故发生经过和处理情况，并通过监控系统获取相关参数及动作记录，对保护、信号及自动装置动作情况进行分析，查明事故原因，总结教训，制定整改措施。

7.2 风电场输变电设备故障分析与事故处理

风电场输变电设备是风电场的重要配套设备，风电场输变电设备与一般电网公司变电站无本质区别。因负荷率较低，设备比较成熟，通过开展好巡视检查工作和定期的预防性试验，及时消除各类缺陷和隐患，设备的可靠运行是有保障的。从实际运行情况看，输变电设备故障率和环境适应性密切相关。

7.2.1 风电场输变电设备常见故障

（1）汇流线路单相或相间短路。

（2）避雷器爆炸。

（3）高压开关柜爆炸。

（4）电压互感器爆炸或高压熔丝熔断。

（5）箱式变压器故障或烧毁。

（6）电缆头爆炸。

（7）变压器中性点接地电阻柜烧毁等。

除去设备本身由于制造质量和维护不到位外，环境影响因素造成的故障可能有：

（1）台风或其他高风速影响时输电线路（架空线）故障率较高，一般是由于强风造成绑扎线断裂或引线接头断裂造成。

（2）雷电影响严重的地区避雷器爆炸、箱式变压器烧毁一般是由于接地电阻高，雷击过电压造成绝缘损坏，以及雷电流强度超过了避雷器的实际或标称放电电流；

（3）高湿、高盐雾腐蚀区域电缆头爆炸、开关柜爆炸及线路单相或相间短路较多，一般由于绝缘大幅度下降，爬电闪络引发短路造成；

从故障率来讲，风电机组升压变压器由于台数多、运行电压波动大、运行环境恶劣，在风电场输变电设备中的故障率是比较高的，主要的故障表现形式有匝间短路、雷击损坏、盐雾腐蚀造成绝缘下降而短路等。

7.2.2　电气设备火灾事故处理原则

（1）电气设备发生火灾时应立即将其停电，灭火时应在熟悉设备带电部位的人员指挥下进行，防止人员触电。

（2）电气设备发生火灾时，应使用干式灭火器、二氧化碳灭火器灭火，不得使用泡沫灭火器灭火，应戴口罩站在上风处灭火。

（3）充油设备着火时，应使用泡沫灭火器或干砂灭火。充油设备上部着火，打开下部放油阀，使油位低于着火面，下部着火时禁止放油。

（4）变压器着火，应立即将变压器退出运行。

（5）火灾严重时，应立即报警，等消防车到达后，向消防人员讲明现场情况，防止救火期间人员误碰其他电气设备，造成意外触电。

7.2.3　变压器事故处理

（1）如变压器在运行中发现下列异常情况，应及时汇报和记录：

1）变压器内部声音异常，或有放电声。

2）变压器局部温度升高，散热器冷却不良。

3）变压器局部漏油，油位计看不到油。

4）油色变化，油化验不合格。

5）在正常负荷下，油位上升明显。

6）上层油温与同环境同负荷比较有明显升高。

（2）变压器着火。

1）发现变压器着火时，首先要切断电源，断开着火变压器两侧断路器。

2）停用冷却器，可考虑投入备用变压器。

3）使用干粉灭火器灭火，不得已时可用干砂灭火。

4）若变压器顶盖着火，应打开下部放油阀放油至适当位置，若变压器内部故障则不能放油，以防变压器爆炸。

5）及时向消防队报警。

6）救火人员穿戴绝缘靴和绝缘手套后可用泡沫灭火器灭火。

（3）变压器轻瓦斯动作。

1）应立即检查、记录保护动作信号。

2）对变压器进行外部检查，严密监视变压器的电压、电流、温度、油位、油色、音响及冷却器的运行情况。

3）如果检查变压器有明显严重异常，应汇报调度停运故障变压器。

4）由专业人员取气分析及检查二次回路。

（4）变压器重瓦斯动作跳闸。

1）检查继电保护动作情况。

2）汇报调度，如果是单台变压器运行，应要求调度立即下令投入备用变压器。

3）若并列运行，应监视运行变压器不能过负荷。

4）检查变压器本体是否变形，是否有喷油、漏油现象，压力释放器有无动作，油位、油色有无变化，气体继电器内有无气体，主变压器端子箱、保护屏等二次回路有无故障等情况。

5）在未查明原因和排除故障前不得强送电，若明确误动，且变压器主体及相关设备检查试验正常，可对变压器进行试送，此时重瓦斯保护、差动保护均需可靠投入。

（5）变压器差动保护动作跳闸。

1）检查继电保护动作情况，记录和复归各种信号。

2）对现场相关设备进行详细的外观检查，重点检查变压器本体有无异常，油色油位有无变化，油箱有无变形，套管有无破裂及放电痕迹，气体继电器内有无气体，检查差动范围内的电流互感器、开关、连接导线有无故障，检查差动保护范围内的绝缘子是否有闪络、损坏、引线是否有短路，主变压器端子箱、保护屏等二次回路有无故障等情况。

3）经检查试验确认变压器整体及相关一次设备和差动保护二次设备无异常，变压器可重新投入运行。

4）若确认变压器整体及相关一次设备无异常，系差动保护二次回路故障，变压器需重新投入运行时，应退出差动保护，重瓦斯保护应投入跳闸位置。

5）差动保护及重瓦斯保护同时动作时，不经内部检查和试验，不得将变压器投入运行。

（6）变压器后备保护动作跳闸。

1）检查继电保护动作情况。

2）断开失电压的母线上所有出线开关。

3）检查变压器本体有无异常，相关一次设备如断路器、隔离开关、避雷器、互感器等有无故障，端子箱、保护屏有无异常，变压器高、低压侧所有出线附近区有无短路故障，检查各集电线出线侧有无保护动作信号掉牌而开关拒动情况。

4）若检查现场变压器一、二次设备无明显故障或可疑现象，可以对变压器进行试送电。

5）如检查出故障点，则应对其他正常设备恢复运行，同时应将故障点隔离，恢复主变压器运行。

（7）变压器油温过高。

1）记录故障时间及现象。

2）加强监视，查明原因，采取措施使其降低。

3）检查温度计是否正常，检查变压器散热及冷却风机是否正常，若有问题，应立即查明原因，进行处理。

4）若发现油温较平时同样负荷及环境温度下高出 10℃以上，或变压器负荷不变，油温不断上升而检查证明以上几项无问题时，则认为变压器发生内部故障，保护装置拒动，在此情况下报告调度及上级领导，立即将变压器停电处理。

（8）箱式变压器异常运行及事故处理。

1）箱式变压器低压侧开关跳闸，核对各保护动作结果是否正确，检查箱式变压器低压侧与风电机组之间的电气回路是否有故障。

2）高压侧负荷开关跳闸，检查负荷线路是否有短路、断路、过负荷、漏电，排除后可试送电。

3）高压侧熔断器熔断，可能是箱式变压器内部故障，应断开高压侧负荷开关，测量箱式变压器绝缘和直流电阻，如正常，则更换熔丝后试送，如不合格，则检修处理。

7.2.4　互感器异常处理

（1）电压互感器常见故障。

1）电压互感器极性接错。

2）一、二次侧装置的熔断器熔断。

3）电压互感器过负荷运行。

4）电压互感器二次短路。

5）二次回路不接地。

（2）电压互感器出现下列故障时应立即停用：

1）电压互感器失火，应立即停用，切断电源后进行灭火。

2）箱内发出焦臭味，冒烟，有火星出现。

3）内部有放电声或其他噪声。

4）互感器有严重漏油、喷油等现象。

5）套管破裂放电，套管、引线与箱体间有火化放电现象。

6）有短路现象产生，如两相接地短路。

（3）电流互感器二次开路。

1）发现电流互感器二次开路，应先分清故障属于哪一组电流回路和相别，对保护有无影响，汇报调度，解除可能误动的保护。

2）尽量减小一次负荷电流，若电流互感器严重损伤，应转移负荷，停电检查处理。

3）尽快设法在就近的试验端子上，将电流互感器二次短路，再检查处理开路点。

4）应检查容易发生故障的端子及元件，检查回路有工作时触动过的部位，如接线端子等外部元件松动、接触不良等，可立即处理，然后投入所退保护。

5）不能自行处理的故障或不能自行查明的故障，应汇报上级派人检查处理。

7.2.5 集电线路故障处理

（1）架空线故障跳闸。

1）检查保护动作情况，做好记录。

2）检查故障线路所带风机已停止运行。

3）做好线路停电措施，检修处理。

（2）电力电缆异常运行与处理。电缆头有放电现象、电缆头温度过高等异常情况，处理时应加强运行监视，做好灭火的准备，必要时停止有关电气设备运行，转为检修处理。

7.2.6 断路器、隔离开关异常运行与处理

（1）六氟化硫断路器气体密度降低。断路器本体内的 SF_6 密度降低时，密度控制器的报警触点动作，发出报警信号，此时应对断路器补充 SF_6 气体，如气体密度继续降至闭锁值时，切断分合闸控制电路，使断路器不能进行分合闸操作，插入防止分合闸防动销，并切断操作电源，使用上一级电源开关切断电源。

（2）断路器下列情况应停止运行：

1）套管支柱瓷绝缘子严重放电、闪络、损坏。

2）套管内有放电声、冒烟、冒气或明显的过热现象。

3）开关本体严重漏气或操作机构严重漏油、缺油。

4）接线端子严重发热或烧红。

（3）事故状态下断路器拒绝跳闸。若需要断路器紧急断开，而继电保护未动或操作失败，又可能引起主设备损坏时，则应立即断开上一级开关，然后将拒动开关退出后，再恢复上一级电源运行，并查明原因。

（4）真空开关拒绝合闸。

1）用万用表检查合闸电源是否正常、合闸熔断器是否熔断。

2）检查合闸线圈是否完好，直流合闸接触器是否动作，辅助接点是否到位、完好，操作机构、储能机构连杆、拐臂是否卡涩、扭曲。

3）以上疑点排除后，在试合一次开关。

（5）手动操作机构隔离开关拒分合。

1）首先核对设备编号及操作程序是否有误，检查开关是否在断开（合上）位置。

2）若为合闸操作，应检查接地开关是否完全拉开到位，将接地开关拉开到位后，可继续操作。

3）无上述问题时，可反复晃动操作把手，检查机械卡涩，抗劲部位，如属于机构不灵活，缺少润滑，可加注机油，多转动几次，合上隔离开关。

4）将处理情况做好记录。

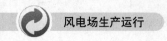

7.2.7 避雷器异常运行与处理

（1）避雷器发生下列情况时应停止运行：

1）有明显裂纹。

2）内部有异常声音。

3）引线或接地线断线。

（2）避雷器故障处理原则。

1）当避雷器发生故障时，禁止在故障设备附近停留并保持安全距离。

2）若天气正常时，发现避雷器瓷套有裂纹，则向调度申请停电，更换合格的避雷器。

3）若在雷雨中发现有裂纹，尽量不要退出运行，等雷雨后再处理，如造成闪络，但未引起系统接地者在可能条件下应将其停用。

4）若在运行中突然爆炸，但未造成系统永久性接地时，可在雷雨后拉开故障相的隔离开关将其停用，并更换合格的避雷器。若爆炸后已引起系统永久性接地，则禁止使用隔离开关来操作停用故障避雷器。

7.2.8 电气系统谐振过电压

电气系统发生过电压谐振时处理要点：

（1）记录故障时间及现象，至 PT 柜查看消谐装置的事件记录。

（2）发生谐振过电压时，应根据系统情况、操作情况做出判断，处理谐振过电压的关键是破坏谐振的条件。

（3）由于操作后产生的谐振过电压，一般可以恢复到操作前的运行方式，分析原因，汇报调度，采取措施，再重新操作；对母线充电时产生的谐振过电压，可立即送上一条线路，破坏谐振的条件，消除谐振。

（4）如果是运行中，突然发生谐振过电压，那么可以试断开一条不重要负荷的线路，改变参数，消除谐振。

（5）若谐振现象消失后，仍有接地信号，三相电压不平衡，一相电压降低，另两相电压升高为线电压，说明有谐振的同时，有单相接地或断线故障，查找处理接地或断线故障。

（6）若谐振现象消失后，三相电压仍不平衡，一相降低，另两相不变，则可能是谐振过电压同时，使高压熔丝熔断，检查电压互感器有无异常后，更换熔丝试送一次。

7.2.9 母线故障处理

发生母线故障时，严重时会使整个变电站停电，母线故障的原因为母线设备损坏、人员误操作、线路断路器的继电保护拒绝动作越级跳闸或外部原因（如小动物、长草、异物）。

当母线保护跳闸时，立即查明母线保护动作情况，应先检查母线，检查有无起火、冒烟现象；检查绝缘子有无击穿闪络；检查有无异物、检查设备上有无工作等情况，只有在查明故障点，消除故障原因或隔离故障点后才能送电，严禁用母联断路器对母线强送电，以防事故扩大。当母线因后备保护动作而跳闸（一般因线路故障而线路的继电保护拒绝动作发生越级跳闸）时，此时应该判明故障元件并消除故障后再恢复母线送电。若跳闸前在母线上曾有人工作过，更应该对母线进行详细检查，以防误送电而威胁人身和设备的安全。

7.2.10 电容器异常运行与处理

（1）当发现电容器的下列情况之一时应立即切断电源：

1）电容器外壳膨胀或漏油。

2）套管破裂，发生闪络有火花。

3）电容器内部声音异常。

4）外壳温升高于55℃以上，示温片脱落。

（2）电容器故障处理要点：

1）当电容器爆炸着火时，就立即断开电源，并用砂子和干式灭火器灭火。

2）当电容器的熔丝熔断时，应向调度汇报，待取得同意后再断开电容器的断路器。切断电源对其进行放电，先进行外部检查，如套管的外部有无闪络痕迹，外壳是否变形，漏油及接地装置有无短路现象等，并摇测极间及极对地的绝缘电阻值，如未发现故障现象，可换好熔丝后投入。如送电后熔丝仍熔断，则应退出故障电容器，而恢复对其余部分送电。如果在熔丝熔断的同时，断路器也跳闸，此时不可强送。需待上述检查完毕换好熔丝后再投入。

3）电容器的断路器跳闸，而分路熔丝未断，应先对电容器放电3min后，再检查断路器电流互感器电力电缆及电容器外部等。若未发现异常，则可能是由于外部故障母线电压波动所致。经检查后，可以试投；否则，应进一步对保护全面的通电试验。未查明原因之前，不得试投。

4）处理故障电容器应在断开电容器的断路器，拉开断路器两侧的隔离开关，并对电容器组放电后进行。

7.2.11 直流系统异常运行与处理

（1）直流母线电压过低。

1）用万用表测直流母线电压，判断直流母线电压是否过低。

2）调整充电器输出，使母线电压恢复正常。

3）检查浮充电器是否正常，如某一组充电器故障跳闸，应立即检查充电器交流电源是否正常，有关熔丝是否熔断。

（2）直流系统接地故障处理。直流回路发生接地时，首先要检查是哪一极接地，并分析接地的性质，判断其发生原因并按下列步骤进行处理：

1）首先停止直流回路上的工作，并对其进行检查，检查时，应避开用电高峰时间，并根据气候、现场工作的实际情况进行回路的分、合试验。

2）分、合试验顺序如下：事故照明、信号回路、充电回路、户外合闸回路、户内合闸回路、6～10kV的控制回路，35kV以上的主要控制回路、直流母线、蓄电池，可根据

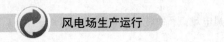

具体情况灵活掌握。

3）凡分、合时涉及调度管辖范围内的设备时，应先取得调度的同意。

4）确定了接地回路，应在这一路再分别分、合熔断器或拆线，逐步缩小范围。有条件时，凡能将直流系统分割成两部分运行的应尽量分开。

5）在寻找直流接地时，应尽量不要使设备脱离保护。为保证人身和设备的安全，在寻找直流接地时，必须由两人进行，一人寻找，另一人监护和看信号。

6）在拔下运行设备的直流熔断器时，应先正极、后负极，恢复时应相反，以免由于寄生回路的影响而造成误动作。

7.3　风电机组异常运行与事故处理

7.3.1　风电机组故障发生的一般性规律

风电机组由于机组设计、制造工艺、装配水平、运行环境的不同，表现出的可靠性也不同。从事故发生的时间性和原因上讲，大致可以得出以下的基本规律：

（1）在运行风电机组初期，因工艺、设计制造等问题容易引发故障。

（2）在运行期间，因环境适应性、维护或操作不当等原因容易引发设备故障。

（3）长时间或较长时间运行后因设备老化、零件的磨损、部件使用寿命到期等原因容易引发故障。

（4）在特殊的地形和极端气候情况下，因选型不当、不可抗力等因素容易引发故障。

7.3.2　风电机组故障分类

按照结构系统，风电机组故障大致可以分为以下3类：

（1）控制系统故障：这里指控制系统主要部件变频控制系统，机舱设备控制系统中的传感器、继电器、反馈回路、I/O接口模块、控制器组件故障，以及程序出错等故障，泛指24V及以下的风电机组控制设备。

（2）电气系统故障：是指发电机、变频器主回路器件、开关、母线、电动机、互感器、电源变压器、电容器等电气元件故障。电气系统故障是风电场日常运行中出现频率最高的故障，原因主要有设备过电压、过电流、设备老化、质量不合格、连接不牢、环境干扰如电磁、低温、潮湿等。

（3）机械系统故障：是指机械传动系统、叶片等系统出现的故障，包括叶片、主轴、齿轮箱、液压、偏航、变桨、制动系统的故障。

7.3.3　风电机组故障原因分析方法

在风电机组运行过程中，根据机组的检测元件，如各类电流、电压、温度、湿度、振动、压力、位移（线性）、风速、风向、转速、编码器、液体流量、偏航、烟雾、限位传感器，以及开关、接触器、热继电器的辅助回路反馈的信号进行逻辑判断，检测机组是否处以正常状态，并对判断出的故障定义故障代码和故障信息。运行中的机组出现故障报警时，通过机组就地控制系统和 SCADA 系统，运行人员可以查询到故障代码和故障信息，判断故障的可能原因。判定故障原因的基本步骤如下：

（1）根据故障代码和故障信息描述，确定可能的故障范围。

（2）检查判定该故障涉及检测元件和检测回路是否正常，这需要检查检测器件本身、信号回路、I/O 接口及控制器等部件。

（3）对故障描述的部件或检测元件直接监测的对象进行检查。

（4）对可能影响到故障描述的部件或对直接监测对象造成影响的关联部件进行检查。

7.3.4 风电机组故障的检查与分析

1. 偏航系统故障

偏航系统故障一般有偏航电机过热、偏航传感器故障、对风不正确、偏航反馈回路故障、控制回路故障、液压回路压力故障、解缆故障等。

检查范围包括传感器电源或控制回路电源，偏航电机状态和控制回路继电器、接触器以及接线状态，偏航机构电气回路，编码器工作状态，风向标状态及其反馈回路，偏航液压回路状态，扭缆传感器工作是否正常等。

2. 液压系统故障

液压系统故障一般有液压系统压力故障、液压系统温度故障、液压泵打压超时、液压系统油位低、液压站电机故障、高速刹车压力故障、液压站过滤器阻力增加等。

检查范围包括液压系统内外部泄漏情况，电磁阀电源、溢流阀压力传感器状态，各压力控制回路中继电器、模块及接线状态，高速刹车系统压力继电器、蓄能器压力、减压阀状态以及反馈回路状态，温度传感器及接线状态，液压站过滤器清洁状态，电动机过热继电保护整定等。

3. 变桨系统故障

液压变桨系统故障一般有变桨位置与实际值偏差、顺桨时变桨角度小、变桨轴承故障、变桨超限位等。

检查范围包括比例阀等各阀体状态、变桨液压缸状态及螺栓、变桨轴承及传动部件、桨距传感器状态、液压变桨系统电磁阀及回路接线状态等。

电动变桨系统故障一般有滑环故障、变桨电池故障、三叶片变桨不同步故障、变桨电机及减速器故障、变桨轴承故障、变桨超限位故障等。

检查范围包括叶根轴承及变桨传动部件，桨距传感器状态，液压变桨系统电磁阀及回路接线状态，变桨电池状态及回路接线状态，滑环及接线状态，变桨电动机、减速器以及控制回路状态。

变桨电池故障，在机组失去外部动力电源，紧急停机的情况下，由于备用电源的失效，而造成机组气动制动系统失效，将导致飞车的严重后果。

4. 变速箱故障

变速箱故障主要有轴承损坏、齿面点蚀、断齿等，损坏原因除设计制造质量等原因外，齿轮油失效、润滑不当等是变速箱故障最常见的原因。轴承损坏常发生在高速轴，轴承损坏碎片粉末会损坏齿轮油，影响齿轮啮合，损坏齿面。

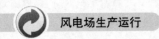

检查范围包括变速箱轴承，高速联轴器，油泵、过滤器、压力传感器、温度传感器、冷却循环回路等组成的润滑油系统，弹性支撑元件。

5. 刹车系统故障

刹车系统是风电机组停机过程中的重要执行部件，其故障表现为停机过程中发电机转速仍保持一定值，或者在制动系统动作后一定时间内发电机仍有转速。

检查范围包括刹车液压系统回路及执行机构状态、刹车片磨损程度、刹车片与刹车盘间隙。

6. 发电机故障

发电机故障一般有发电机转速故障、发电机轴承、绕组温度故障、发电机轴承损坏故障、发电机定（转子）绝缘损坏、匝间短路、发电机集电环故障等。

检查范围包括发电机与编码器的连接、发电机转速传感器、叶轮转速传感器状态，变桨调整系统状态，各温度传感器及反馈回路接线等，发电机轴承状态，集电环及电刷状态，练级绝缘状态等。

7. 叶片故障

叶片故障有叶片折断、叶片开裂或出现孔洞，雷击后故障等。

叶片故障如不能修复应进行更换，同时进一步检查叶片材料是否合格。叶片开裂应检查叶片排水孔是否不通畅，叶片导电连接状态，防雷系统是否满足技术要求。

8. 并网故障

并网故障一般有见机不能并网或无法与电网脱开，并网时功率过大或过小，电网电压、频率错误故障，相序错误等。

检查范围包括风机定子电压、频率、相位角，定子并网接触器辅助触点及定子接线，主控器及接线，检查与电网电缆接线等。

9. 控制系统故障

控制系统故障主要有通信故障、反馈错误、程序出错、时间错误、记录错误、电池故障、控制柜温度故障、传感器故障等。

控制器故障主要是由于设备过电压、过电流、元器件不合格、接线不良、接通插件虚接、环境因素、雷电及其他电磁干扰、软件程序系统出错等导致。

检查范围包括风机参数基本设置，重启系统自检程序，控制器、数据总线、光缆或电缆接头状态，光电转换器状况，控制系统电缆接地状态，控制柜加热或冷却状态等。

7.3.5　风电机组常见异常的分析处理

1. 渗漏油

风电机组的渗漏油包括液压油、齿轮油和润滑油脂的渗漏。发现液压油或齿轮油渗漏，检查时，应将渗漏油处表面清理干净，观察渗漏油的速度，如渗漏油严重，机组不宜再运行。例如，某机组齿轮箱渗漏油严重时仍继续保持运行，特别是大型的强制润滑的风电机组齿轮箱将造成轴承过热而损坏，甚至造成齿轮箱箱体的开裂。

（1）齿轮油渗漏可能的原因包括齿轮箱体各结合面的密封不良、冷却循环系统管路中部件松动和磨损或各接头连接不良。

（2）液压油渗漏可能的原因包括密封圈老化，油管接头或阀体紧固不到位，油管老化或磨损等。

（3）润滑油脂渗漏包括主轴轴承受、变桨轴承，一般是由于轴封老化造成，另外如加油量不当，超过了维护标准也可能造成油脂外溢。

2. 叶片声音异常

叶片声音异常一般都是由于叶片由于雷击、风沙侵蚀或工艺问题造成叶尖开裂。如只是轻微的哨声，可继续保持机组的运行；如声音较大，则不宜再继续运行，否则风速增大时叶片可能大面积开裂。

3. 偏航声音异常

偏航声音异常，一般是由于润滑不良造成的，应及时补充润滑油，同时还需要检查其他如减速器本体、齿轮啮合，螺栓紧固等情况有无异常。

4. 机舱振动大

风机机舱振动，可能为风轮轴承座松动、变桨轴承损坏、转盘推力轴承间隙过大等原因引起，必须采取拧紧螺栓、更换轴承或调整推力轴承间隙等措施。

5. 螺栓断裂

螺栓断裂一般有以下几个因素：

（1）螺栓本身的质量存在问题（可通过超声波检测、磁粉检测手段检查，或送检专业机构确认）。

（2）施工时紧固工艺不当，螺栓力矩值设置错误，造成过力矩。

（3）风电机组所处位置风切变指数大或湍流强度高。

（4）风机满发时紧急停机。

（5）严重低温或严重腐蚀造成强度下降。

（6）传动系统轴承严重磨损，造成的剪切力影响。

另外，塔架螺栓断裂还可能是由于塔架法兰面不平整或机组叶片不平衡进而造成螺栓疲劳。螺栓断裂是个比较复杂的问题，可能是多种因素共同作用造成的，应综合分析判断。

6. 功率曲线与额定功率曲线不相符

一般来说，功率曲线与额定功率曲线不相符对设备运行安全并无影响，主要是无法实现风资源的充分有效利用，影响风电场发电量。可能的因素如下：

（1）偏航对风策略不是最佳或风向计磨损或松动。

（2）叶片严重污染，需要进行清洗。

（3）高海拔地区，空气密度低，特殊地形的影响，湍流强度高，区间内桨叶结冰。

（4）控制策略存在问题，叶片安装角度等进行调整，叶片本身气动性能问题。

（5）风速仪增溢修订误差。

7. 轴承温度偏高

风电机组的主轴轴承、发电机轴承和齿轮箱轴承温度传感器，通过监视发现温度异常，应对此进行分析，轴承温度高的一般可能的原因如下：

（1）本身磨损严重，轴间隙变大。

（2）轴承不对中，同心度超差摩擦。

（3）轴承润滑不良。

（4）齿轮油冷却循环系统故障或异常。

（5）齿轮箱油缺油或大量渗漏等原因。

（6）发电机冷却，通风系统不良或电磁环流问题引起。

8. 液压控制系统异常

液压系统油位偏低，应检查液压系统有无泄漏，并及时加油恢复正常油面。液压控制系统油压过低会引起自动停机，应检查液压泵、液压管路、液压缸及有关阀门和压力开关等装置是否正常工作。

9. 偏航系统异常引起停机

应检查偏航系统电气回路、偏航电动机、偏航减速器、偏航计数器以及扭缆传感器工作是否正常，对偏航减速器应检查润滑油油色、油位以及内部电路是否正常，应检查偏航齿圈齿轮的啮合间隙和齿面的润滑情况是否正常，扭缆传感器故障表现为风机不能自动解缆。

10. 风机风速仪、风向标故障

表现为风机输出功率与对应风速有明显偏差，应检查风速仪、风向标转动是否灵活，如无异常，应检查传感器及信号检测回路有无故障。

11. 变流器运行异常

变流器运行异常一般表现为电压过高、电压过低，变流器过电流、过负荷，变流器温度高等异常现象，应检查变流器通风冷却情况，重点检查水冷系统是否正常，包括检查水系统管路密封性是否良好，有无漏水现象，冷却剂是否需要补充，清洁度是否合格。根据电网电压及负荷情况，判断变流器电压异常是否为电网波动引起，必要时变流器调整设定值。

7.3.6 风电机组典型事故应对处理

（1）火灾事故。当风电机组发生火灾时，应立即停机并切断电源，迅速采取灭火措施，防止火势扩大蔓延；迅速向消防队报警；启动风电场防火灾应急预案；抢救伤员并现场急救，并及时呼叫救护车送伤员至附近医院救治。

（2）倒塔事故。风电机组发生倒塔事故时，应立即切断电源，倒塔现场设置警戒线，做好防护措施。如倒塔发生人员伤害情况，立即组织急救，并及时呼叫救护车送伤员至附近医院救治。如倒塔引发电气短路火灾，按火灾处理原则予以处理。

（3）超速"飞车"事故。风电机组与电网解列后，风轮转速继续上升，空气制动和机械制动均不起作用，风电转速处于失控状态。随着机组转速不断上升，传动系统将出现超温，可能引发火灾；叶片因严重超载而发生断裂；机组失去平衡可能引发倒塔；此时所有人员均必须尽可能远离事故机组，观察确认安全后再进行检查处理。

（4）发生下列事故之一，必须立即停机处理：

1）风电机组遭到雷击损坏。

2）风电机组发生叶片断裂等严重机械事故。

3）风电机组主保护装置拒动或失灵时。

4）叶片处于不正常位置。

5）制动系统故障时。

6）变桨轴承、偏航轴承、液压系统、制动器等严重漏油。

7）当机组发生火灾时，应立即停机并切断电源。

8）机组振动故障时，先检查保护回路，若不是误动，则应立即停机做进一步检查。

风电机组执行立即停机操作的顺序：①利用主控室计算机进行远程停机；②当远程停机无效时，则就地按正常停机按钮停机；③当就地正常停机无效时，使用紧急停机按钮停机；④仍然无效时，拉开风电机组所属箱式变压器低压侧开关。

思考题

1. 风电场事故处理的基本要求是什么？
2. 简述电气设备发生火灾时的处理原则？
3. 变压器重瓦斯保护动作如何处理？
4. 哪些情况下电压互感器应立即停用？
5. 六氟化硫断路器气体密度降低如何处理？
6. 如何检查和判断风电机组变桨系统故障？
7. 风电机组有哪些常见故障？如何检查处理？
8. 哪些情况下风电机组应立即停机？
9. 风电机组因异常停机的操作顺序是什么？

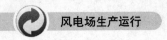

参 考 文 献

邵联合，周建强. 风力发电机组运行与维护. 北京：中国电力出版社. 2013.